面向新工科专业建设计算机系列教材

量子计算导论

谭晓青　宋婷婷　翁　健◎编著

清华大学出版社
北　京

内 容 简 介

本书在全面介绍量子计算与量子信息理论中用到的量子力学、线性代数、计算复杂性理论等背景知识的基础上，着重介绍几个代表性的量子算法：Deutsch-Jozsa 算法、Simon 算法、BV 算法、Grover 算法、量子傅里叶变换、HHL 算法等。同时，也介绍量子计算与量子信息实际应用所涉及的一些问题，包括量子通信中的量子密钥分发与量子随机数，以及安全量子计算协议，并简单介绍几种未来量子计算机可能的物理实现形式。

全书共分 3 篇：第 1 篇（第 1~4 章）为基础知识背景篇，着重介绍量子计算与量子信息理论所用到的量子力学、线性代数、计算复杂性理论等背景知识；第 2 篇（第 5~8 章）为算法篇，着重介绍几个有代表性的量子算法，说明算法步骤，并对各个算法进行简单的分析；第 3 篇（第 9~12 章）为应用篇，介绍量子通信中的量子密钥分发与量子随机数、安全量子计算协议及几种未来量子计算机可能的物理实现形式。每章后均附有参考文献与习题。

本书由浅入深，从基础理论到前沿，具有系统性、交叉性、前沿性等特点，适合作为高等院校电子、通信、计算机、数学及信息类交叉学科专业高年级本科生、研究生的教材，同时也可供其他从事量子计算研究的研究人员参考。

图书在版编目（CIP）数据

量子计算导论/谭晓青，宋婷婷，翁健编著.—北京：清华大学出版社，2021.7（2025.1重印）
面向新工科专业建设计算机系列教材
ISBN 978-7-302-57155-1

Ⅰ．①量…　Ⅱ．①谭…　②宋…　③翁…　Ⅲ．①量子计算机–高等学校–教材　Ⅳ．①TP385

中国版本图书馆 CIP 数据核字(2020)第 260256 号

责任编辑：白立军　郭　赛
封面设计：刘　乾
责任校对：焦丽丽
责任印制：杨　艳

出版发行：清华大学出版社
　　　　　网　　　址：https://www.tup.com.cn, https://www.wqxuetang.com
　　　　　地　　　址：北京清华大学学研大厦 A 座　　　　　邮　　编：100084
　　　　　社 总 机：010-83470000　　　　　　　　　　　邮　　购：010-62786544
　　　　　投稿与读者服务：010-62776969，c-service@tup.tsinghua.edu.cn
　　　　　质 量 反 馈：010-62772015，zhiliang@tup.tsinghua.edu.cn
　　　　　课 件 下 载：https://www.tup.com.cn，010-83470236
印 装 者：涿州市般润文化传播有限公司
经　　销：全国新华书店
开　　本：185mm×260mm　　　　印　张：16　　　　字　　数：372 千字
版　　次：2021 年 8 月第 1 版　　　　　　　　　　　印　　次：2025 年 1 月第 3 次印刷
定　　价：59.00 元

产品编号：085490-01

出版说明

一、系列教材背景

人类已经进入智能时代，云计算、大数据、物联网、人工智能、机器人、量子计算等是这个时代最重要的技术热点。为了适应和满足时代发展对人才培养的需要，2017 年 2 月以来，教育部积极推进新工科建设，先后形成了"复旦共识""天大行动""北京指南"，并发布了《教育部高等教育司关于开展新工科研究与实践的通知》《教育部办公厅关于推荐新工科研究与实践项目的通知》，全力探索形成领跑全球工程教育的中国模式、中国经验，助力高等教育强国建设。新工科有两个内涵：一是新的工科专业；二是传统工科专业的新需求。新工科建设将促进一批新专业的发展，这批新专业有的是依托于现有计算机类专业派生、扩展而成的，有的是多个专业有机整合而成的。由计算机类专业派生、扩展形成的新工科专业有计算机科学与技术、软件工程、网络工程、物联网工程、信息管理与信息系统、数据科学与大数据技术等。由计算机类学科交叉融合形成的新工科专业有网络空间安全、人工智能、机器人工程、数字媒体技术、智能科学与技术等。

在新工科建设的"九个一批"中，明确提出"建设一批体现产业和技术最新发展的新课程""建设一批产业急需的新兴工科专业"。新课程和新专业的持续建设，都需要以适应新工科教育的教材作为支撑。由于各个专业之间的课程相互交叉，但是又不能相互包含，所以在选题方向上，既考虑由计算机类专业派生、扩展形成的新工科专业的选题，又考虑由计算机类专业交叉融合形成的新工科专业的选题，特别是网络空间安全专业、智能科学与技术专业的选题。基于此，清华大学出版社计划出版"面向新工科专业建设计算机系列教材"。

二、教材定位

教材使用对象为"211 工程"高校或同等水平及以上高校计算机类专业及相关专业学生。

三、教材编写原则

(1) 借鉴 *Computer Science Curricula* 2013 (以下简称 CS2013)。CS2013 的核心知识领域包括算法与复杂度、体系结构与组织、计算科学、离散结构、图形学与可视化、人机交互、信息保障与安全、信息管理、智能系统、网络与通信、操作系统、基于平台的开发、并行与分布式计算、程序设计语言、软件开发基础、软件工程、系统基础、社会问题与专业实践等内容。

(2) 处理好理论与技能培养的关系,注重理论与实践相结合,加强对学生思维方式的训练和计算思维的培养。计算机专业学生能力的培养特别强调理论学习、计算思维培养和实践训练。本系列教材以"重视理论,加强计算思维培养,突出案例和实践应用"为主要目标。

(3) 为便于教学,在纸质教材的基础上,融合多种形式的教学辅助材料。每本教材可以有主教材、教师用书、习题解答、实验指导等。特别是在数字资源建设方面,可以结合当前出版融合的趋势,做好立体化教材建设,可考虑加上微课、微视频、二维码、MOOC等扩展资源。

四、教材特点

1. 满足新工科专业建设的需要

系列教材涵盖计算机科学与技术、软件工程、物联网工程、数据科学与大数据技术、网络空间安全、人工智能等专业的课程。

2. 案例体现传统工科专业的新需求

编写时,以案例驱动,任务引导,特别是有一些新应用场景的案例。

3. 循序渐进,内容全面

讲解基础知识和实用案例时,由简单到复杂,循序渐进,系统讲解。

4. 资源丰富,立体化建设

除了教学课件外,还可以提供教学大纲、教学计划、微视频等扩展资源,以方便教学。

五、优先出版

1. 精品课程配套教材

主要包括国家级或省级的精品课程和精品资源共享课的配套教材。

2. 传统优秀改版教材

对于已经出版、得到市场认可的优秀教材，由于新技术的发展，计划给图书配上新的教学形式、教学资源的改版教材。

3. 前沿技术与热点教材

反映计算机前沿和当前热点的相关教材，例如云计算、大数据、人工智能、物联网、网络空间安全等方面的教材。

六、联系方式

联系人: 白立军

联系电话: 010-83470179

联系和投稿邮箱: bailj@tup.tsinghua.edu.cn

"面向新工科专业建设计算机系列教材"编委会

2019 年 6 月

系列教材编委会

主　任：

张尧学　清华大学计算机科学与技术系教授　中国工程院院士/教育部高等
　　　　学校软件工程专业教学指导委员会主任委员

副主任：

陈　刚　浙江大学计算机科学与技术学院　　　　　　院长/教授

卢先和　清华大学出版社　　　　　　　　　　　　　常务副总编辑、
　　　　　　　　　　　　　　　　　　　　　　　　副社长/编审

委　员：

毕　胜　大连海事大学信息科学技术学院　　　　　　院长/教授

蔡伯根　北京交通大学计算机与信息技术学院　　　　院长/教授

陈　兵　南京航空航天大学计算机科学与技术学院　　院长/教授

成秀珍　山东大学计算机科学与技术学院　　　　　　院长/教授

丁志军　同济大学计算机科学与技术系　　　　　　　系主任/教授

董军宇　中国海洋大学信息科学与工程学院　　　　　副院长/教授

冯　丹　华中科技大学计算机学院　　　　　　　　　院长/教授

冯立功　战略支援部队信息工程大学网络空间安全学院　院长/教授

高　英　华南理工大学计算机科学与工程学院　　　　副院长/教授

桂小林　西安交通大学计算机科学与技术学院　　　　教授

郭卫斌　华东理工大学信息科学与工程学院　　　　　副院长/教授

郭文忠　福州大学数学与计算机科学学院　　　　　　院长/教授

郭毅可　上海大学计算机工程与科学学院　　　　　　院长/教授

过敏意　上海交通大学计算机科学与工程系　　　　　教授

胡瑞敏　西安电子科技大学网络与信息安全学院　　　院长/教授

黄河燕　北京理工大学计算机学院　　　　　　　　　院长/教授

雷蕴奇　厦门大学计算机科学系　　　　　　　　　　教授

李凡长　苏州大学计算机科学与技术学院　　　　　　院长/教授

李克秋　天津大学计算机科学与技术学院　　　　　　院长/教授

李肯立　湖南大学　　　　　　　　　　　　　　　　校长助理/教授

李向阳　中国科学技术大学计算机科学与技术学院　　执行院长/教授

梁荣华	浙江工业大学计算机科学与技术学院	执行院长/教授
刘延飞	火箭军工程大学基础部	副主任/教授
陆建峰	南京理工大学计算机科学与工程学院	副院长/教授
罗军舟	东南大学计算机科学与工程学院	教授
吕建成	四川大学计算机学院(软件学院)	院长/教授
吕卫锋	北京航空航天大学计算机学院	院长/教授
马志新	兰州大学信息科学与工程学院	副院长/教授
毛晓光	国防科技大学计算机学院	副院长/教授
明　仲	深圳大学计算机与软件学院	院长/教授
彭进业	西北大学信息科学与技术学院	院长/教授
钱德沛	北京航空航天大学计算机学院	教授
申恒涛	电子科技大学计算机科学与工程学院	院长/教授
苏　森	北京邮电大学计算机学院	执行院长/教授
汪　萌	合肥工业大学计算机与信息学院	院长/教授
王长波	华东师范大学计算机科学与软件工程学院	常务副院长/教授
王劲松	天津理工大学计算机科学与工程学院	院长/教授
王良民	江苏大学计算机科学与通信工程学院	院长/教授
王　泉	西安电子科技大学	副校长/教授
王晓阳	复旦大学计算机科学技术学院	院长/教授
王　义	东北大学计算机科学与工程学院	院长/教授
魏晓辉	吉林大学计算机科学与技术学院	院长/教授
文继荣	中国人民大学信息学院	院长/教授
翁　健	暨南大学信息科学技术学院	副校长/教授
吴　迪	中山大学计算机学院	副院长/教授
吴　卿	杭州电子科技大学	教授
武永卫	清华大学计算机科学与技术系	副主任/教授
肖国强	西南大学计算机与信息科学学院	院长/教授
熊盛武	武汉理工大学计算机科学与技术学院	院长/教授
徐　伟	陆军工程大学指挥控制工程学院	院长/副教授
杨　鉴	云南大学信息学院	教授
杨　燕	西南交通大学信息科学与技术学院	副院长/教授
杨　震	北京工业大学信息学部	副主任/教授
姚　力	北京师范大学人工智能学院	执行院长/教授
叶保留	河海大学计算机与信息学院	院长/教授

印桂生	哈尔滨工程大学计算机科学与技术学院	院长/教授
袁晓洁	南开大学计算机学院	院长/教授
张春元	国防科技大学计算机学院	教授
张　强	大连理工大学计算机科学与技术学院	院长/教授
张清华	重庆邮电大学计算机科学与技术学院	执行院长/教授
张艳宁	西北工业大学	校长助理/教授
赵建平	长春理工大学计算机科学技术学院	院长/教授
郑新奇	中国地质大学（北京）信息工程学院	院长/教授
仲　红	安徽大学计算机科学与技术学院	院长/教授
周　勇	中国矿业大学计算机科学与技术学院	院长/教授
周志华	南京大学计算机科学与技术系	系主任/教授
邹北骥	中南大学计算机学院	教授

秘书长：

| 白立军 | 清华大学出版社 | 副编审 |

计算机科学与技术专业核心教材体系建设——建议使用时间

课程系列	基础系列	电类系列	程序系列	系统系列	应用系列	选修系列
一年级上	大学计算机基础					
一年级下	信息安全导论	电子技术基础	计算机程序设计			
二年级上	离散数学(上)	数字逻辑设计 / 数字逻辑设计实验	面向对象程序设计 / 程序设计实践	计算机系统原理	人工智能导论 / 数据库原理与技术 / 嵌入式系统	
二年级下	离散数学(下)		数据结构	计算机系统综合实践 / 操作系统		
三年级上			算法设计与分析	计算机网络		
三年级下			软件工程 / 编译原理	计算机体系结构	计算机图形学	
四年级上			软件工程综合实践			
四年级下						机器学习 / 物联网导论 / 大数据分析技术 / 数字图像技术

自序

科学上新理论、新发明的产生，以及应用中新技术的出现经常是在学科的边缘或交叉点上。在 2008 年诺贝尔奖获得者北京论坛上，图灵奖得主姚期智指出：多学科交叉融合是信息技术发展的关键，当不同的学科、理论相互交叉结合，同时一种新技术达到成熟的时候，往往就会出现理论上的突破和技术上的创新。2020 年的全国研究生教育会议释放出重磅信息，我国决定新增交叉学科作为新的学科门类，也就是说，交叉学科将成为我国第 14 个学科门类，这距离上一次学科重大调整已经过去 8 年。在当前产业、科技背景下，国家急需的高层次人才大多数分布在交叉学科领域。因此，加快培养交叉学科人才是国家治理、应对国际复杂形势的需要。

但当下很多交叉学科下的"新工科"专业都面临教材匮乏、知识体系结构需要重整的困境，本书的编写目的就是通过全面系统地整理量子计算这一交叉学科研究方向的知识，为新工科专业学生以及有兴趣做这方面研究的学者提供入门级教材。要学习量子计算，就需要知道物理上的量子力学基本原理、计算机领域的计算复杂性理论、数学中的线性代数等知识，本书就是将这多个学科的知识重构关联，为读者展示一条学习量子算法的明确路径，带领读者由浅入深地逐步进入量子计算这一交叉研究领域。

量子力学揭示了微观世界物质的状态和运行规律。在后摩尔时代，量子理论与信息科学的结合是人们能够突破摩尔定律瓶颈的唯一途径。近年来，诸如量子通信系统、单光子通信系统、量子磁力仪、量子雷达、量子计算机、冷原子钟等多种量子工程技术的发展为量子理论的应用和产业化提供了可能。量子计算机基于量子力学原理工作，具有经典计算机无法比拟的计算能力，它的实现将引起信息技术新的革命，具有重要的学术价值与应用前景。量子算法可以通俗地理解为量子计算机上运行的软件，软件的设计在经典信息处理过程中的作用毋庸置疑。因此，量子算法的研究对于操控量子硬件系统也同样至关重要。

作者针对目前量子计算教材匮乏的迫切需求，编写了《量子计算导论》一书。全书系统地阐述量子计算的基础理论和基本方法，并对几个代表性量子算法进行深入分析，同时介绍几种最新的量子算法，且简单陈述几种可能的量子计算机实现方案。希望本书的出版能够有助于交叉学科"新工科"专业人才的培养。

谭晓青

2021 年 5 月

FOREWORD
前言

量子计算为现代信息技术提供了潜在的从量变到质变的巨大算力。由于这个研究方向的交叉学科性质，还未有一套比较完整的理论体系。为此，我们在课程体系、课程资源建设等方面进行了尝试性的工作，在前期科学研究的基础上编写了这本交叉学科教材——《量子计算导论》。

本书共 12 章。

第 1 章　绪论。概述量子信息处理过程、量子算法以及量子计算机等相关问题的研究背景、研究意义及研究现状。

第 2 章　量子力学引论。介绍量子计算与量子信息的基础知识，包括线性代数、量子力学基本原理、量子比特、量子测量、量子纠缠等。

第 3 章　计算复杂性。首先介绍两类计算模型，即图灵机模型和线路模型，然后讨论计算复杂性，根据求解的难度对问题进行分类，包括 **P** 类和 **NP** 类问题等。

第 4 章　量子计算模型。介绍量子线路模型和一维量子计算模型。

第 5 章　基本的量子算法。介绍 Deutsch-Jozsa 算法、Simon 算法、BV 算法以及量子近似优化算法。

第 6 章　量子搜索算法。介绍 Grover 量子搜索算法及相关改进算法。

第 7 章　量子傅里叶变换及其应用，介绍量子傅里叶变换，并给出利用量子傅里叶变换的两大基本算法：相位估计和 Shor 因子分解算法。

第 8 章　量子机器学习。介绍 HHL 算法、量子奇异值分解、量子主成分分析、量子支持向量机算法和量子神经网络。

第 9 章　量子噪声和容错。介绍量子噪声、量子纠错码基本理论以及容错量子计算。

第 10 章　量子密码学。介绍两种具有代表性的量子加密技术：量子密钥分配、量子随机数发生器。

第 11 章 安全量子计算。介绍安全委托量子计算。

第 12 章 量子计算机的物理实现。介绍量子计算机可能的物理实现形式：离子阱量子计算机、超导量子计算机和核磁共振量子计算机。

本书旨在提供量子计算的相关理论知识基础，并介绍几种典型的量子算法，总结最新研究成果，使读者能够掌握量子计算的基础理论及发展。本书由浅入深，从基础理论到前沿，具有系统性、交叉性、前沿性等特点，可以作为电子、通信、计算机、数学及信息类交叉学科专业高年级本科生、研究生的教材，也可作为从事量子计算研究人士的入门级读物。

本书在编写过程中得到了清华大学出版社的大力支持，获得了暨南大学教务处的教材项目资助，还得到了暨南大学信息科学技术学院/网络空间安全学院的有力支持，在此对以上单位一并表示感谢。同时，特别感谢许青山同学、黄睿同学、曾晓丹同学、陶红同学、田悠然同学的积极参与，他们为本书的出版付出了努力。

鉴于量子计算的交叉学科性质，本书中的矩阵和向量均使用白斜体表示，特此说明。

由于编者知识水平有限，书中的缺点与错误在所难免，望读者不吝批评、指正。

作 者

2021 年 5 月

CONTENTS
目录

第 1 章

绪　　论

1.1　引言

1936 年，英国数学家艾伦·图灵（Alan Turing）提出了一种抽象的计算模型——图灵机（Turing Machine，TM），这种模型定义了现在的可编程计算机。约翰·冯·诺依曼（John von Neumann）为采用实际元件实现通用图灵机的全部功能，设计了一个简单的理论模型，人们称之为冯·诺依曼体系结构。基于冯·诺依曼体系结构，1946 年，第一台电子管计算机 ENIAC 在美国宾夕法尼亚大学诞生。从 ENIAC 到当前最先进的计算机，它们都采用冯·诺依曼体系结构。1947 年，John Bardeen、Walter Brattain 和 Will Schockley 发明了晶体管，晶体管是规范操作计算机、手机和所有其他现代电子电路的基本构建块，此后硬件的发展开始起飞，并以惊人的速度成长。1965 年，英特尔（Intel）创始人之一戈登·摩尔（Gordon Moore）将信息技术进步的速度概括为摩尔定律，其内容几经修改，变为：当价格不变时，集成电路上可容纳的晶体管数目约每隔 18 个月便会增加一倍，性能也将提升一倍。也就是说，相同价格计算机的性能每隔 18 个月将提升两倍以上。这一定律说明了信息技术的高速发展。摩尔定律在提出后的 50 多年里产生了巨大影响。

现代信息技术的核心是基于半导体材料的芯片技术，集成电路可以把很大数量的微晶体管集成到一个小芯片，随着硅片上线路密度的增加，其复杂性和差错率也将呈指数级增长，同时也使全面而彻底的芯片测试几乎成为不可能。一旦芯片上线条的宽度达到纳米量级，材料的物理、化学性能将发生质的变化，使现行的半导体器件不能正常工作，所导致的半导体器件中的量子效应将不可回避。对于集成芯片，Landauer 原理表明，每删除 1 比特的信息至少需要耗散 $K_B\ln 2$ 大小的能量到环境中，产生热效应。而且，这一数值只是能量耗散的下限，现阶段实际的能量耗散要高出好几个数量级。因此，对于不可逆的信息处理过程，环境的熵是增加的。随着摩尔定律的发展，芯片集成度的提高，计算能力不断增强，同时也增大了能量耗散。因相关技术的进步，能量耗散值可能减少。但是，由于能量耗散有理论的下限，因此芯片集成会有理论的上限。为了避免热效应，人们希望信息处理过程中无能量耗散，这就要求没有信息删除，对应的计算模型为可逆计算。然而，经典计算中是否可以实现可逆计算，目前尚未有定论。而量子计算中，逻辑门的构造由量子力学的幺正变换实现，幺正变换是可逆的，原则上是一种可逆计算。因此，用量子力学的幺正变换构造逻辑门，实现对单量子体系的操控，开发具有特定功能的量子器件是人们目前能够突破摩尔定律瓶颈的唯一途径。于是，信息科学与量子理论相结合，诞生了一门蓬勃发展的交叉学科——量子信息科学。

量子计算机对每个叠加分量实现的变换相当于一种经典计算，所有这些经典计算同时完成，并按一定的概率振幅叠加起来，给出量子计算机的输出结果，这种计算称为量子并行计算，也是量子计算机最重要的优越性。量子并行计算的优势使得其在其他学科中产生了影响。首先，量子计算对密码学产生了影响。量子计算机能够运用 Shor 算法进行大整数分解，这威胁着一些密码体制的安全性，从而催生出抗量子计算密码体制的研究。2006 年，致力于抗量子计算密码研究的各国学者在比利时召开了第一届国际抗量子密码学会议。在这次会议后，又经过多届国际抗量子密码学会议，通过对前人成果的改进、拓展和创新，初步形成了四大类抗量子密码体制：多变量公钥密码体制、基于 Hash 函数的数字签名协议、基于编码的密码体制和基于格的密码。其次，量子计算对化学领域产生了影响——量子模拟。相对于经典的计算方法不能预测化学反应过程或区分反应阶段的相关物质而言，量子计算机能够有效解决这些问题。因为比起经典的化学反应速率常数计算法，早期的一种量子计算方法在速度上已经提高了好几个指数量级。因此，一台需要数千个逻辑量子位元、完全可纠错的量子计算机，能够让人们对物质的各种反应和状态有更深的洞察力，这些成果在能量存储、显示器件、工业催化剂以及药物开发等方面具有广阔的商业价值。这种量子计算能力取决于硬件、软件和算法的发展，也就是需要一系列越来越复杂的计算机系统呈现"里程碑"式的发展：依次是小型计算机、基于门的高级量子计算机、基于退火炉的高级量子计算机、成规模运行具有纠错功能的量子计算机、商用量子计算机、大型模块量子计算机。量子计算遵循五大基本原理：相干性、叠加性、纠缠性、波粒二象性和可测量性。量子计算将有可能使计算机的计算能力大大超过今天的电子计算机，这是一个令人振奋的发展前景，但也仍然存在很多障碍。大规模量子计算所存在的主要问题是：如何长时间地保持足够多的量子比特的量子相干性，同时又能够在这个时间段内做出足够多的具有超高精度的量子逻辑操作。

目前，世界上有很多科学家试图用各种方法实现量子计算，如半导体量子芯片、离子阱、超导＋多光子的方法、超导回路、硅晶体管等。2007 年，D-Wave 开发出了世界上第一台商用量子计算机，这台量子计算机的计算速度优于经典计算机并不是绝对的，它只能被看作是一台设计思维独特的经典计算机。因为在特定算法下，D-Wave 比传统计算机快了一亿倍，然而当换用别的算法时，传统计算机的效能又强过 D-Wave。该公司于 2017 年推出了可以处理 2000 量子比特的产品 2000Q，与经典的计算方法截然不同的是，该产品运用量子退火算法解决问题，即利用真实世界中量子系统的天然倾向寻找低功耗的状态。2016 年 10 月 4 日，以色列发明了按需产生纠缠光子团簇态的设备，这是量子计算机研制过程中的一个突破性成果。

2016 年 8 月 16 日，中国成功将首颗用于量子科学实验的卫星"墨子号"发射升空。2017 年 6 月，中国科学技术大学研究团队联合中科院上海技术物理研究所、微小卫星创新研究院等多家机构，利用"墨子号"量子科学实验卫星在国际上率先成功实现了千公里级的星地双向量子纠缠分发，即一对光子从卫星上同时发往青海德令哈和云南丽江这两个地面实验站，纠缠光子到达两个地面站之后再进行符合测量，发现量子纠缠特性在 1200 千米尺度上仍然存在，严格满足"爱因斯坦定域性条件"的量子力学非定域性检验，相关成果于 2017 年 6 月 16 日以封面论文的形式发表在国际权威学术期刊 *Science* 上。2016 年 12 月，中国科学技术大学研究团队通过两种不同的方法制备了综合性能最优的纠缠光子源，首次成功实现了"十光子纠缠"；2018 年 7 月，该团队又通过调控 6 个光子的偏振、路径和轨道角动量这 3 个自由度，首次实现 18 个光量子比特的纠缠。2017 年 5 月，中国科学技术大学研究团队又研制出在超导电路中能实现 10 比特纠缠和并行逻辑运算的光量子计算机。这台光量子计算机使用了模拟机，比 1946 年推出的第一台电子管计算机和 1954 年推出的第一台晶体管计算机的计算速度要快 10~100 倍。

2017 年，美国国会举办听证会，讨论如何确保"美国在量子技术领域的领先地位"。2018 年 12 月 4 日，美国国家科学、工程与医学院发布题为《量子计算：发展与前景》的研究报告，阐释了量子计算的运行模式、量子计算的算法与应用、量子计算对密码体系的影响、量子计算的硬件组成、量子计算的软件构成等内容，并在此基础上分析了当前量子计算技术所取得的进步与时代架构，展望了量子计算的未来发展前景。报告指出，量子计算发展至今，已引发人们极大的研究兴趣，也展现出一定的商业价值，但其将来的发展速度、方向和实际应用还有待观察；量子计算将给当前的密码体系带来冲击，需要人们提前做好相应的设计与部署准备。

1.2 量子信息处理

量子力学与相对论被认为是现代物理学的两大基石，是在 20 世纪初由普朗克（Planck）、爱因斯坦（Einstein）、玻尔（Bohr）、薛定谔（Schrödinger）、狄拉克（Dirac）、玻恩（Born）和海森堡（Heisenberg）等一批物理学家共同创立的。在物理学研究逐渐深入到原子领域时，人们发现经典理论已经无法诠释微观粒子的某些现象，量子力学的概念和理论就是在解决这些问题的过程中建立起来的。量子力学是以微观物质为基础的，这些微观粒子可以是分子、原子、电子或者光子。量子力学原理描述了微观世界物质之间的作用依据，有海森堡测不准原理、量子不可克隆定理和非正交态不可区分定理等。量子力学是一门主要描述微观世界物质的状态和运行规律的基础科学。

传统计算机处理信息的方式依赖二进制系统，基本计算单元是比特，而量子计算机中的基本计算单元是量子比特（qubit），它采用量子力学的二能级（两态）系统描述信息，不仅有两个线性独立的态，而且还可以制备这两个态的线性叠加态。在量子信息中常见的量子比特有粒子（包括原子、分子和离子等）的两个能级，超导 Josephson 电路最低的两个量子化能级，以及自旋 1/2 粒子的两个不同自旋态，光子的两个偏振方向等。

通常一个"比特"只能表示 0 和 1 这两种可能状态中的一种，而一个"量子比特"则可以同时表示这两个状态。换句话说，n 个"比特"只能表示 2^n 个状态中的一个，n 个"量子比特"却能同时表示 2^n 个状态。如果有一台由 50 个粒子组成的量子计算机，原理上就可以同时对 2^{50} 个数据进行并行计算。本来 50 个粒子一次只能计算一个状态，但在量子世界里，就能同时计算 2^{50} 个状态，所以说量子计算的计算能力是呈指数级增长的。

量子计算机（Quantum Computer）是一类遵循量子力学规律进行数学和逻辑运算、存储及处理量子信息的物理装置。量子计算机的基本组成部件也分为硬件和软件两部分，硬件部分通过物理的相互作用实现对量子比特的操控和测量；软件部分设计量子门的序列（量子线路）或者最优化的量子算法，使其能够处理一些复杂的计算问题。与经典计算机类似，如图 1.1 所示，量子信息存储在量子比特寄存器中，特定的量子信息处理任务由一系列编程的量子逻辑门实现，即量子线路。

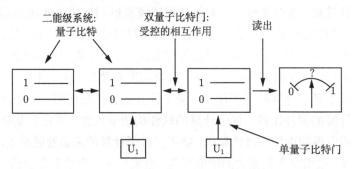

图 1.1　量子信息的处理过程

量子计算的原理是通过希尔伯特（Hilbert）空间中的幺正（或酉，unitary）变换（算子）对量子比特实施运算过程，幺正变换即量子逻辑门。与经典计算一样，只需要少量的基本量子逻辑门，利用它们的排列组合就可以实现所有可计算函数的量子线路。这些基本量子逻辑门的集合被称为普适量子门集合（a universal set of quantum gates），记为 G。由于量子门的空间是连续的，要精确地执行任何操作都需要一组无限多的量子门，人们称能做到这一点的量子门集合是精确的普适量子门集合。但是，人们可以使用一个较弱的定义，它可以由 3 个单量子比特（逻辑）门和一个非平凡的双量子比特（逻辑）门构成。此时，任意的量子线路都可以由 G 中的量子门近似实现：实现的量子门和真实需要的量子门的差别可以任意小。另外，实现任意 n 量子比特门所需要使用的 G 中的量子门的次数是 n 的多项式函数。一个常用的普适量子门集合 G 可以由双量子比特的受控非（Controlled-NOT 或 CNOT）门和以下 3 个单量子比特门构成。

$$ \boldsymbol{H} = \frac{1}{\sqrt{2}} \begin{pmatrix} 1 & 1 \\ 1 & -1 \end{pmatrix}, \quad \boldsymbol{S} = \begin{pmatrix} 1 & 0 \\ 0 & \mathrm{i} \end{pmatrix}, \quad \boldsymbol{T} = \begin{pmatrix} 1 & 0 \\ 0 & \mathrm{e}^{\mathrm{i}\pi/4} \end{pmatrix} \tag{1.2.1} $$

我们将量子力学、计算机科学、信息与通信工程相结合的这门交叉学科称为量子信息学。就职于美国 IBM 研究院、量子信息领域的开拓者 Bennett 曾说："量子信息对经典信息的扩展与完善，就像复数对实数的扩展与完善一样。"量子信息学不仅将经典信息扩充延伸为量子信息，而且它直接利用量子态表达信息、传输信息和存储信息。信息读出是通过对量子态的测量实现的，信息处理过程就是对量子态实施幺正变换的过程，在整个过程中充分利用了量子态的叠加性、相干性、非局域性、纠缠性、不可克隆性等特性。量子信息学的发展突破了许多经典信息技术的物理极限，从而实现了电子信息技术无法做到的信息处理功能，如量子搜索、大数因子分解、量子保密通信、量子隐形传态、量子密钥分发等。量子信息领域几十年的研究也已表明，量子信息处理在提高运算速度、确保信息安全、增大信息容量和提高检测精度等方面具有潜在的、巨大的应用价值，量子信息学的迅猛发展必将引起新的信息技术革命。量子信息学的研究内容包括量子计算、量子通信、量子密码、量子度量、量子模拟和量子物理基础等。

1.3　量子算法简介

量子计算（Quantum Computation）是一种遵循量子力学规律调控量子信息单元进行计算的新型计算模式，其理论模型是用量子力学规律重新诠释的通用图灵机。阿贡国家实验室的 Benioff 于 20 世纪 80 年代初期提出了量子计算，并且指出二能级的量子系统可以用来仿真数字计算。1981 年，Feynman 在麻省理工学院举行的第一届物理计算会议上作了一场以量子现象实现计算为题的报告。1985 年，牛津大学的 Deutsch 提出量子图灵机（Quantum Turing Machine，QTM）的概念，量子计算才开始具备了数学的基本形式。然而，上述量子计算研究多半局限于探讨计算的物理本质，还停留在相当抽象的层次，尚未进一步跨入发展算法的阶段。

人们用普通的计算机处理数据，例如 125×239，显然，计算机可以很快地计算出结果。但是，如果现在想求 30099 这个数的质因数分解，这时候计算机可能需要花费很长一段时间处理这个问题。当人们想要质因数分解的数 N 达到几千万时，普通计算机可能需要运算几百年甚至上千年。而此时如果利用量子算法，则上面的大数分解问题便可以快速解决。

经典计算方法只是数学算法，而量子算法则结合了很多物理上的量子力学特征，比如量子的相干性、量子叠加性、量子并行性、纠缠性、波函数塌缩等。这些物理性质大大提升了计算效率，自成一体地构建出一种新型的计算模式——量子算法。一些特殊的问题，按照经典计算复杂性理论可能不存在有效算法，但是在量子算法中却能够找到有效算法，其有效性体现在能够处理“足够多”的数据量，随着处理数据量的增加，经典算法所消耗的时间远远超过量子算法，也就大大提高了计算的速度。一般来说，数学常作为一种计算工具为物理学科提供服务，现在却可以通过量子物理协助数学以突破计算极限。

量子比特描述为具有特定属性的数学对象。在经典计算中，用 0 和 1 记录信息状态。而量子计算机除了状态 0 和 1，还有 0 和 1 之间的叠加态。量子计算机对每个叠加分量实现的变换相当于一种经典计算，所有这些经典计算同时完成，并按一定的概率振幅叠加起来，给出输出结果，这就是量子并行计算。量子计算机实施一次计算时，可以同时对 2^n 个输入数进行数学运算，其效果相当于经典计算机重复实施 2^n 次操作或采用 2^n 个不同的处理器进行并行操作，可见，量子计算机可以节省大量的运算资源。

例如，定义幺正变换 U_f 如下：

$$U_f : |x\rangle \otimes |0\rangle \to |x\rangle \otimes |f(x)\rangle \tag{1.3.1}$$

若对 $\dfrac{1}{\sqrt{2^n}} \displaystyle\sum_{x=0}^{2^n-1} |x\rangle \otimes |0\rangle$ 进行 U_f 幺正变换，由于 Hilbert 空间是线性的，则

$$U_f\left(\frac{1}{\sqrt{2^n}} \sum_{x=0}^{2^n-1} |x\rangle \otimes |0\rangle\right) = \frac{1}{\sqrt{2^n}} \sum_{x=0}^{2^n-1} U_f\left(|x\rangle \otimes |0\rangle\right) = \frac{1}{\sqrt{2^n}} \sum_{x=0}^{2^n-1} |x\rangle \otimes |f(x)\rangle \tag{1.3.2}$$

也即

$$U_f : \frac{1}{\sqrt{2^n}} \sum_{x=0}^{2^n-1} |x\rangle \otimes |0\rangle \to \frac{1}{\sqrt{2^n}} \sum_{x=0}^{2^n-1} |x\rangle \otimes |f(x)\rangle \tag{1.3.3}$$

所以，对处于叠加态的 $|x\rangle$ 进行 U_f 变换，可以产生每个 x 对应的 $|f(x)\rangle$，即量子计算的一次运算相当于经典计算的 2^n 次运算。量子态的这种可计算特性称为量子并行性（quantum parallelism）。

1982 年，Feynman 第一次尝试用量子力学原理构造计算机。在量子体系中，计算的复杂度是随体系自由度的增加呈指数级增长的，因此使用现有的经典计算机模拟量子系统是不可能的。1985 年，Deutsch 将 Feynman 的思想具体化并证明用量子计算机有效模拟在经典计算机尚不能有效模拟的系统是可能的。虽然 Deutsch 算法很少有实际的用途，但是它通常被认为是第一个比任何经典算法更高效的量子算法。此后，量子计算机的实际应用引起了人们的广泛关注，其中两个最具革命性的量子算法是 Shor 算法（质因数分解）和 Grover 算法（量子搜索算法），除此之外，还有量子傅里叶变换、QEA 算法（组合优化求解）等。这些量子算法可能处理的问题不同，但是都采用了量子力学物理性质进行计算。每种算法都有其独特性，比如 Shor 算法对质因数的分解将直接威胁 RSA 加密系统，Grover 算法在搜索方面获得了指数级的加速。本书总结了这些典型量子算法的基本理论，同时也给出了一些相关量子计算的最新研究成果，包括量子机器学习算法、量子容错计算、安全量子计算等。

1.4　量子计算机

从 20 世纪 90 年代中后期开始，一场关于建造功能最强大、量子比特最多的量子计算机的竞赛就已拉开序幕。

1998 年，牛津大学发布了量子计算机的首次演示。该校研究人员宣布，他们利用两量子比特计算信息的能力取得了突破性进展。2000 年，慕尼黑工业大学的研究人员制造出了拥有 5 量子比特的计算机。同年，计算机寄存器中的量子比特数量在美国洛斯阿拉莫斯国家实验室（Los Alamos National Laboratory）手中又增加到了 7 个。

2007 年 2 月，加拿大 D-Wave 公司宣布研制成功 16 量子比特的超导量子计算机，但其作用仅限于解决一些最优化问题，与科学界公认的能运行各种量子算法的量子计算机

仍有较大区别。同年 11 月 2 日，这家公司又演示了其声称的 28 量子比特的绝热量子计算机。

2017 年，美国 IBM 公司宣布成功研制出一款 50 量子比特处理器原型，不过 IBM 公司没有发表任何研究论文。新华社当时援引业内专家表示，尽管不清楚该处理器原型的性能细节，但这一事件说明"量子霸权"争夺战正进入关键期，不过量子计算距实际应用仍有一定距离。

2018 年年初，英特尔公司又推出了一款 49 量子比特的超导量子测试芯片，名为 Tangle Lake。英特尔公司的官网声明说，这款芯片代表着该公司在开发从架构到算法再到控制电路的完整量子计算系统方面的一个重要里程碑，将使得研究人员能够评估和改进纠错技术，并模拟一些计算问题。

然而仅仅过了不到两个月，谷歌公司又发布了 72 量子比特的量子处理器 Bristlecone。谷歌量子 AI 实验室研究科学家 Julian Kelly 介绍称，该处理器能显示的最佳结果可达到极低的读数错误率（1%）、单量子比特门（0.1%）以及最重要的双量子比特门（0.6%）。

2018 年 8 月，初创企业 Rigetti Computing 更是宣布计划在未来 12 个月内构建基于新芯片架构的 128 量子比特计算机。不过该公司的创始人 Chad Rigetti 表示："当前我们关注的是追求量子优势。量子技术没有确凿的证据，即便实现，其效用也不会很微妙。"

2019 年 1 月，IBM 公司还在消费电子展（CES）上推出了其首款商用量子计算机，其运用 IBM 的 Q 系统，主要使用 20 量子比特，同时具有经典和量子组件。但该公司的声明也提到，商用量子计算机要想击败今天的传统计算机，还需要一段很长的时间。

迄今为止，世界上还没有真正意义上的量子计算机。但是，世界各地的许多实验室正在以巨大的热情追寻着这个梦想。如何实现量子计算，方案并不少，问题是在实验中实现对微观量子态的操纵确实太困难了。已经提出的方案主要利用了原子和光腔的相互作用、冷阱束缚离子、电子或核自旋共振、量子点操纵、超导量子干涉等。还很难说哪种方案更有前景，只是量子点方案和超导约瑟夫森结方案更适合集成化和小型化。将来，也许现有的方案都派不上用场，最后脱颖而出的是一种全新的设计，而这种新设计又是以某种新材料为基础的，就像半导体材料对于电子计算机一样。研究量子计算机的目的不是要用它取代现有的计算机，其更大的意义在于，量子计算机可以使计算的概念焕然一新，这是量子计算机与其他计算机（如光计算机和生物计算机等）的不同之处。量子计算机的作用远不止是解决一些经典计算机无法解决的问题。

参考文献

[1] Schwartz I. Deterministic generation of a cluster state of entangled photons[J]. Science, 2016, 354(6311): 434-437.

[2] 王增斌, 韩军海, 张国万. 量子工程导论 [M]. 北京：中国原子能出版社, 2017.

[3] Song C, Xu K, Liu W, et al. 10-qubit entanglement and parallel logic operations with a superconducting circuit[J]. Physical review letters, 2017, 119(18): 180-511.

[4] Yin J, Cao Y, Li Y H, et al. Satellite-based entanglement distribution over 1200 kilometers[J]. Science, 2017, 356(6343): 1140-1144.

[5] Wang X L, Luo Y H, Huang H L, et al. 18-qubit entanglement with six photons' three degrees of freedom[J]. Physical review letters, 2018, 120(26): 260-502.

[6] 赵生妹, 郑宝玉. 量子信息处理技术 [M]. 北京：北京邮电大学出版社, 2010.

[7] 李承祖, 陈平形, 梁林梅, 等. 量子计算机研究 [M]. 北京：科学出版社, 2011.

[8] 薛正远. 量子科学与量子信息 （文字版） [OL]. 微信公众号：量子科学 ABC, 2019. https://mp.weixin.qq.com/s/7GlSU8aFzy4H0S92cdC4Sw.

量子力学引论

量子力学（Quantum Mechanics，QM）是研究物质世界微观粒子运动规律的物理学分支，主要研究原子、分子、凝聚态物质，以及原子核和基本粒子的结构、性质的基础理论，量子力学主要描述微观物质，与相对论一起被认为是现代物理学的两大基础理论支柱。许多物理学理论，如原子物理学、固体物理学、核物理学和粒子物理学及其他相关的理论都是以其为基础的。19 世纪末，人们发现旧的经典理论无法解释微观系统，于是经由物理学家的努力，在 20 世纪初创立了量子力学，解释了这些现象。量子力学从根本上改变了人类对物质结构及其相互作用的理解。除通过广义相对论描写的引力外，迄今所有基本相互作用均可以在量子力学的框架内描述。

量子力学已广泛应用到粒子物理、原子核、原子分子、凝聚态物理、中子星、黑洞等各个物质层次的研究中，从原子弹、氢弹到核电站，从激光技术、超导技术到显微技术、纳米技术，从集成电路、电子计算机到未来的通信技术、量子计算机，无不以量子力学为理论基础。随着新的量子现象的不断涌现，可以预计量子力学的实用性会更加突出。

量子力学是一个数学框架或者一套物理学理论的规则，它对已知世界的描述是最精确和完整的，也是理解量子计算和量子信息的基础。认同量子力学假设的主要障碍不是假设本身，而是为理解这些假设所需要的数学与物理概念，再加上物理学家在量子力学中采用的 Dirac 符号。本章从复习线性代数的一些基本内容开始，然后逐步引入物理学家在量子力学中的表达符号，详细介绍量子力学以及量子计算的基础知识。

2.1　线性代数

线性代数研究向量空间及其上的线性算子，掌握线性代数知识是学习量子力学的基础。本节复习线性代数的一些基本概念，并给出量子力学中使用这些概念所采用的标准符号。

定义 2.1　F 是复数集 $\mathbb{C}$ 的一个子集，如果 F 中的任意两个数进行加、减、乘、除运算的结果仍然在 F 中，那么就称 F 为一个数域。

2.1.1   向量

线性代数研究的基本对象是向量空间，一般是 n 元复数 $(z_1, z_2, \cdots, z_n)$ 构成的向量空间 $\mathbb{C}^n$，向量空间中的元素称为向量，用列矩阵表示向量：

$$\begin{pmatrix} z_1 \\ z_2 \\ \vdots \\ z_n \end{pmatrix} \tag{2.1.1}$$

向量空间 $\mathbb{C}^n$ 上的两个向量的加法定义为

$$\begin{pmatrix} z_1 \\ z_2 \\ \vdots \\ z_n \end{pmatrix} + \begin{pmatrix} z_1' \\ z_2' \\ \vdots \\ z_n' \end{pmatrix} \equiv \begin{pmatrix} z_1 + z_1' \\ z_2 + z_2' \\ \vdots \\ z_n + z_n' \end{pmatrix} \tag{2.1.2}$$

其中，右边的加法运算是复数域上的加法。向量空间 $\mathbb{C}^n$ 上的数乘定义为

$$z \begin{pmatrix} z_1 \\ z_2 \\ \vdots \\ z_n \end{pmatrix} \equiv \begin{pmatrix} zz_1 \\ zz_2 \\ \vdots \\ zz_n \end{pmatrix} \tag{2.1.3}$$

其中，z 是标量，即一个复数。

量子力学有很多种有效的表示符号，其中，Dirac 符号是常用的标记符号，Dirac 标记的量子态就是向量，记作

$$|\psi\rangle \tag{2.1.4}$$

其中，ψ 是该向量的标号，也可以用其他希腊字母表示，如 ϕ 和 φ 等，符号"$|\cdot\rangle$"用来表明该对象为一个向量，整个对象 $|\psi\rangle$ 称作右矢，$\langle\psi|$ 称作左矢。在向量空间中包含一个特殊的向量——零向量，记作 $\mathbf{0}$，而不记作 $|0\rangle$，因为 $|0\rangle$ 习惯上已有其他含义。零向量 $\mathbf{0}$ 满足如下性质：对于任一向量 $|\psi\rangle$，$|\psi\rangle + \mathbf{0} = |\psi\rangle$；关于标量乘，对于任意复数 z，有 $z\mathbf{0} = \mathbf{0}$。

向量空间内的任意向量都可由一组线性无关的向量组 $|v_1\rangle$，$|v_2\rangle$，$\cdots$，$|v_n\rangle$ 构成，使得任意向量 $|v\rangle$ 都能表示为这一向量组的线性组合，即 $|v\rangle = \sum\limits_{i=1}^{n} a_i |v_i\rangle$，其中 a_i 为复数。称 $|v_1\rangle$，$|v_2\rangle$，$\cdots$，$|v_n\rangle$ 是向量空间 $\mathbb{C}^n$ 中的一组基，若

$$a_1 |v_1\rangle + a_2 |v_2\rangle + \cdots + a_n |v_n\rangle = \mathbf{0} \tag{2.1.5}$$

成立当且仅当所有 $a_i = 0$。可以证明任意线性无关的向量组都是向量空间 $\mathbb{C}^n$ 的一组基，且同一向量空间的基包含相同数目的向量。

例如，向量空间 $\mathbb{C}^2$ 中的一组线性无关的向量组是

$$|v_1\rangle \equiv \begin{pmatrix} 1 \\ 0 \end{pmatrix}, \quad |v_2\rangle \equiv \begin{pmatrix} 0 \\ 1 \end{pmatrix} \tag{2.1.6}$$

$\mathbb{C}^2$ 中任意向量 $|v\rangle = \begin{pmatrix} a_1 \\ a_2 \end{pmatrix}$ 都可以用 $|v_1\rangle$ 和 $|v_2\rangle$ 线性表示:

$$|v\rangle = a_1 |v_1\rangle + a_2 |v_2\rangle \tag{2.1.7}$$

这说明 $|v_1\rangle$ 和 $|v_2\rangle$ 可以张成向量空间 $\mathbb{C}^2$, 常用 $|0\rangle \equiv |v_1\rangle$, $|1\rangle \equiv |v_2\rangle$ 表示。一般来说, 向量空间的基不是唯一的。例如, 向量空间 $\mathbb{C}^2$ 还可以用另一组基表示:

$$|w_1\rangle \equiv \frac{1}{\sqrt{2}} \begin{pmatrix} 1 \\ 1 \end{pmatrix}, |w_2\rangle \equiv \frac{1}{\sqrt{2}} \begin{pmatrix} 1 \\ -1 \end{pmatrix} \tag{2.1.8}$$

对于任意的向量 $|v\rangle = \begin{pmatrix} a_1 \\ a_2 \end{pmatrix}$, 也可以用 $|w_1\rangle$ 和 $|w_2\rangle$ 线性表示为

$$|v\rangle = \frac{a_1 + a_2}{\sqrt{2}} |w_1\rangle + \frac{a_1 - a_2}{\sqrt{2}} |w_2\rangle \tag{2.1.9}$$

2.1.2　内积

考虑一个向量空间, 内积是向量空间上的二元复数函数。两个向量 $|v\rangle$ 和 $|w\rangle$ 的内积 $(|v\rangle, |w\rangle)$ 是一个复数。在量子力学中, 内积 $(|v\rangle, |w\rangle)$ 的标准符号为 $\langle v|w\rangle$, 其中 "$|\cdot\rangle$" 表示列向量, "$\langle\cdot|$" 表示行向量, 符号 "$\langle v|$" 表示向量 "$|v\rangle$" 的对偶向量。

定义 2.2　$V \times V \to \mathbb{C}$ 的函数是内积 (inner product), 如果它满足以下三个条件:

(1) $(|v\rangle, |v\rangle) \geqslant 0$, 当且仅当 $|v\rangle = \mathbf{0}$ 时取等号。

(2) $(|v\rangle, |w\rangle) = (|w\rangle, |v\rangle)^*$, 其中 $*$ 表示复共轭。

(3) $\left(|v\rangle, \sum_i \lambda_i |w_i\rangle\right) = \sum_i \lambda_i (|v\rangle, |w_i\rangle)$。

例如, $\mathbb{C}^n$ 具有如下定义的一个内积:

$$((y_1, y_2, \cdots, y_n), (z_1, z_2, \cdots, z_n)) \equiv \sum_i y_i^* z_i = (y_1^*, y_2^*, \cdots, y_n^*) \begin{pmatrix} z_1 \\ z_2 \\ \vdots \\ z_n \end{pmatrix} \tag{2.1.10}$$

如果两个向量的内积为 0, 则称这两个向量正交。例如, $|\omega\rangle \equiv (1,0)$ 和 $|v\rangle \equiv (0,1)$ 相对于式 (2.1.10) 定义的内积是正交的。

带有内积的向量空间称为内积空间。定义向量 $|v\rangle$ 的范数 (norm) 为

$$\||v\rangle\| \equiv \sqrt{\langle v|v\rangle} \tag{2.1.11}$$

如果 $\||v\rangle\| = 1$, 则向量 $|v\rangle$ 是单位向量, 也可称向量 $|v\rangle$ 为归一化的。对任意的非零向量 $|v\rangle$, 向量除以其范数, 称为向量的归一化, 即 $|v\rangle/\||v\rangle\|$ 是 $|v\rangle$ 的归一化形式。

定义 2.3　如果一个内积空间 V 对于由内积诱导出的范数而言是完备的, 则称这个空间是一个希尔伯特空间。

所谓空间是完备的，即其上所有的柯西序列都是收敛的。在量子计算所用到的有限维复向量空间类中，内积空间就是希尔伯特空间，一般不区分内积空间和希尔伯特空间。无穷维的希尔伯特空间在内积空间的基础上需要满足附加的条件限制，本书不考虑这种情况。量子力学研究的就是希尔伯特空间的演化。

如果一组以 i 为指标的向量 $|i\rangle$ 中的每个向量都是单位向量，且不同的向量之间相互正交，即 $\langle i|j\rangle = \delta_{ij}$，其中 i 和 j 都是从指标集中取得的，则这组向量称为标准正交基。一般地，通过使用 Gram-Schmidt 方法能产生向量空间的一组标准正交基。如果向量用某一标准正交基表示，那么希尔伯特空间的内积可以用矩阵表示。令 $|w\rangle = \sum_j w_j|j\rangle$ 和 $|v\rangle = \sum_i v_i|i\rangle$ 是向量 $|w\rangle$ 和 $|v\rangle$ 相对标准正交基 $|i\rangle$ 的表示，由 $\langle i|j\rangle = \delta_{ij}$，可以得到

$$
\langle v|w\rangle = \left(\sum_i v_i|i\rangle, \sum_j w_j|j\rangle\right) = \sum_{ij} v_i^* w_j \delta_{ij} = \sum_i v_i^* w_i
$$

$$
= (v_1^* \ v_2^* \ \cdots \ v_n^*)\begin{pmatrix} w_1 \\ w_2 \\ \vdots \\ w_n \end{pmatrix} \tag{2.1.12}
$$

即如果向量由某个标准正交基表示，那么两个向量的内积就等于向量矩阵表示的内积。

2.1.3 线性算子与 Pauli 矩阵

定义 2.4 向量空间 V 和 W 之间的函数 A 称为线性算子 (linear operator)，若函数 $A: V \to W$，则满足

$$
A\left(\sum_i a_i|\psi\rangle\right) = \sum_i a_i A(|\psi\rangle) \tag{2.1.13}
$$

注：①算子也即算符；②通常把 $A(|\psi\rangle)$ 记作 $A|\psi\rangle$。如果一个线性算子 A 定义在向量空间 V 上，则表示 A 是从 V 到 V 的线性算子。恒等算子 (identity operator)I_V 是任意线性空间 V 上的一个重要的线性算子，定义为对所有向量 $|v\rangle$ 有 $I_V|v\rangle = |v\rangle$，常常只用 I 表示恒等算子。另外一个重要算子是零算子，记作 0。零算子可以把任意向量映射为 $\mathbf{0}$。

定义 2.5 BA 称为两个线性算子的复合，设 V, W, X 是向量空间，而 $A: V \to W$ 和 $B: W \to X$ 是线性算子，则 B 和 A 的复合定义为

$$
(BA)(|v\rangle) = B(A(|v\rangle)) \tag{2.1.14}
$$

简记为 $BA|v\rangle$。

理解线性算子最简单的方式是用矩阵表示，事实上，线性算子和矩阵完全等价。假设 $A: V \to W$ 是向量空间 V 和 W 之间的一个线性算子，设 $|v_1\rangle, |v_2\rangle, \cdots, |v_m\rangle$ 是 V 的一组基，$|w_1\rangle, |w_2\rangle, \cdots, |w_n\rangle$ 是 W 的一组基。对任意的 $j \in 1, 2, \cdots, m$，存在复数 $A_{1j}, A_{2j}, \cdots, A_{nj}$，使得

$$A |v_j\rangle = \sum_i A_{ij} |\omega_i\rangle \tag{2.1.15}$$

具有元素 A_{ij} 的矩阵称为算子 A 的一个矩阵表示，其性质与矩阵 A 完全等价。

例如，V 是以 $|0\rangle$ 和 $|1\rangle$ 为基的一个二维向量空间，A 是从 V 到 V 的线性算子，使得 $A|0\rangle = |1\rangle$，$A|1\rangle = |0\rangle$。相对输入基 $|0\rangle$ 和 $|1\rangle$ 和输出基 $|1\rangle$ 和 $|0\rangle$，A 的矩阵表示为

$$A = \begin{pmatrix} 0 & 1 \\ 1 & 0 \end{pmatrix} \tag{2.1.16}$$

定义 2.6　线性算子 A 在向量空间上的特征向量（本征向量，eigenvector）指非零的向量 $|v\rangle$，使得 $A|v\rangle = \lambda|v\rangle$，其中 λ 是一个复数，称为 A 对应于 $|v\rangle$ 的特征值（本征值，eigenvalue）。

Pauli 矩阵指 4 个常用矩阵，它们是 2×2 矩阵，对量子计算与量子信息有着极为重要的作用。Pauli 矩阵用特殊的记号表示如下。

$$\begin{cases} \sigma_0 \equiv I \equiv \begin{pmatrix} 1 & 0 \\ 0 & 1 \end{pmatrix} \\[2mm] \sigma_1 \equiv \sigma_x \equiv X \equiv \begin{pmatrix} 0 & 1 \\ 1 & 0 \end{pmatrix} \\[2mm] \sigma_2 \equiv \sigma_y \equiv Y \equiv \begin{pmatrix} 0 & -\mathrm{i} \\ \mathrm{i} & 0 \end{pmatrix} \\[2mm] \sigma_3 \equiv \sigma_z \equiv Z \equiv \begin{pmatrix} 1 & 0 \\ 0 & -1 \end{pmatrix} \end{cases} \tag{2.1.17}$$

注：有时会省去 I，只把 X, Y, Z 称为 Pauli 矩阵或者 Pauli 算子。

2.1.4　伴随与 Hermite 算子

定义 2.7　设 A 是希尔伯特空间 V 上的线性算子，在 V 上存在唯一的线性算子 $A^\dagger$ 使得对所有向量 $|v\rangle, |w\rangle \in V$ 有

$$(|v\rangle, A|w\rangle) = (A^\dagger|v\rangle, |w\rangle) \tag{2.1.18}$$

成立，称这样的线性算子 $A^\dagger$ 是 A 的伴随算子或 Hermite（厄米）共轭算子。

根据定义易知 $(AB)^\dagger = B^\dagger A^\dagger$。习惯上，对于向量 $|v\rangle$，定义 $|v\rangle^\dagger \equiv \langle v|$，显然有 $(A|v\rangle)^\dagger = \langle v|A^\dagger$。在算子 A 的矩阵表示中，Hermite 共轭算子把 A 的矩阵变为共轭转置矩阵，$A^\dagger \equiv (A^*)^{\mathrm{T}}$，其中 $*$ 表示复共轭，T 表示转置运算。

例如，

$$\begin{pmatrix} 1+2\mathrm{i} & 3\mathrm{i} \\ 1+\mathrm{i} & 1-4\mathrm{i} \end{pmatrix}^\dagger = \begin{pmatrix} 1-2\mathrm{i} & 1-\mathrm{i} \\ -3\mathrm{i} & 1+4\mathrm{i} \end{pmatrix} \tag{2.1.19}$$

如果 A 的共轭转置仍为 A，即 $A^\dagger = A$，则称 A 为 Hermite 算子（厄米算子）或自伴（self-adjoint）算子。投影算子（projector）是一类重要的 Hermite 算子。设 W 是 d 维

向量空间 V 的 k 维子空间，采用 Gram-Schimdt 过程，可以为 V 构造一组标准正交基 $|1\rangle, |2\rangle, \cdots, |d\rangle$，使得 $|1\rangle, |2\rangle, \cdots, |k\rangle$ 是 W 的一组标准正交基。定义从 V 到 W 的投影算子 P 为

$$P \equiv \sum_{i=1}^{k} |i\rangle\langle i| \tag{2.1.20}$$

显然对于任意向量 $|v\rangle$，$|v\rangle\langle v|$ 是 Hermite 算子，因此 P 也是 Hermite 算子。对任意投影 P 满足等式 $P^2 = P$。常用向量空间 P 作为投影算子 P 映到其上的向量空间。P 的正交补算子 $Q = I - P$，容易看出 Q 是映射到由 $|k+1\rangle, \cdots, |d\rangle$ 张成的向量空间上的投影，这个空间也称 P 的正交补空间，也记作 Q。

定义 2.8   算子 A 称为正规的 (normal)，$AA^\dagger = A^\dagger A$ 成立。

显然，Hermite 算子是正规的。关于正规算子有一个著名的谱分解定理。

定理 2.1   （谱分解定理）一个算子 M 是正规算子当且仅当它可对角化。

证明

充分性：利用数学归纳法证明，$d = 1$ 时的情况是平凡的。令 λ 是 M 的一个特征值，P 是映射到 λ 本征空间的投影，Q 是正交补投影，于是有 $M = (P+Q)M(P+Q) = PMP + PMQ + QMP + QMQ$，显然 $PMP = \lambda P$。因为 M 把子空间 P 映射到自身，所以 $QMP = 0$。

下面证明 $PMQ = 0$。令 $|\varphi\rangle$ 为子空间 P 的元素，则 $MM^\dagger|\varphi\rangle = M^\dagger M|\varphi\rangle = \lambda M^\dagger|\varphi\rangle$，所以 $M^\dagger|\varphi\rangle$ 的特征值为 λ，是子空间 P 中的元素，可得 $PM^\dagger Q = 0$，对此式取伴随，得到 $PMQ = 0$。

所以 $M = PMP + QMQ$。

下面证明 QMQ 是正规的。由 $QM = QM(P+Q) = QMQ$ 和 $QM^\dagger = QM^\dagger(P+Q) = QM^\dagger Q$，因为 M 是正规的且 $Q^2 = Q$，所以

$$\begin{aligned}
QMQQM^\dagger Q &= QMQM^\dagger Q \\
&= QMM^\dagger Q \\
&= QM^\dagger M Q \\
&= QM^\dagger Q M Q \\
&= QM^\dagger Q Q M Q
\end{aligned} \tag{2.1.21}$$

所以 QMQ 是正规的。

由归纳假设，QMQ 对子空间 Q 的某个标准正交基是可对角化的，而 PMP 对 P 的标准正交基是可对角化的，所以 $M = PMP + QMQ$ 对于全空间在某个标准正交基下是可对角化的。

必要性是一个显然的过程，可作为练习证明。   ∎

推论 2.1   正规算子是 Hermite 算子当且仅当它的特征值是实数。

定义 2.9   矩阵 U 称为是酉的 (unitary)，如果 $U^\dagger U = I$。类似地，算子 U 也称为是酉的，如果 $U^\dagger U = I$。

酉算子是正规的，且满足谱分解定理。

定义 2.10 算子 A 称为半正定的，如果对任意向量 $|v\rangle$，$(|v\rangle, A|v\rangle)$ 是非负实数。

定义 2.11 算子 A 称为正定的，如果 $(|v\rangle, A|v\rangle)$ 对所有 $|v\rangle \neq 0$ 都严格大于零。

半正定算子是 Hermite 算子中一个极重要的子类。

定理 2.2 Hermite 算子满足如下性质：

(1) Hermite 算子的特征值为实数；

(2) 不同特征值对应的特征向量相互正交；

(3) Hermite 算子的特征向量张成一个完备的矢量空间。

证明

(1) 设 A 是 Hermite 算子，$|v\rangle$ 是属于特征值 a_v 的特征向量，则

$$A|v\rangle = a_v|v\rangle \tag{2.1.22}$$

以 $\langle v|(\langle v| = |v\rangle^\dagger, \langle u| = |u\rangle^\dagger)$ 作用上式的两边得到

$$\langle v|A|v\rangle = a_v\langle v|v\rangle \tag{2.1.23}$$

因为 A 是 Hermite 算子，由 Hermite 算子的定义

$$\langle v|A|v\rangle = (\langle v|A|v\rangle)^* \tag{2.1.24}$$

因此 $\langle v|A|v\rangle$ 是实数。又因 $a_v = a_v\langle v|v\rangle = \langle v|a_v|v\rangle = \langle v|A|v\rangle$，所以 a_v 一定是实数。

(2) 设 $|u\rangle$ 和 $|v\rangle$ 分别是算子 A 属于特征值 a 和 b 的两个特征向量：

$$\begin{cases} A|u\rangle = a|u\rangle \\ A|v\rangle = b|v\rangle \end{cases} \tag{2.1.25}$$

以 $\langle v|$ 作用于上式的第一个方程，以 $\langle u|$ 作用于上式的第二个方程，得到

$$\begin{cases} \langle v|A|u\rangle = a\langle v|u\rangle \\ \langle u|A|v\rangle = b\langle u|v\rangle \end{cases} \tag{2.1.26}$$

因为 A 是 Hermite 算子且 b 是实数，由式 (2.1.26) 的第二个方程的复共轭，可得

$$\langle v|A|u\rangle = (\langle u|A|v\rangle)^* = (b\langle u|v\rangle)^* = b\langle v|u\rangle \tag{2.1.27}$$

用等式 (2.1.26) 的第一个方程减去等式 (2.1.27) 得到

$$0 = (a - b)\langle v|u\rangle \tag{2.1.28}$$

因为特征值 a 和 b 不相等，所以 $\langle v|u\rangle = 0$，所以两个特征向量相互正交。

(3) 完备性是指任意一个量子态 $|\psi\rangle$，只要它属于算子 A 的特征向量张成的矢量空间，它就可以用 A 的正交归一化的特征矢量展开，即

$$|\psi\rangle = \sum_n C_n |u_n\rangle \tag{2.1.29}$$

其中，展开系数 $C_n = \langle u_n|\psi\rangle$。

注：存在连续分布的特征值情况，下面只说明离散特征值的情况。

在离散情况下，以 A 属于不同特征值的特征矢量 $\langle u_m|$ 左乘等式 (2.1.29)，利用正交关系得到

$$\langle u_m|\psi\rangle = \sum_n C_n \langle u_m|u_n\rangle = C_m \tag{2.1.30}$$

将等式 (2.1.30) 代入等式 (2.1.29)，得到

$$|\psi\rangle = \sum_n |u_n\rangle\langle u_n|\psi\rangle \tag{2.1.31}$$

由于 $|\psi\rangle$ 是任意的，所以

$$\sum_n |u_n\rangle\langle u_n| = I \tag{2.1.32}$$

得证。　∎

2.1.5　外积

设 $|v\rangle$ 是内积空间 V 中的向量，$|w\rangle$ 是内积空间 W 中的向量，外积定义为 $V \to W$ 的线性算子 $|w\rangle\langle v|$。

$$(|w\rangle\langle v|)|\alpha\rangle \equiv |w\rangle\langle v|\alpha\rangle = \langle v|\alpha\rangle|w\rangle \tag{2.1.33}$$

对表达式 $|w\rangle\langle v|\alpha\rangle$ 可以有两种解释：一种表示算子 $|w\rangle\langle v|$ 在 $|\alpha\rangle$ 上的作用，将向量 $|\alpha\rangle$ 从 V 空间映射到 W 空间；另一种可理解为 $|w\rangle$ 与一个复数 $\langle v|\alpha\rangle$ 相乘。根据定义，外积算子的线性组合 $\sum_i a_i |\omega_i\rangle\langle v_i|$ 是一个线性算子，在 $|\alpha\rangle$ 上作用产生输出 $\sum_i a_i|\omega_i\rangle\langle v_i|\alpha\rangle$。

外积的定义也保证了完备性（completeness）关系，假设 $|i\rangle$ 是向量空间 V 的标准正交基，向量 $|v\rangle$ 可以写作 $|v\rangle = \sum_i v_i|i\rangle$，其中 v_i 是复数。因为 $\langle i|v\rangle = v_i$，所以有

$$\left(\sum_i |i\rangle\langle i|\right) |v\rangle = \sum_i |i\rangle\langle i|v\rangle = \sum_i v_i|i\rangle = |v\rangle \tag{2.1.34}$$

因为等式 (2.1.34) 对任意向量 $|v\rangle$ 都成立，所以有

$$\sum_i |i\rangle\langle i| = I \tag{2.1.35}$$

这个等式称为完备性关系，还有另一个完备性关系的应用是 Cauchy-Schwarz 不等式。Cauchy-Schwarz 不等式是希尔伯特空间的一个重要几何事实。

定理 2.3　（Cauchy-Schwarz 不等式）对任意两个向量 $|v\rangle$ 和 $|w\rangle$，不等式 $|\langle u|w\rangle|^2 \leqslant \langle v|v\rangle\langle w|w\rangle$ 成立。

证明　构造向量空间的一个标准正交基 $|i\rangle$，使得 $|i\rangle$ 的第一个向量为 $|v\rangle/\sqrt{\langle w|w\rangle}$，根据完备性关系 (2.1.35)，并舍弃一些非负项，得到

$$\langle v|v\rangle\langle w|w\rangle = \sum_i \langle v|i\rangle\langle i|v\rangle\langle w|w\rangle \geqslant \frac{\langle v|w\rangle\langle w|v\rangle}{\langle w|w\rangle}\langle w|w\rangle = \langle v|w\rangle\langle w|v\rangle = |\langle v|w\rangle|^2 \tag{2.1.36}$$

当且仅当 $|v\rangle$ 和 $|w\rangle$ 有线性关系时，即存在某个复数 z，使得 $|v\rangle = z|\omega\rangle$ 或者 $|\omega\rangle = z|v\rangle$，上式取等号。

例如，若以 $|0\rangle$ 和 $|1\rangle$ 为向量空间 $\mathbb{C}^2$ 中的一组基，则 Pauli 算子的外积表示为

$$\begin{cases} I = |0\rangle\langle 0| + |1\rangle\langle 1| \\ X = |0\rangle\langle 1| + |1\rangle\langle 0| \\ Y = -i|0\rangle\langle 1| + i|1\rangle\langle 0| \\ Z = |0\rangle\langle 0| - |1\rangle\langle 1| \end{cases} \tag{2.1.37}$$

2.1.6　张量积

设 $V_m \otimes W_n$ 是一个 mn 维向量空间，其中 V_m 和 W_n 是维数分别为 m 和 n 的向量空间。$V_m \otimes W_n$ 的元素是张量积 $|v\rangle \otimes |w\rangle$ 的线性组合，其中元素 $|v\rangle$ 是向量空间 V_m 中的元素，$|w\rangle$ 是向量空间 W_n 中的元素。$|v\rangle \otimes |w\rangle$ 常缩写为 $|vw\rangle$、$|v,w\rangle$ 或 $|v\rangle|w\rangle$。张量积满足以下 3 个性质：

(1) 对 V 中的任意向量 $|v\rangle$ 和 W 中的任意向量 $|w_1\rangle$ 与 $|w_2\rangle$，满足

$$|v\rangle \otimes (|w_1\rangle + |w_2\rangle) = |v\rangle \otimes |w_1\rangle + |v\rangle \otimes |w_2\rangle \tag{2.1.38}$$

(2) 对任意标量 z，V 中的向量 $|v\rangle$ 和 W 中的向量 $|w\rangle$，满足

$$z(|v\rangle \otimes |w\rangle) = (z|v\rangle) \otimes |w\rangle = |v\rangle \otimes (z|w\rangle) \tag{2.1.39}$$

(3) 对 V 中的任意向量 $|v_1\rangle$ 与 $|v_2\rangle$ 和 W 中的任意向量 $|w\rangle$，满足

$$(|v_1\rangle + |v_2\rangle) \otimes |w\rangle = |v_1\rangle \otimes |w\rangle + |v_2\rangle \otimes |w\rangle \tag{2.1.40}$$

设 $|v\rangle$ 和 $|w\rangle$ 分别是 V 和 W 中的向量，A 和 B 是 V 和 W 上的线性算子。$A \otimes B$ 为 $V \otimes W$ 上的一个线性算子，定义如下：

$$(A \otimes B)(|v\rangle \otimes |w\rangle) \equiv A|v\rangle \otimes B|w\rangle \tag{2.1.41}$$

转置、复共轭、伴随算子对张量积是可分配的：

$$\begin{cases} (A \otimes B)^* = A^* \otimes B^* \\ (A \otimes B)^{\mathrm{T}} = A^{\mathrm{T}} \otimes B^{\mathrm{T}} \\ (A \otimes B)^{\dagger} = A^{\dagger} \otimes B^{\dagger} \end{cases} \tag{2.1.42}$$

为了保证张量积算子的线性特性，$A \otimes B$ 的定义可以扩展到 $V \otimes W$ 的所有元素，即

$$(A \otimes B)\left(\sum_i a_i |v_i\rangle \otimes |w_i\rangle\right) \equiv \sum_i a_i A|v_i\rangle \otimes B|w_i\rangle \tag{2.1.43}$$

显然，两个算子的张量积可以推广到不同向量空间之间的映射 $A : V \to V'$ 和 $B : W \to W'$。事实上，任意把向量 $V \otimes W$ 映射到 $V' \otimes W'$ 的线性算子都可以表示为把 V 映射到 V' 和把 W 映射到 W' 算子张量积的线性组合，即

$$C = \sum_i c_i A_i \otimes B_i \tag{2.1.44}$$

根据定义可以得到

$$\left(\sum_i c_i A_i \otimes B_i \right) |v\rangle \otimes |\omega\rangle \equiv \sum_i c_i A_i |v\rangle \otimes B_i |\omega\rangle \tag{2.1.45}$$

张量积用 Kronecker 积矩阵表示起来更为直观。设 A 是一个 $m \times n$ 矩阵，B 是一个 $p \times q$ 矩阵，则张量积 $A \otimes B$ 表示为

$$A \otimes B \equiv \begin{pmatrix} A_{11}B & A_{12}B & \cdots & A_{1n}B \\ A_{21}B & A_{22}B & \cdots & A_{2n}B \\ \vdots & \vdots & \vdots & \vdots \\ A_{m1}B & A_{m2}B & \cdots & A_{mn}B \end{pmatrix} \tag{2.1.46}$$

例如，

(1) 向量 $(1,2)$ 和 $(2,3)$ 的张量积是

$$\begin{pmatrix} 1 \\ 2 \end{pmatrix} \otimes \begin{pmatrix} 2 \\ 3 \end{pmatrix} = \begin{pmatrix} 1 \times 2 \\ 1 \times 3 \\ 2 \times 2 \\ 2 \times 3 \end{pmatrix} = \begin{pmatrix} 2 \\ 3 \\ 4 \\ 6 \end{pmatrix} \tag{2.1.47}$$

(2) Pauli 矩阵的 X 和 Y 的张量积是

$$X \otimes Y = \begin{pmatrix} 0 \cdot Y & 1 \cdot Y \\ 1 \cdot Y & 0 \cdot Y \end{pmatrix} = \begin{pmatrix} 0 & 0 & 0 & -\mathrm{i} \\ 0 & 0 & \mathrm{i} & 0 \\ 0 & -\mathrm{i} & 0 & 0 \\ \mathrm{i} & 0 & 0 & 0 \end{pmatrix} \tag{2.1.48}$$

2.1.7　对易式和反对易式

两个算子 A 和 B 之间的对易式（commutator）定义为

$$[A, B] \equiv AB - BA \tag{2.1.49}$$

如果 $[A, B] = 0$，即 $AB = BA$，就可以说 A 和 B 是对易的。

两个算子的反对易式（anti-commutator）定义为

$$\{A, B\} \equiv AB + BA \tag{2.1.50}$$

如果 $\{A, B\} = 0$，即 $AB = -BA$，就可以说 A 和 B 是反对易的。

例如，

(1) 因为 $XR_x(\theta) = R_x(\theta)X$，所以说明 X 和 $R_x(\theta)$ 是对易的。其中，$R_x(\theta)$ 为关于 $\hat{x}$ 轴的旋转算子（rotation operator），$R_x(\theta) \equiv \mathrm{e}^{-\mathrm{i}\theta X/2} = \cos\dfrac{\theta}{2} I - \mathrm{i}\sin\dfrac{\theta}{2} X = \begin{pmatrix} \cos\dfrac{\theta}{2} & -\mathrm{i}\sin\dfrac{\theta}{2} \\ -\mathrm{i}\sin\dfrac{\theta}{2} & \cos\dfrac{\theta}{2} \end{pmatrix}$。

(2) 验证 Pauli 算子之间不是对易的。

$$[X,Y] = \begin{pmatrix} 0 & 1 \\ 1 & 0 \end{pmatrix} \begin{pmatrix} 0 & -i \\ i & 0 \end{pmatrix} - \begin{pmatrix} 0 & -i \\ i & 0 \end{pmatrix} \begin{pmatrix} 0 & 1 \\ 1 & 0 \end{pmatrix}$$

$$= \begin{pmatrix} 2i & 0 \\ 0 & -2i \end{pmatrix} = 2i \begin{pmatrix} 1 & 0 \\ 0 & -1 \end{pmatrix} = 2iZ \tag{2.1.51}$$

$$[Y,Z] = \begin{pmatrix} 0 & -i \\ i & 0 \end{pmatrix} \begin{pmatrix} 1 & 0 \\ 0 & -1 \end{pmatrix} - \begin{pmatrix} 1 & 0 \\ 0 & -1 \end{pmatrix} \begin{pmatrix} 0 & -i \\ i & 0 \end{pmatrix}$$

$$= \begin{pmatrix} 0 & 2i \\ 2i & 0 \end{pmatrix} = 2i \begin{pmatrix} 0 & 1 \\ 1 & 0 \end{pmatrix} = 2iX \tag{2.1.52}$$

$$[Z,X] = \begin{pmatrix} 1 & 0 \\ 0 & -1 \end{pmatrix} \begin{pmatrix} 0 & 1 \\ 1 & 0 \end{pmatrix} - \begin{pmatrix} 0 & 1 \\ 1 & 0 \end{pmatrix} \begin{pmatrix} 1 & 0 \\ 0 & -1 \end{pmatrix}$$

$$= \begin{pmatrix} 0 & 2 \\ -2 & 0 \end{pmatrix} = 2i \begin{pmatrix} 0 & -i \\ i & 0 \end{pmatrix} = 2iY \tag{2.1.53}$$

(3) 验证 Pauli 算子之间是反对易的。

$$\{X,Y\} = \begin{pmatrix} 0 & 1 \\ 1 & 0 \end{pmatrix} \begin{pmatrix} 0 & -i \\ i & 0 \end{pmatrix} + \begin{pmatrix} 0 & -i \\ i & 0 \end{pmatrix} \begin{pmatrix} 0 & 1 \\ 1 & 0 \end{pmatrix} = 0 \tag{2.1.54}$$

$$\{Y,Z\} = \begin{pmatrix} 0 & -i \\ i & 0 \end{pmatrix} \begin{pmatrix} 1 & 0 \\ 0 & -1 \end{pmatrix} + \begin{pmatrix} 1 & 0 \\ 0 & -1 \end{pmatrix} \begin{pmatrix} 0 & -i \\ i & 0 \end{pmatrix} = 0 \tag{2.1.55}$$

$$\{Z,X\} = \begin{pmatrix} 1 & 0 \\ 0 & -1 \end{pmatrix} \begin{pmatrix} 0 & 1 \\ 1 & 0 \end{pmatrix} + \begin{pmatrix} 0 & 1 \\ 1 & 0 \end{pmatrix} \begin{pmatrix} 1 & 0 \\ 0 & -1 \end{pmatrix} = 0 \tag{2.1.56}$$

2.2 量子力学理论框架

海森堡、薛定谔、玻尔、费曼等一大批物理学家于 20 世纪初共同创立了量子力学，它是用来描述微观粒子（原子、原子核、基本粒子等）结构、运动与变化规律的一个物理学分支，是建立在普朗克的量子假说、爱因斯坦的光量子理论和玻尔的原子理论等旧量子论的基础之上的。自量子力学诞生以来，在不同领域相继发现了许多宏观量子效应（宏观尺度上观察到的量子效应），如激光、超导现象与超流现象、量子霍尔效应、玻色 - 爱因斯坦凝聚，乃至一些天体现象等。这表明量子力学不仅支配着微观世界，而且也支配着宏观世界。人们熟知的经典力学规律只不过是量子力学规律在特定条件下的近似。另外，迄今量子力学的发展并没有完结。从量子力学诞生起，量子力学的基本概念和原理一直存在长期而激烈的争论。近年来，随着物理实验技术的进展，这种争论已不再仅仅是思辨性的，而是发展成为直接依靠实验的实证研究了，已揭示出了一系列原则上全新的物理现象，并还在不断向前发展。

　　一个微观系统包含若干粒子,如果这些粒子又是按照量子力学的规律运动,人们就称此系统处于某种量子状态,简称量子态。在经典力学中,一般通过质点的位置和动量(或速度)确定质点的状态。然而,由于微观粒子的波粒二象性,即同时具有类似于经典波和经典粒子的双重性质,因此不能同时确定微观粒子的位置和动量。薛定谔提出的波函数方程揭示了量子力学与经典物理学完全不同的物质运动规律,正是明确了波函数概念和概率密度幅的物理意义,才使得量子力学彻底摆脱了经典物理学的认识,因此费曼将波函数看作是量子理论最基本的概念。以波函数为基础,物理学家引入了 5 条基本假设以及 3 个基本原理,并由此建立了量子力学的理论框架。

2.2.1　量子力学基本假设

　　假设 2.1　*波函数假设:量子系统的状态由希尔伯特空间中的一个归一化波函数表示,波函数包含系统的全部信息。*

　　量子力学与经典力学的差别主要表现在对粒子的状态和力学量的描述及其变化规律上。在量子力学中,粒子的状态用波函数描述,用 ψ 表示。一般来讲,波函数是空间和时间的函数,并且是复函数,即 $\psi = \psi(x, y, z, t)$。仅相差一个复因子的两个波函数描述的是同一个状态。玻尔假定 $\psi * \psi$ 就是粒子出现的概率密度,即 t 时刻、空间 (x, y, z) 附近单位体积内发现粒子的概率,波函数 ψ 的绝对值的平方称为概率幅。当微观粒子处于某一状态时,它的力学量(如坐标、动量、角动量、能量等)一般不具有确定的数值,而是具有一系列可能值,每个可能值以一定的概率出现。

　　一个量子力学系统的状态空间为一个复内积向量空间(即希尔伯特空间),系统状态空间由多个本征态(即本征向量)构成,本征态即是希尔伯特空间中的标准正交基,它是一个基本的量子态,简称基态或基矢,量子力学系统完全由基态所描述,相差一个复数因子的两个向量描述同一状态。例如,一个量子比特是一个二维状态空间下的向量,设 $|0\rangle$ 和 $|1\rangle$ 构成了这个状态空间的一个标准正交基,则状态空间中的任意状态向量可以写作

$$|\psi\rangle = a|0\rangle + b|1\rangle \tag{2.2.1}$$

其中,a 和 b 是复数。$|\psi\rangle$ 以概率 $|a|^2$ 处于 $|0\rangle$ 态,以概率 $|b|^2$ 处于 $|1\rangle$ 态。

　　量子力学系统在 t_1 时刻的状态 $|\psi\rangle$ 和在 t_2 时刻的状态 $|\psi'\rangle$ 可以通过一个仅依赖于时间 t_1 和 t_2 的酉算子 U 联系:

$$|\psi'\rangle = U|\psi\rangle \tag{2.2.2}$$

　　态叠加原理:若 $|\psi_1\rangle, |\psi_2\rangle, \cdots, |\psi_n\rangle$ 为某一量子系统的可能状态,那么由它们的线性组合所得到的 $|\psi\rangle = c_1|\psi_1\rangle + c_2|\psi_2\rangle + \cdots + c_n|\psi_n\rangle$ 也是该系统的一个可能状态,其中 $c_1, c_2, \cdots, c_n$ 为复数。

　　假设 2.2　*薛定谔方程假设:量子系统所处的态 $\psi(x, y, z, t)$ 随时间演化的动力学方程遵循薛定谔方程。*

　　量子系统的状态随连续时间的演化满足薛定谔方程:

$$\mathrm{i}\hbar \frac{\partial \psi(x, y, z, t)}{\partial t} = H\psi(x, y, z, t) \tag{2.2.3}$$

其中，$\hbar$ 称为 Planck 常数，H 称为这个系统的哈密顿（Hamilton）量，它是一个 Hermite 算子，i 是虚数单位。如果知道了系统的 Hamilton 量，通常就在原则上完全了解了系统的动态，但找出描述特定物理系统的 Hamilton 量一般是一个很难的问题。

任意酉算子 U 可以用某个 Hermite 算子 K 实现，$U = \exp(iK)$，因此在酉算子的离散时间动态描述和 Hamilton 量的连续时间动态描述之间存在一一对应关系。

薛定谔方程是一个线性方程，即如果量子态 $|\psi_1\rangle, |\psi_2\rangle, \cdots, |\psi_n\rangle$ 都满足该方程，那么它们的线性叠加 $c_1|\psi_1\rangle + c_2|\psi_2\rangle + \cdots + c_n|\psi_n\rangle$ 同样也满足该方程。量子态 $|\psi_1\rangle, |\psi_2\rangle, \cdots, |\psi_n\rangle$ 都是同一个量子系统的可能量子态，它们的线性叠加也是这个量子系统的可能量子态，这就是量子态的叠加，简称叠加态（superposition）。

假设 2.3　力学量的算符假设：量子系统的所有可观测力学量在希尔伯特空间中都对应一组线性 Hermite 算子。

这里的可观测量是指可通过物理实验得到测量结果的量，它对应于经典理论中的力学量。算符指作用于量子态上的函数，即前面所述的算子。由于量子系统中粒子的力学量（如坐标、动量、能量等）并不像经典力学中那样能同时具有确定的值，因此需要用算符表示这些力学量，同时所有力学量的数值都应该是实数，所以在量子力学中，用厄米算符表示这样的力学量。力学量的测量值对应相应算符的期望值。当系统处于某个本征态时，力学量对应该本征态的本征值。

在量子力学系统中，每个粒子的直角坐标下的位置算符 $\hat{X}_i (i = 1, 2, 3)$ 与相应的正则动量算符 $\hat{P}_i (i = 1, 2, 3)$ 满足下列对易关系：

$$[\hat{X}_i, \hat{X}_j] = 0, \quad [\hat{P}_i, \hat{P}_j] = 0, \quad [\hat{X}_i, \hat{P}_j] = i\hbar\delta_{ij} \quad (i, j = 1, 2, 3) \tag{2.2.4}$$

假设 2.4　测量坍缩假设：对一个量子系统进行测量，测量后该量子系统会坍缩到该测量结果所对应的本征态上。

量子测量由一组测量算子 $\{M_m\}$ 描述，这些算子作用在被测系统状态空间上，指标 m 表示实验中可能的测量结果。若在测量前量子系统的最新状态是 $|\psi\rangle$，则结果 m 发生的可能性由

$$p(m) = \langle\psi|M_m^\dagger M_m|\psi\rangle \tag{2.2.5}$$

给出，且测量后系统的状态为

$$\frac{M_m|\psi\rangle}{\sqrt{\langle\psi|M_m^\dagger M_m|\psi\rangle}} \tag{2.2.6}$$

测量算子满足完备性方程

$$\sum_m M_m^\dagger M_m = I \tag{2.2.7}$$

完备性方程表达了概率之和为 1 的事实：

$$1 = \sum_m p(m) = \sum_m \langle\psi|M_m^\dagger M_m|\psi\rangle \tag{2.2.8}$$

该方程对所有 $|\psi\rangle$ 成立。

例如，在特定计算基下测量单量子比特，假设测量算子为 $M_0 = |0\rangle\langle0|$ 和 $M_1 = |1\rangle\langle1|$，显然每个测量算子都是 Hermite 的，而且 $M_0^2 = M_0$ 与 $M_1^2 = M_1$ 满足完备性关系，$I = M_0^\dagger M_0 + M_1^\dagger M_1 = M_0 + M_1$。假设被测状态是 $a|0\rangle + b|1\rangle$，则获得测量结果 0 的概率为

$$p(0) = \langle\psi|M_0^\dagger M_0|\psi\rangle = \langle\psi|M_0|\psi\rangle = |a|^2 \tag{2.2.9}$$

类似地，获得结果为 1 的概率是 $p(1) = |b|^2$。在这两种情况下，测量后的状态分别为

$$\frac{M_0|\psi\rangle}{|a|} = \frac{a}{|a|}|0\rangle \tag{2.2.10}$$

$$\frac{M_1|\psi\rangle}{|b|} = \frac{b}{|b|}|1\rangle \tag{2.2.11}$$

由假设 2.1，相差一个复数因子的两个向量描写同一状态，因此测量后的有效状态就是 $|0\rangle$ 和 $|1\rangle$。

假设 2.5 全同粒子假设：全同粒子不可分辨。

在量子系统中，存在内禀性完全相同的粒子，对任意两个这样的粒子进行交换，不会改变系统的状态，我们称这样的两个粒子为全同粒子。在量子力学中，对于全同粒子组成的微观系统，其态矢量是对称或者反对称的，即对任意一对粒子的对调，其态矢量不变（对称）或相差一个负号（反对称）。满足态矢量对称的粒子称为玻色子（Boson），满足反对称的粒子称为费米子（Fermion），其分别满足 Bose-Einstein 分布和 Fermi-Dirac 分布。只有多粒子体系才会用到假设 2.5。有些书上针对复合系统的假设描述如下：复合物理系统的状态空间是分物理系统状态空间的张量积，即若分系统的状态为 $|\psi_i\rangle$，则整个系统的总状态为 $|\psi_1\rangle \otimes \cdots \otimes |\psi_n\rangle$。

2.2.2 量子力学基本原理

定理 2.4 （量子不可克隆（non-cloning）定理）能把任意的未知量子态精确克隆的通用变换 T 不存在。

证明

（方法一）W. K. Wootters 和 W. H. Zurek 的证明。设二体态系统状态空间的两个正交归一化基矢为 $|0\rangle$ 和 $|1\rangle$。根据量子态的叠加原理，这个系统的任何一态矢 $|\psi\rangle$ 都可以表示成 $|0\rangle$ 和 $|1\rangle$ 的线性叠加。设复制（或放大）装置的初态为 $|A\rangle$，量子态的完全精确复制过程可以表示为

$$|A\rangle|\psi\rangle \to |A_\psi\rangle|\psi\rangle|\psi\rangle \tag{2.2.12}$$

其中，$|A_\psi\rangle$ 是复制后复制装置所处的状态，它可以依赖于也可以不依赖于被复制的量子态 $|\psi\rangle$。设状态 $|0\rangle$ 及与它正交的状态 $|1\rangle$ 可以被这个装置完全复制，即

$$|A\rangle|0\rangle \to |A_0\rangle|0\rangle|0\rangle, \ |A\rangle|1\rangle \to |A_1\rangle|1\rangle|1\rangle \tag{2.2.13}$$

则对于线性叠加态 $|\psi\rangle = a|0\rangle + b|1\rangle$，有

$$|A\rangle|\psi\rangle = |A\rangle(a|0\rangle + b|1\rangle) \to a|A_0\rangle|0\rangle|0\rangle + b|A_1\rangle|1\rangle|1\rangle \tag{2.2.14}$$

而纯态

$$|\psi\rangle|\psi\rangle = (a|0\rangle + b|1\rangle)(a|0\rangle + b|1\rangle) \rightarrow a^2|0\rangle|0\rangle + ab|0\rangle|1\rangle + ab|1\rangle|0\rangle + b^2|1\rangle|1\rangle \quad (2.2.15)$$

比较式子 (2.2.14) 和 (2.2.15)，不论 $|A_0\rangle$ 是否与 $|A_1\rangle$ 相等，都有

$$|A\rangle|\psi\rangle \nrightarrow |A_\psi\rangle|\psi\rangle|\psi\rangle \quad (2.2.16)$$

（方法二）反证法。假设这样的通用变换 T 存在，即它能实现

$$T|\psi\rangle \otimes |e_0\rangle = |\psi\rangle \otimes |\psi\rangle \quad (2.2.17)$$

这里的 $|e_0\rangle$ 表示 T 的工作环境的状态，用于存储克隆出来的副本。那么 T 首先必须能对 $|0\rangle$ 和 $|1\rangle$ 精确克隆，即

$$T|0\rangle|e_0\rangle \rightarrow |0\rangle|0\rangle, \ T|1\rangle|e_0\rangle \rightarrow |1\rangle|1\rangle \quad (2.2.18)$$

由于变换 T 是线性的，如果把 T 作用于 $|+\rangle|e_0\rangle$，则结果为

$$\begin{aligned}
T|+\rangle|e_0\rangle &= \frac{1}{\sqrt{2}} T(|0\rangle + |1\rangle) \otimes |e_0\rangle \\
&= \frac{1}{\sqrt{2}}(T|0\rangle \otimes |e_0\rangle + T|1\rangle \otimes |e_0\rangle) \\
&= \frac{1}{\sqrt{2}}(|0\rangle \otimes |0\rangle + |1\rangle \otimes |1\rangle)
\end{aligned} \quad (2.2.19)$$

如果 T 能对任意态都能精确克隆，应有

$$\begin{aligned}
T|+\rangle|e_0\rangle &= |+\rangle \otimes |+\rangle = \frac{1}{\sqrt{2}}(|0\rangle + |1\rangle) \otimes \frac{1}{\sqrt{2}}(|0\rangle + |1\rangle) \\
&= \frac{1}{2}(|0\rangle \otimes |0\rangle + |0\rangle \otimes |1\rangle + |1\rangle \otimes |0\rangle + |1\rangle \otimes |1\rangle) \\
&\neq \frac{1}{\sqrt{2}}(|0\rangle \otimes |0\rangle + |1\rangle \otimes |1\rangle)
\end{aligned} \quad (2.2.20)$$

式 (2.2.19) 和式 (2.2.20) 矛盾，即如果一个变换 T 能够对一组正交态精确克隆，那么它必然不能克隆与 $|0\rangle$ 和 $|1\rangle$ 不正交的态。因此，通用克隆机不存在。

该结果在量子密码技术中有重要应用。一个简单的量子密码方案就是随机地传送两个非正交的量子态，正因为非正交态不可克隆，所以窃听者无法窃取信息，因此得出量子力学的第二个基本原理。

定理 2.5　（非正交量子态不可区分定理）对于两个非正交但是归一化的不同量子态 $|\phi_1\rangle$ 和 $|\phi_2\rangle$，不存在一个测量过程可以确定性地区分它们。

证明　反证法。假设存在一个测量过程可以确定性地区分这两个量子态 $|\phi_1\rangle$ 和 $|\phi_2\rangle$，则测量到 j 使 $f(j) = 1$（$f(j) = 2$）的概率必然为 1。定义算子 $E_i \equiv \sum\limits_{j:f(j)=i} M_j^\dagger M_j$，这些测量可以写作

$$\langle\phi_1|E_1|\phi_1\rangle = 1 \quad \langle\phi_2|E_2|\phi_2\rangle = 1 \quad (2.2.21)$$

因为 $\sum_i E_i = I$，故 $\sum_i \langle\phi_1|E_i|\phi_1\rangle = 1$。又由 $\langle\phi_1|E_1|\phi_1\rangle = 1$，则有 $\sqrt{E_2}|\phi_1\rangle = \mathbf{0}$ 成立。设 $|\phi_2\rangle$ 可分解为 $|\phi_2\rangle = \alpha|\phi_1\rangle + \beta|\psi\rangle$，其中 $|\phi_1\rangle$ 和 $|\psi\rangle$ 正交，$|\alpha|^2 + |\beta|^2 = 1$ 且 $|\beta| < 1$。由于 $|\phi_1\rangle$ 和 $|\phi_2\rangle$ 是非正交态，故 $\sqrt{E_2}|\phi_2\rangle = \beta\sqrt{E_2}|\psi\rangle$。产生与式 (2.2.21) 矛盾的情况，即 $\langle\phi_2|E_2|\phi_2\rangle = |\beta|^2\langle\psi|E_2|\psi\rangle \leqslant |\beta|^2 < 1$。所以得出结论——非正交态无法区分。

定理 2.6　（海森堡（Heisenberger）测不准原理）微观粒子两类非相容可观测态的属性是互补的，对其中一种属性的精准测量必然会导致其互补属性的不确定性。

设 A 和 B 分别表示一个量子体系的算符，二者不对易，即

$$[A, B] \equiv AB - BA \neq 0 \tag{2.2.22}$$

在同一个态 $|\psi\rangle$ 下，A 和 B 的不确定程度满足关系式

$$\Delta A\, \Delta B \geqslant \frac{1}{2}|\langle [A, B]\rangle| \tag{2.2.23}$$

其中，$\Delta M = M - \langle M\rangle$，$\langle M\rangle \equiv \langle\psi|M|\psi\rangle$ 表示测量算符 M 的平均值，ΔM 表示测量 M 结果的标准偏差。这就是著名的海森堡测不准原理，这意味着如果制备大量具有相同状态 $|\psi\rangle$ 的量子系统，并对一部分系统测量 A，对另一部分系统测量 B，那么 A 的结果的标准偏差 ΔA 乘以 B 的结果的标准偏差 ΔB 将满足不等式 (2.2.23)，即 A 和 B 不能同时有确定值。

在经典力学中，坐标、动量及其所描绘的轨道等概念可以描述一个质点的运动状态。然而在量子世界中，这一切将不再成立。量子物理与经典物理最重要的区别可以概括为互补性和相关性，常说的波粒二象性就是一个量子体系的两种互补属性。在著名的杨氏双缝实验中，如果想确知发出的某光子通过哪个缝隙，从而探测系统的微粒性，结果将导致无法观测到光的干涉现象；同样，如果想观测光的干涉现象，在测量系统的波动性时，就无法确定光子通过的路径。海森堡测不准原理是量子力学的基本原理，在量子密码学中具有重要的应用。

2.3　量子比特

2.3.1　量子比特的数学表示

量子比特（qubit）是量子信息的基本计量单位，可以描述其为具有特定属性的数学对象，在量子系统中用 Dirac 符号"$|\cdot\rangle$"表示量子比特。与经典比特（bit）只有一个状态或 0 或 1 不同，量子比特可以是 $|0\rangle$ 和 $|1\rangle$ 的叠加状态，其中 $|0\rangle$ 和 $|1\rangle$ 是最常用的计算基态：

$$|0\rangle = \begin{pmatrix} 1 \\ 0 \end{pmatrix}, \quad |1\rangle = \begin{pmatrix} 0 \\ 1 \end{pmatrix} \tag{2.3.1}$$

除了计算基态 $|0\rangle$ 和 $|1\rangle$ 之外，常用的还有一组对角基态 $|+\rangle$ 和 $|-\rangle$：

$$|+\rangle = \frac{1}{\sqrt{2}} \begin{pmatrix} 1 \\ 1 \end{pmatrix}, \quad |-\rangle = \frac{1}{\sqrt{2}} \begin{pmatrix} 1 \\ -1 \end{pmatrix} \tag{2.3.2}$$

在基态 $|0\rangle$ 和 $|1\rangle$ 下，任意单量子比特（也称单量子比特叠加态）表示为

$$|\psi\rangle = \alpha|0\rangle + \beta|1\rangle \tag{2.3.3}$$

其中，α 和 β 是复数，满足 $|\alpha|^2 + |\beta|^2 = 1$。

在测量量子比特时，得到 $|0\rangle$ 的概率为 $|\alpha|^2$，得到 $|1\rangle$ 的概率为 $|\beta|^2$。

四维希尔伯特空间的一组基态为

$$|00\rangle = \begin{pmatrix} 1 \\ 0 \\ 0 \\ 0 \end{pmatrix}, \quad |01\rangle = \begin{pmatrix} 0 \\ 1 \\ 0 \\ 0 \end{pmatrix}, \quad |10\rangle = \begin{pmatrix} 0 \\ 0 \\ 1 \\ 0 \end{pmatrix}, \quad |11\rangle = \begin{pmatrix} 0 \\ 0 \\ 0 \\ 1 \end{pmatrix} \tag{2.3.4}$$

在这组基态下，任意双量子比特可以表示为

$$|\varphi\rangle = \eta_1|00\rangle + \eta_2|01\rangle + \eta_3|10\rangle + \eta_4|11\rangle \tag{2.3.5}$$

其中，$\eta_1, \eta_2, \eta_3, \eta_4$ 都是复数，满足 $|\eta_1|^2 + |\eta_2|^2 + |\eta_3|^2 + |\eta_4|^2 = 1$。有时，也用单粒子或双粒子描述单量子比特或双量子比特。

2.3.2 量子比特的 Bloch 球面表示

经典比特只有两个状态 (0 或 1)，如图 2.1 所示。单量子比特除了有两个可能状态 $|0\rangle$ 和 $|1\rangle$ 之外，也有可能落在 $|0\rangle$ 和 $|1\rangle$ 之外的叠加态上，如图 2.2 所示，图中的球面常被称为 Bloch 球，它是单量子比特状态可视化的有效办法，单量子比特在这个球面上的表达形式为

$$|\psi\rangle = \cos\frac{\theta}{2}|0\rangle + e^{\mathrm{i}\varphi}\sin\frac{\theta}{2}|1\rangle \tag{2.3.6}$$

其中，θ 和 φ 定义了三维单位球面上的一个点。

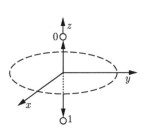

图 2.1 经典比特 0 和 1

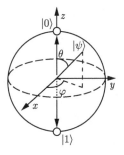

图 2.2 单量子比特 $|\psi\rangle$

2.3.3　密度矩阵

除了用希尔伯特空间的态矢量描述量子力学系统之外，还可以采用密度算子或密度矩阵的方法描述量子力学系统所处的状态。密度矩阵这种形式在数学上等价于状态向量方法，它为描述状态不完全已知的量子系统提供了一条更为方便的途径。

一个量子系统的密度矩阵（density matrix）定义为

$$\rho \equiv \sum_i p_i |\psi_i\rangle\langle\psi_i| \tag{2.3.7}$$

式 (2.3.7) 表示量子系统以概率 p_i 处于某一个状态 $|\psi_i\rangle$，i 表示指标。这里的概率是经典统计的概率，表示当已知条件不够充分时，只能以一定概率推测该系统处于哪个量子态，其中，$p_i \geqslant 0$ 且 $\sum_i p_i = 1$。密度矩阵通常也称密度算子，它是迹为 1 的半正定 Hermite 算子。矩阵的迹定义为它的对角元素之和，即

$$\mathrm{tr}(A) \equiv \sum_i a_{ii} \tag{2.3.8}$$

其中，a_{ii} 为矩阵 A 的对角元素。

量子态用密度矩阵可以区分为纯态（pure state）或混合态（mixed state）。当系统处在一个确定的量子态 $|\psi\rangle$ 时，其密度矩阵为 $\rho = |\psi\rangle\langle\psi|$，称其为纯态，当 ρ 至少包含两个量子态时为混合态。判断量子态为纯态还是混合态的一个简单依据是：纯态满足 $\mathrm{tr}(\rho^2) = 1$，而混合态满足 $\mathrm{tr}(\rho^2) < 1$。

关于密度矩阵的一些重要性质如下。

(1) ρ 是半正定算子，即对于状态空间中的任意一个向量 $|\psi\rangle$ 有 $\langle\psi|\rho|\psi\rangle \geqslant 0$，当且仅当 $|\psi\rangle$ 为零向量时，等号成立。（半正定条件）

(2) ρ 的迹为 1，即 $\mathrm{tr}(\rho) = \sum_i p_i \mathrm{tr}(|\psi_i\rangle\langle\psi_i|) = \sum_i p_i = 1$。（迹条件）

(3) 封闭量子系统的演化由一个酉变换 U 描述，即系统的密度矩阵由 ρ 变为 $\rho' = U\rho U^\dagger$，其中，$U^\dagger U = I$。（酉自由度）

2.4　量子测量

量子力学的基本假设之一是量子测量，量子测量在量子信息技术中有非常重要的作用，量子信息和经典信息可以通过测量等操作获取，系统状态的改变可以通过量子测量实现，这也是量子力学与经典力学本质上的不同。测量本身也是系统的一部分，它与系统发生相互作用，而不是孤立于系统而存在的。

量子测量包括一般测量、投影测量和 POVM 测量。当同时考虑量子力学的其他公理时，投影测量加上酉操作事实上完全等价于一般测量。但因为涉及测量算子的限制较少，一般测量在某种意义下更简单。而 POVM 测量是不需要知道测量后状态的特殊测量，为研究一般测量的统计特性提供了更简单的方法。图 2.3 给出了量子测量在线路中的表示。

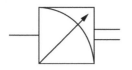

图 2.3　量子测量

2.4.1　一般测量

如 2.2.1 节中的假设 2.4 所述,对一个量子系统进行测量,测量后该量子系统会坍缩到该测量结果所对应的本征态上。通常是用一组测量算子 $\{M_i\}$ 对量子测量进行定义。假设系统在测量前处于状态 $|\psi\rangle$,经过测量后,得到结果 i 的概率为

$$p(i) = \langle\psi|M_i^\dagger M_i|\psi\rangle \tag{2.4.1}$$

测量后系统的状态演变为

$$|\psi'\rangle = \frac{M_i}{\sqrt{p(i)}}|\psi\rangle \tag{2.4.2}$$

这里的 $\sqrt{p(i)}$ 是为了保证测量后新状态的归一性,即 $\langle\psi'|\psi'\rangle = 1$。测量算子满足完备性 $\sum_i M_i^\dagger M_i = I$,$I$ 为恒等算子。这个完备性条件保证了测量结果的概率之和为 1,即 $\sum_i p(i) = 1$。

2.4.2　投影测量

投影(projective)测量是一般量子测量的一个重要特例。投影测量由被观测系统状态空间上的一个可观测量 Hermite 算子 M 描述,Hermite 算子是正规算子,正规算子具有谱分解,即

$$M = \sum_i iP_i \tag{2.4.3}$$

其中,P_i 是映射到特征值 i 的本征空间上的投影。测量的可能结果对应于测量算子的特征值 i。测量状态 $|\psi\rangle$ 时,得到结果 i 的概率为

$$p(i) = \langle\psi|P_i|\psi\rangle \tag{2.4.4}$$

给定测量结果 i,测量后量子系统的状态为

$$\frac{P_i}{\sqrt{p(i)}}|\psi\rangle \tag{2.4.5}$$

也就是说,投影测量算子集合为 $\{P_i\}$,其中 $P_i = |i\rangle\langle i|$,$\{|i\rangle\}$ 是希尔伯特空间的一组正交完备基,满足 $\langle i|j\rangle = \delta_{ij}$,$\sum_i |i\rangle\langle i| = I$。由于 P_i 是 Hermite 的,因此 P_i 满足 $\sum_i P_i = I$, $P_i^\dagger P_i = P_i^2 = P_i$, $P_i P_j = 0\,(i \neq j)$。利用投影测量算子,可以定义可观测物理

量 $M = \sum\limits_i iP_i$。

投影测量具有许多优良的性质，特别是很容易计算投影测量的平均值。由定义得出，测量的平均值是

$$
\begin{aligned}
E(M) &= \sum_i ip(i) \\
&= \sum_i i\langle\psi|P_i|\psi\rangle \\
&= \langle\psi|(\sum_i iP_i)|\psi\rangle \\
&= \langle\psi|M|\psi\rangle
\end{aligned} \tag{2.4.6}
$$

这个公式可以简化很多计算，可观测量 M 的平均值常写作 $\langle M\rangle \equiv \langle\psi|M|\psi\rangle$。

如前所述，投影测量加上酉操作事实上完全等价于一般测量。投影测量在如下意义下可以重复：若进行一次投影测量，得到结果 i，重复测量会再次得到 i 而不会改变状态。因为，设 $|\psi\rangle$ 为初态，第一次测量后的状态是 $|\psi_i\rangle = (P_i|\psi\rangle)/\sqrt{\langle\psi|P_i|\psi\rangle}$，应用 P_i 到 $|\psi_i\rangle$ 并不会改变它，于是有 $\langle\psi_i|P_i|\psi_i\rangle = 1$，因此重复测量每次都得到 i 且不改变状态。

投影测量是一种较为简明而理想化的测量，然而在实际高维复杂系统中，测量仅仅针对某个子系统，这种测量称为广义测量。与投影测量不同的是，量子态经过广义测量后，不同测量结果对应的量子态不一定彼此正交，这就需要考虑半正定算子值测量（Positive Operator-Valued Measure，POVM）。

2.4.3　POVM

量子测量假设涉及两个要素。首先，它给出一个描述测量统计特性的规则，即分别得到不同测量结果的概率；其次，它给出描述测量后系统状态的规则。但对某些应用，系统测量后的状态没有太多意义，其更关心的是系统得到不同结果的概率。例如，仅在结束阶段对系统进行一次测量的实验就是这种情况。数学工具 POVM 形式体系就特别适合分析这类情况的测量结果。

设测量算子 M_i 在状态为 $|\psi\rangle$ 的量子系统上进行测量，得到结果 i 的概率为 $p(i) = \langle\psi|M_i^\dagger M_i|\psi\rangle$。定义

$$
F_i \equiv M_i^\dagger M_i \tag{2.4.7}
$$

则可得 F_i 是满足 $\sum\limits_i F_i = I$ 和 $p(i) = \langle\psi|F_i|\psi\rangle$ 的半正定算子。于是，算子集合 F_i 足以确定不同测量结果的概率，算子 F_i 被称为与测量相联系的 POVM 元，一组这样的半正定算子集合 $\{F_i\}$ 就构成了系统的一组 POVM。

由测量算子 P_i 描述的投影测量就是 POVM 的例子，其中 P_i 是满足 $P_iP_{i'} = \delta_{ii'}P_i$ 和 $\sum\limits_i P_i = I$ 的投影算子。因为 $F_i \equiv P_i^\dagger P_i = P_i$，其所有的 POVM 元与测量算子本身相同。可以证明，测量算子和 POVM 元一致的任何测量都是投影测量。

2.4.4　相位

相位是量子力学中的常用术语。例如，状态 $e^{i\theta}|\psi\rangle$，其中 $|\psi\rangle$ 是状态向量，θ 是实数，$e^{i\theta}$ 是全局相位因子（global phase factor），我们称状态 $e^{i\theta}|\psi\rangle$ 与 $|\psi\rangle$ 相等。设 M_i 是与某个量子测量相联系的测量算子，对于这两个状态 $|\psi\rangle$ 与 $e^{i\theta}|\psi\rangle$，得到测量结果 i 的概率分别是 $\langle\psi|M_i^\dagger M_i|\psi\rangle$ 和 $\langle\psi|e^{-i\theta}M_i^\dagger M_i e^{i\theta}|\psi\rangle = \langle\psi|M_i^\dagger M_i|\psi\rangle$。所以，从观察的角度，这两个状态是相等的。因此，可以忽略全局相位因子，因为它与物理系统的可观测性质无关。

另一类相位是相对相位（relative phase）。考虑状态

$$\frac{|0\rangle + |1\rangle}{\sqrt{2}} \text{和} \frac{|0\rangle - |1\rangle}{\sqrt{2}} \tag{2.4.8}$$

第一个状态中 $|1\rangle$ 的幅度是 $1/\sqrt{2}$，第二个状态中 $|1\rangle$ 的幅度是 $-1/\sqrt{2}$，两种情况的幅度大小是一样的，但符号不同。一般地，对于两个幅度 a 和 b，如果存在实数 θ 使得 $a = \exp(i\theta)b$，我们就说它们相差一个相对相位。如果在此基下的每个幅度都由一个相位因子关联，则称两个状态在某个基下相差一个相对相位。例如上述两个状态除了一个相对相移之外都是一致的，因为 $|0\rangle$ 的幅度一致（相对相位因子为 1），而 $|1\rangle$ 的幅度仅差一个相对相位因子 -1。

相对相位因子和全局相位因子的区别在于，相对相位因子可以依幅度的不同而不同，这使得相对相位依赖基的选择，这不同于全局相位。于是某个基下，仅相对相位不同的状态具有物理可观测的统计差别，而不能像仅相差全局相位因子状态那样，把这些状态视为物理等价。

2.5　量子纠缠

1935 年，由爱因斯坦、波多尔斯基和罗森合作完成的论文《能认为量子力学对物理实在的描述是完全的吗？》（*Can Quantum-Mechanical Description of Physical Reality Be Considered Complete?*）是最早探讨量子力学理论对于强关联系统所做的反直觉预测的一篇论文。该文详细表述了 EPR 佯谬（Einstein-Podolsky-Rosen paradox，又称 EPR 悖论），试图借助一个思想实验论述量子力学的不完备性，但并没有更进一步地研究量子纠缠的特性。爱因斯坦等人认为，如果一个物理理论对物理实体的描述是完备的，那么物理实体的每个要素都必须在其中有它的对应量，即完备性判据。当我们不对体系进行任何干扰，却能确定地预言某个物理量的值时，必定存在着一个物理实体的要素对应于这个物理量，即实在性判据。他们认为，量子力学不满足这些判据，所以是不完备的。

薛定谔在读完三人的论文之后，首次用"纠缠"形容在 EPR 思想实验中的两个暂时耦合的粒子不再耦合之后彼此之间仍旧维持的关联。量子纠缠也是量子非定域性的一种表达形式，这样的量子态在任何表象下都不可以写成两个子系统量子态的直积形式。量子纠缠描述了两个粒子的互相纠缠，即使相距遥远，一个粒子的行为也会影响另一个粒子的状态。当其中一个量子被操作（例如量子测量）而发生状态变化时，另一个也会即刻发生相应的状态变化，这一现象即为量子纠缠（quantum entanglement）。量子纠缠技术

常常作为一种加密技术用以达到安全传输信息的目的。虽然这项技术与超光速传递信息相关，但目前还无法很好地控制和传递信息，也就是说，爱因斯坦提出的任何信息的传递速度都无法超过光速仍然是成立的。

2.5.1　纠缠态与可分离态

一般来说，纠缠态是与可分离态相对的，如果一个多粒子态可以写成部分粒子态的乘积（即直积）形式，则这个态为可分离态，否则为纠缠态。下面给出几个常用的多粒子纠缠态。

双粒子态中常见的纠缠态为 4 个 EPR 对（Einstein-Podolsky-Rosen pairs），又称 Bell 态，其在计算基下的表示为

$$\begin{cases} |\phi^+\rangle = (|00\rangle + |11\rangle)/\sqrt{2} \\ |\phi^-\rangle = (|00\rangle - |11\rangle)/\sqrt{2} \\ |\psi^+\rangle = (|01\rangle + |10\rangle)/\sqrt{2} \\ |\psi^-\rangle = (|01\rangle - |10\rangle)/\sqrt{2} \end{cases} \tag{2.5.1}$$

8 个常见的三粒子纠缠态——GHZ 态（Greenberg-Horne-Zeilinger states）在计算基下的表示为

$$\begin{cases} |\mathrm{GHZ}_{000}^{\pm}\rangle = (|000\rangle \pm |111\rangle)/\sqrt{2} \\ |\mathrm{GHZ}_{001}^{\pm}\rangle = (|001\rangle \pm |110\rangle)/\sqrt{2} \\ |\mathrm{GHZ}_{010}^{\pm}\rangle = (|010\rangle \pm |101\rangle)/\sqrt{2} \\ |\mathrm{GHZ}_{100}^{\pm}\rangle = (|100\rangle \pm |011\rangle)/\sqrt{2} \end{cases} \tag{2.5.2}$$

其中，等号左边的上标"+"态对应等号右边的"+"，等号左边的上标"−"态对应等号右边的"−"。此外，GHZ 态在对角基下的表示为

$$\begin{cases} |\mathrm{GHZ}_{000}^{+}\rangle = (|+++\rangle + |+--\rangle + |-+-\rangle + |--+\rangle)/2 \\ |\mathrm{GHZ}_{000}^{-}\rangle = (|++-\rangle + |+-+\rangle + |-++\rangle + |---\rangle)/2 \\ |\mathrm{GHZ}_{001}^{+}\rangle = (|+++\rangle - |+--\rangle - |-+-\rangle + |--+\rangle)/2 \\ |\mathrm{GHZ}_{001}^{-}\rangle = (-|++-\rangle + |+-+\rangle + |-++\rangle - |---\rangle)/2 \\ |\mathrm{GHZ}_{010}^{+}\rangle = (|+++\rangle - |+--\rangle + |-+-\rangle - |--+\rangle)/2 \\ |\mathrm{GHZ}_{010}^{-}\rangle = (|++-\rangle - |+-+\rangle + |-++\rangle - |---\rangle)/2 \\ |\mathrm{GHZ}_{100}^{+}\rangle = (|+++\rangle + |+--\rangle - |-+-\rangle - |--+\rangle)/2 \\ |\mathrm{GHZ}_{100}^{-}\rangle = (|++-\rangle + |+-+\rangle - |-++\rangle - |---\rangle)/2 \end{cases} \tag{2.5.3}$$

多光子纠缠态的制备和操控一直是量子信息领域的研究重点。世界上普遍利用晶体中的非线性过程产生多光子纠缠态，其难度会随着光子数目的增加而呈指数级增大。

2.5.2　纠缠交换

纠缠交换也常用于量子信息处理过程，下面举例说明纠缠交换原理。例如，两个 Bell

态 $|\phi^+\rangle_{12}$ 与 $|\phi^+\rangle_{34}$ 之间的纠缠交换过程为

$$
\begin{aligned}
|\phi^+\rangle_{12} \otimes |\phi^+\rangle_{34} &= \frac{1}{2}(|0000\rangle + |0011\rangle + |1100\rangle + |1111\rangle)_{1234} \\
&= \frac{1}{2}(|0000\rangle + |0101\rangle + |1010\rangle + |1111\rangle)_{1324} \\
&= \frac{1}{4}[(|\phi^+\rangle + |\phi^-\rangle)_{13}(|\phi^+\rangle + |\phi^-\rangle)_{24} + (|\phi^+\rangle - |\phi^-\rangle)_{13}(|\phi^+\rangle - |\phi^-\rangle)_{24} \\
&\quad + (|\psi^+\rangle + |\psi^-\rangle)_{13}(|\psi^+\rangle + |\psi^-\rangle)_{24} + (|\psi^+\rangle - |\psi^-\rangle)_{13}(|\psi^+\rangle - |\psi^-\rangle)_{24}] \\
&= \frac{1}{2}(|\phi^+\rangle_{13}|\phi^+\rangle_{24} + |\phi^-\rangle_{13}|\phi^-\rangle_{24} + |\psi^+\rangle_{13}|\psi^+\rangle_{24} + |\psi^-\rangle_{13}|\psi^-\rangle_{24})
\end{aligned}
$$

$$(2.5.4)$$

其中，12 表示粒子 1 和粒子 2，34 表示粒子 3 和粒子 4，其他标识类似。从式 (2.5.4) 可以看出，初始状态是粒子 1 与粒子 2 纠缠，粒子 3 和粒子 4 纠缠，通过纠缠交换，实现了粒子 1 与粒子 3 纠缠，粒子 2 与粒子 4 纠缠。通过纠缠交换后，再对系统的部分粒子进行 Bell 测量，可以看到，如果 13 粒子的测量结果为 $|\phi^+\rangle$，24 粒子则坍缩为 $|\phi^+\rangle$。

表 2.1 给出了任意两个 Bell 态之间的纠缠交换结果。

表 2.1 任意两个 Bell 态之间的纠缠交换结果

初始 Bell 态	纠缠交换的结果
$\{|\phi^+\rangle_{12}|\phi^+\rangle_{34}\}$ $\{|\phi^-\rangle_{12}|\phi^-\rangle_{34}\}$	$\{|\phi^+\rangle_{13}|\phi^+\rangle_{24}\}$ $\{|\phi^-\rangle_{13}|\phi^-\rangle_{24}\}$
$\{|\psi^+\rangle_{12}|\psi^+\rangle_{34}\}$ $\{|\psi^-\rangle_{12}|\psi^-\rangle_{34}\}$	$\{|\psi^+\rangle_{13}|\psi^+\rangle_{24}\}$ $\{|\psi^-\rangle_{13}|\psi^-\rangle_{24}\}$
$\{|\phi^+\rangle_{12}|\phi^-\rangle_{34}\}$ $\{|\phi^-\rangle_{12}|\phi^+\rangle_{34}\}$	$\{|\phi^+\rangle_{13}|\phi^-\rangle_{24}\}$ $\{|\phi^-\rangle_{13}|\phi^+\rangle_{24}\}$
$\{|\psi^+\rangle_{12}|\psi^-\rangle_{34}\}$ $\{|\psi^-\rangle_{12}|\psi^+\rangle_{34}\}$	$\{|\psi^+\rangle_{13}|\psi^-\rangle_{24}\}$ $\{|\psi^-\rangle_{13}|\psi^+\rangle_{24}\}$
$\{|\phi^+\rangle_{12}|\psi^+\rangle_{34}\}$ $\{|\phi^-\rangle_{12}|\psi^-\rangle_{34}\}$	$\{|\phi^+\rangle_{13}|\psi^+\rangle_{24}\}$ $\{|\phi^-\rangle_{13}|\psi^-\rangle_{24}\}$
$\{|\psi^+\rangle_{12}|\phi^+\rangle_{34}\}$ $\{|\psi^-\rangle_{12}|\phi^-\rangle_{34}\}$	$\{|\psi^+\rangle_{13}|\phi^+\rangle_{24}\}$ $\{|\psi^-\rangle_{13}|\phi^-\rangle_{24}\}$
$\{|\phi^+\rangle_{12}|\psi^-\rangle_{34}\}$ $\{|\phi^-\rangle_{12}|\psi^+\rangle_{34}\}$	$\{|\phi^+\rangle_{13}|\psi^-\rangle_{24}\}$ $\{|\phi^-\rangle_{13}|\psi^+\rangle_{24}\}$
$\{|\psi^+\rangle_{12}|\phi^-\rangle_{34}\}$ $\{|\psi^-\rangle_{12}|\phi^+\rangle_{34}\}$	$\{|\psi^+\rangle_{13}|\phi^-\rangle_{24}\}$ $\{|\psi^-\rangle_{13}|\phi^+\rangle_{24}\}$

2.5.3 Bell 不等式

Bell 不等式是反映量子力学与经典物理学本质差别的一个引人注目的例子。当人们提到一个对象时，总是假定那个对象的物理性质具有独立于观察的存在性，而测量只是揭示这些物理性质。例如，一杯水的温度是这杯水所具有的一个性质，通过测量可以获得其温度。而量子力学则提出了一种与经典观点完全不同的观点。按照量子力学的理论，未被观察的粒子不具有独立于测量的性质，相反，物理性质是作为在系统上进行的测量结果而出现的。例如，量子比特不具有"在 z 方向自旋，σ_z"和"在 x 方向自旋，σ_x"这样的确定性质，但这两个性质可以在进行适当测量后得出。量子力学给出一套规则，当给定状态向量可以确定对可观测量 σ_z 或 σ_x 测量时，可能出现的测量结果的概率。也即，在量子力学原理下，对于量子比特 $|\psi\rangle = \alpha|0\rangle + \beta|1\rangle$，我们不知道其处于什么状态，只有做测量后才知道其状态。

爱因斯坦、波多尔斯基和罗森合著的 EPR 论文提出了一个思想实验以批判量子力学理论的完备性，史称"EPR 佯谬"。他们认为，量子力学不满足物理世界的完备性判据和实在性判据，所以是不完备的。对于量子态

$$|\psi\rangle = \frac{|0\rangle_1|1\rangle_2 - |1\rangle_1|0\rangle_2}{\sqrt{2}} \tag{2.5.5}$$

如果把量子力学看作是完备的，那就必须认为对粒子 1 的测量会影响粒子 2 的状态，从而导致对纠缠作用的承认。EPR 实在性判据包含"定域性假设"，即如果测量时两个体系不再相互作用，那么对第一个体系所能做的任何事都不会使第二个体系发生任何实在的变化，人们通常把和这种定域要求相联系的物理实在观称为"定域实在论"。量子的非定域性是指，两个粒子在距离很远的情况下也能瞬时相互影响。在量子非定域性得到证实之前，人们认为粒子是定域存在的，对周围的影响不能超过光速，光速是一切物理现象的速度极限，也就是所谓的定域实在论，量子非定域性与定域实在论是矛盾的。

关于量子纠缠态和量子非定域关联的争论，一开始只是思辨性的，直到 1965 年 J. S. Bell 导出了一个著名的不等式，即 Bell 不等式，情况才有了根本的改变。Bell 不等式是从隐参数理论和定域实在论出发而推出的，它若成立，就表明量子理论有问题，它若被违背，则表明量子理论是成立的。Bell 不等式有很多解释版本，一个比较通俗的版本是由 Sakurai 给出的，下面我们简单描述此版本的 Bell 不等式，详细过程请参阅相关文献。

在两个粒子处于式 (2.5.5) 所描述的量子态时，Alice 和 Bob 两个人分别对粒子 1 和粒子 2 进行 3 个不同方向 (a, b, c) 的测量，可能得到的结果如表 2.2 所示，其中，测得结果 0 标记为 +，测得结果 1 标记为 "−"。

表 2.2 Alice 和 Bob 在 3 个不同方向上测量粒子 1 和粒子 2 的所有可能结果

Alice	Bob	Probability
$a\ b\ c$	$a\ b\ c$	
+ + +	− − −	P_1
+ + −	− − +	P_2
+ − +	− + −	P_3
+ − −	− + +	P_4
− + +	+ − −	P_5
− + −	+ − +	P_6
− − +	+ + −	P_7
− − −	+ + +	P_8

可以看到，Alice 和 Bob 两个人分别在 a 和 b 方向上得到 "+" 的结果的概率是 $P_3 + P_4$，记为 $P(a+, b+) = P_3 + P_4$；Alice 和 Bob 两个人分别在 a 和 c 方向上得到 "+" 的结果的概率是 $P_2 + P_4$，记为 $P(a+, c+) = P_2 + P_4$；Alice 和 Bob 两个人分别在 c 和 b 方向上得到 "+" 的结果的概率是 $P_3 + P_7$，记为 $P(c+, b+) = P_3 + P_7$。因为 $P_2 + P_7 \geqslant 0$，

所以可以得到

$$P(a+,b+) \leqslant P(a+,c+) + P(c+,b+) \tag{2.5.6}$$

这就是 Bell 不等式。然而，按照量子力学的理论，如果设 $a = \pi/2$, $c = \pi/4$, $b = 0$，那么上述不等式将变为

$$\sin^2(\pi/4) \leqslant \sin^2(\pi/8) + \sin^2(\pi/8) \tag{2.5.7}$$

也就是 $0.5 \leqslant 0.2928$，这显然是错误的。

1982 年，A. Aspect 等人的实验表明，Bell 不等式将会被违背，随后，科学家进一步完善实验，设法弥补了实验探测的漏洞。2015 年，无漏洞的 Bell 不等式实验验证终于出现了，它宣告了量子非定域性是真实的。

习题

1. 证明向量组 $(1,-1)$, $(1,2)$, $(2,1)$ 是线性相关的。

2. 设 A 是从向量空间 V 到向量空间 W 的线性算子，B 是从向量空间 W 到向量空间 X 的线性算子，令 $|v_i\rangle$, $|\omega_j\rangle$ 和 $|x_k\rangle$ 分别为向量空间 V, W 和 X 的基。证明线性变换 BA 的矩阵表示就是 B 和 A 在相应基下矩阵表示的矩阵乘积。

3. 设 V 是以 $|0\rangle$ 和 $|1\rangle$ 为基向量的向量空间，A 是从 V 到 V 的线性算子，使 $A|0\rangle = |1\rangle$, $A|1\rangle = |0\rangle$。给出 A 相对于输入基 $|0\rangle, |1\rangle$ 和输出基 $|0\rangle, |1\rangle$ 的矩阵表示，找出使 A 具有不同矩阵表示的输入输出基。

4. 验证 $|\omega\rangle \equiv (1,1)$ 和 $|v\rangle \equiv (1,-1)$ 正交，并给出这些向量的归一化形式。

5. 证明 Gram-Schmidt 过程可以产生向量空间 V 的一个标准正交基。

6. Pauli 矩阵可被视为相对标准正交基 $|0\rangle, |1\rangle$ 的二维 Hilbert 空间上的算子，试将每个 Pauli 算子表示为外积形式。

7. 设 $|v_i\rangle$ 是内积空间 V 的一个标准正交基，写出算子 $|v_j\rangle\langle v_k|$ 的矩阵表示。

8. 找出 Pauli 矩阵 X, Y 和 Z 的特征向量、特征值和对角表示。

9. 证明下列矩阵不可对角化。

$$\begin{pmatrix} 1 & 0 \\ 1 & 1 \end{pmatrix}$$

10. 证明任意投影算子 P 满足等式 $P^2 = P$。

11. 证明正规矩阵是 Hermite 的，当且仅当它的特征值为实数。

12. 证明酉矩阵的所有特征值的模都是 1，即可以写成 $e^{i\theta}$ 的形式，θ 是某个实数。

13. 证明 Pauli 矩阵是 Hermite 和酉的。

14. 证明 Hermite 算子的不同特征值所对应的两个特征向量必须正交。

15. 证明半正定算子必然是 Hermite 的。

16. 证明对于任意算子 A, $A^{\dagger}A$ 都是半正定的。

17. 令 $|\psi\rangle = (|0\rangle + |1\rangle)/\sqrt{2}$，以 $|0\rangle|1\rangle$ 的张量积形式，并采用 Kronecker 积，具体写出 $|\psi\rangle^{\otimes 2}$ 和 $|\psi\rangle^{\otimes 3}$。

18. 计算 Pauli 算子张量积的矩阵表示：(1)X 和 Z；(2)I 和 X；(3)X 和 I。

19. 证明以下论断。

（1）证明两个酉算子的张量积是酉的。

（2）证明两个 Hermite 算子的张量积是 Hermite 的。

（3）证明两个半正定算子的张量积是半正定的。

（4）证明两个投影算子的张量积是一个投影算子。

20. 证明以下关于迹的结论。

（1）证明 Pauli 矩阵除 I 外，迹均为 0。

（2）如果 A 和 B 是两个线性算子，证明 $\mathrm{tr}(AB) = \mathrm{tr}(BA)$。

（3）如果 A 和 B 是两个线性算子，证明 $\mathrm{tr}(A + B) = \mathrm{tr}(A) + \mathrm{tr}(B)$，且若 z 是任意复数，证明 $\mathrm{tr}(zA) = z\mathrm{tr}(A)$。

21. 验证对易关系

$$[X, Y] = 2\mathrm{i}Z, \quad [Y, Z] = 2\mathrm{i}X, \quad [Z, X] = 2\mathrm{i}Y$$

22. 证明下列等式关系。

（1）$AB = \dfrac{[A, B] + \{A, B\}}{2}$。

（2）$[A, B]^{\dagger} = [B^{\dagger}, A^{\dagger}]$。

（3）$[A, B] = -[B, A]$。

23. 设 A 和 B 都是 Hermite 的，证明 $\mathrm{i}[A, B]$ 也是 Hermite 的。

24. 设量子系统处于可观测量 M 的某个本征态 $|\psi\rangle$，相应的特征值为 m，求其平均观测值。

25. 假设测量之前的状态是 $|0\rangle$，计算对测量算子 $v \cdot \sigma$ 得到 $+1$ 的概率，并求得到 $+1$ 后的系统状态。

26. 在一个基下把状态 $(|0\rangle + |1\rangle)/\sqrt{2}$ 和 $(|0\rangle - |1\rangle)/\sqrt{2}$ 表示成精确到相差一个相对相移。

27. 令 ρ 是一个密度算子，证明 $\mathrm{tr}(\rho^2) \leqslant 1$，当且仅当 ρ 是纯态，等式成立。

参考文献

[1] Nielsen M A, Chuang I. 量子计算和量子信息（一）——量子计算部分 [M]. 赵千川, 译. 北京：清华大学出版社, 2004.

[2] 曾贵华. 量子密码学 [M]. 北京：科学出版社, 2006.

[3] 许定国. 量子信息学导论 [M]. 西安：西安电子科技大学出版社, 2015.

[4] 曾谨言, 龙桂鲁, 裴寿镛. 量子力学新进展 [M]. 北京：清华大学出版社, 2004.

[5] 文军. 量子力学原理及其应用 [M]. 北京：科学出版社, 2018.

[6] 钱伯初. 量子力学 [M]. 北京：高等教育出版社, 2006.

[7] 张永德. 高等量子力学 [M]. 2 版. 北京：科学出版社, 2010.

[8] Nielsen M A, Chuang I. Quantum Computation and Quantum Information[M]. Cambridge University Press, 2000.

[9] Bell J S. On the problem of hidden variables in quantum mechanics[J]. Reviews of Modern Physics, 1966, 38(3): 447.

计算复杂性

计算复杂性是计算机科学中极其重要的一个领域，它不但包含了一个完整独立且内容丰富的理论，同时也对许多其他有关的计算机和应用数学领域产生了重大影响。计算复杂性理论使用数学方法对计算中所需的各种资源的耗费做定量的分析，并研究各类问题之间在计算复杂程度上的相互关系和基本性质，是算法分析的理论基础。

计算复杂性理论在过去 30 多年中发展迅猛，自 20 世纪 90 年代以来取得了令人瞩目的结果。这些结果涉及的领域非常广泛，包括经典复杂性类的概率型新定义（**IP=PSPACE** 和各种 **PCP** 定理）以及它们在近似算法中的应用、Shor 因子分解算法、对于 **P≠NP** 问题的理解、去随机化理论、基于计算难度的伪随机性、随机性提取器、伪随机对象的构造。

算法是计算机科学的核心思想，算法的基本模型是图灵机（Turing Machine），它是由英国数学家艾伦·图灵（Alan Turing）提出的一种抽象计算模型，用来精确执行算法。图灵机不仅可以衡量可计算性，而且可以衡量问题的计算复杂性。研究算法所要面临的一个基本问题是完成计算任务需要多少资源。这个问题包括两个方面：第一，计算可能性，也就是说什么样的任务是能计算的，若能计算，则存在求解特定问题的具体算法，例如升序排序一组数的算法；第二，计算最优性，它可以衡量计算任务的计算效率，例如给出升序排序一组数的任何算法所要执行的操作步数的下限。最理想的情况应该是找到解决计算问题的算法正好达到解决计算问题的能力极限，但实际上，这两者之间存在较大差距。

引入计算机科学中的计算复杂度理论对于量子计算的研究具有重要的意义。第一，经典计算机科学提供了大量的概念和技术，它们可以非常成功地被用到量子计算研究中，量子计算的许多成功来源于计算机科学现有思想和量子力学新思想的结合。例如很多量子算法都基于量子傅里叶变换，而量子傅里叶变换实现了对经典傅里叶变换的加速。第二，经典计算机上执行给定计算任务需要资源量可以作为量子计算研究的参照物，例如因子分解问题已引起很多关注。人们认为在经典计算机上，这个问题没有有效解，然而这个问题在量子计算机上存在有效解法。我们感兴趣的是关于求素因子的问题，经典计算机和量子计算机之间的计算能力存在什么样的差距。这类差距可能存在于一大类计算问题中，而非仅仅是寻找因子，通过对这个特殊问题的进一步研究，也许能够找出它在量子计算机上比在经典计算机上更容易求解的特征，并根据这些灵感继续寻找解决其他问题的量子算法。第三，以计算机科学家的方式思考问题。计算机科学家和物理学家或其他自然科学家的思维方式相当不同，而且量子计算是多学科交叉的领域，通过结合计算机科学家的思考方式将有助于更深入地理解量子计算。

本章的安排如下：3.1 节介绍两类计算模型，即图灵机模型和线路模型；3.2 节讨论计算复杂性，研究解决特定计算问题时所需的时间和空间资源，它根据求解的难度对问题进行大致分类，包括 **P** 类和 **NP** 类等；3.3 节通过回顾计算科学的发展以及存在的问题结束本章。

3.1　计算模型

建立数学模型可谓难上加难，这是由于历史上人类在解决各种计算任务的过程中用尽了各种各样的方法——从直觉和灵感到算盘或计算尺，再到现代计算机。此外，自然界中其他生物或系统也时刻需要处理各种计算任务，而它们的解决之道也是纷乱繁杂。怎样才能找出一个能抓住这些计算方法共性的简洁数学模型呢？如果再考虑本书要关注的计算效率问题，则建模问题就更加无从下手了。考虑计算效率问题似乎必须小心地选择计算模型，因为即便是儿童也知道一款新的游戏是否能"高效运行"将依赖于他的计算机硬件。

本节将采用图灵机模型和线路模型，引入两种计算模型的原因是由于不同的计算模型在处理特定问题时会提供不同的视角，从两种（或更多）途径思考同一概念比只通过一种途径更好。为了更好地表示这些模型，下面首先给出一些记号约定。

1. 对象的字符串表示

本章所讨论的基本计算任务主要是针对函数的计算，而且这些函数大多是输入和输出均是长度有限的 0-1 位串（即属于 $\{0,1\}^*$，这里的 $*$ 表示位串长度）函数。仅考虑位串上的操作并未真正限制讨论的范围，因为只需要通过编码就可以将整数、整数对、图、向量、矩阵等一般对象表示为位串。例如，整数可以表示为二进制形式（比如，40 可以表示为 101000），图可以表示为邻接矩阵（即一个包含 n 个顶点的图 G 可以表示为一个 $n \times n$ 的 0/1 矩阵 $\boldsymbol{A}$，其中 $\boldsymbol{A}_{ij} = 1$，当且仅当图 G 中存在边 ij）。忽略详细的底层处理的表示过程，而简单地用 $\underline{x}$ 表示对象 x 在未明确指定的某种规范方法下的二进制表示。

2. 判定问题或语言

在所有位串映射为位串的函数中，布尔函数的输出只有一个位。把根据布尔函数 f 确定的一个集合 $L_f = \{x \in \{0,1\}^* | f(x) = 1\}$，称之为语言或判定问题。

3. O、Θ 和 Ω 记号

算法的计算效率一般是将该算法执行基本操作的个数，表达为该算法输入长度的函

数，即 $T(n)$ 是算法在所有长度为 n 的输入上执行基本操作的最大个数，其中函数 T 的形式依赖于基本操作的基本定义。

定义 3.1 设函数 $f: N \to N$，$g: N \to N$。

（1）如果存在常数 c，使得 $f(n) \leqslant c \cdot g(n)$ 对充分大的 n 均成立，则称 $f = O(g)$。

（2）如果 $g = O(f)$，则称 $f = \Omega(g)$。

（3）如果 $f = O(g)$ 且 $g = O(f)$，则称 $f = \Theta(g)$。

3.1.1 图灵机

下面介绍 k-带图灵机的概念，其工作示意图如图 3.1 所示。

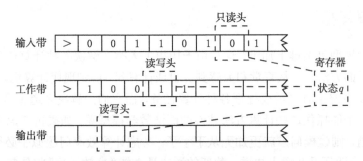

图 3.1　具有输入带、工作带和输出带的 3-带图灵机

演草纸包含 k 条带，每条带均由单向无限延伸的很多单元构成，每个单元能够存储称为机器的字母表的有限集 Γ 中的一个符号。每条带均有一个带头，它具有在带上每次读或写一个符号的能力。机器的计算划分为一系列离散的时间步骤，带头在每个步骤中能够向左或向右移动一个单元。机器的第一条带是输入带，其带头只能从该带上读取符号，而不能写符号，因此这是一条只读带。另外的 $k-1$ 条读写带称为工作带，其中最后一条带是输出带，机器在计算终止前把最终计算结果写在输出带上。

图灵机有有限种状态，表示为 Q。机器有一个"寄存器"，它能够在任何时刻记录机器处于 Q 中的何种"状态"。状态确定了机器在下一个计算步骤要采取的动作，包括：①直接读取 k 个带头所在存储单元的符号；② 在 $k-1$ 条读写带上将带头所在存储单元的符号替换为新的符号（也可以通过再次写下原来的符号而不改变带）；③ 修改寄存器使其记录来自有限集 Q 中的另一种状态（状态也可以保持不变，只需要选择与之前相同的状态）；④ 将每个带头向左或向右移动一个单元（或保持不动）。

图灵机 M 的数学形式定义为一个三元组 (Γ, Q, δ)。其中，有限集 Γ 包含 M 的存储带上允许出现的所有符号。同时，假设 Γ 中还包含：一个特定的"空白符"，记为 □；一个特定的"开始符号"，记为 ▷；以及 0 和 1。Γ 称为 M 的字母表。有限集 Q 包含 M 的寄存器中可能出现的所有状态。此外，假设 Q 还包含一个特定的开始状态 q_{start} 和一个特定的终止状态 q_{halt}。函数 $\delta: Q \times \Gamma^k \to Q \times \Gamma^{k-1} \times \{L, S, R\}^k$ 描述了 M 在各个步骤中使用的规则，其中，函数 δ 也称 M 的转移函数。

如果图灵机的状态为 $q \in Q$，k 条带上当前读到的符号是 $(\sigma_1, \sigma_2, \cdots, \sigma_k)$，且满足

$$\delta\left(q, (\sigma_1, \sigma_2, \cdots, \sigma_k)\right) = \left(q', (\sigma'_2, \cdots, \sigma'_k), z\right) \tag{3.1.1}$$

其中，$z \in \{L, S, R\}^k$，则在下一个步骤中，后 $k-1$ 条带上的各个符号 σ 将被相应地替换为 σ'，图灵机将进入状态 q'，且 k 个带头将根据 z 相应地向左（L）、向右（R）移动或保持不动（S）（如果带头要在位于带的最左端的位置向左移动，则保持不动）。除输入带之外，所有带的第一个单元初始化为开始符号 $\rhd$，而其余单元则初始化为空白符 $\square$。输入带的第一个单元初始化为开始符号 $\rhd$，后续单元存储长度有限的非空符号串 x（即"输入"），其余所有单元都是空白符 $\square$。所有带头位于带的左端，而机器处于特殊开始状态 q_{start}。这就是图灵机在输入 x 上的初始格局。计算过程的每个步骤就是如前段所述那样应用一次转移函数 δ。机器一旦处于特定的终止状态 q_{halt} 下，转移函数 δ 将不再允许机器修改带上的内容或改变机器的状态。显然，机器进入状态 q_{halt} 就已经停机。

在复杂性理论中，人们通常只关注在任意输入上经过有限个操作步骤必然停机的图灵机。因此，我们给出图灵机在函数计算任务上运行时间的定义。

定义 3.2 令 $f: \{0,1\}^* \to \{0,1\}^*$ 和 $T: N \to N$ 是两个函数，M 是一个图灵机。如果将 M 初始化为任意输入 $x \in \{0,1\}^*$ 上的初始格局，则 M 停机时将 $f(x)$ 写在它的输出带上，就称 M 计算 f。如果 M 在任意输入 x 上计算 $f(x)$ 时最多只需要 $T(|x|)$ 个步骤，则称 M 在 $T(|x|)$ 时间内计算 f。

根据图灵机的定义，存在很多可能的图灵机，每个图灵机都根据转换函数计算特定的任务。然而图灵（Turing）注意到了通用图灵机的存在，他证明了给定任意图灵机 M 的位串表示作为输入，通用图灵机可以模拟 M 的运行。通用图灵机的各种参数均是固定的，包括字母表的大小、状态的数量和带的数量。被模拟的图灵机的各项参数均可能比通用图灵机的大得多。这之所以不是障碍，得益于编码的能力。即使通用图灵机的字母表很简单，其他图灵机的状态和转移函数也可以在编码后存放于通用图灵机的带上，然后由通用图灵机一步一步地模拟执行。

接下来，我们不加证明地给出亨尼（Hennie）和斯特恩斯（Stearns）提出的高效通用图灵机构造。

定理 3.1 存在图灵机 U 使得 $U(x, \alpha) = M_\alpha(x)$ 对于任意 $x, \alpha \in \{0,1\}^*$ 成立，其中 M_α 为 α 表示的图灵机。而且，如果 M_α 在输入 x 上至多运行 T 步之后就停机，则 $U(x, \alpha)$ 将在 $CT \log T$ 步内停机，其中 C 是一个独立于 $|x|$ 而仅依赖于 M_α 的字母表大小，即带和状态数量的常数。

通用图灵机 U 使用字母表 $\{\rhd, \square, 0, 1\}$，除了输入带和输出带之外，它还使用 3 条工作带（见图 3.2）。U 按照与 M 相同的方式使用其输入带、输出带和一条工作带。此外，U 用第 2 条工作带存储 M 的转移函数值的表，用第 3 条工作带存储 M 的当前状态。为了模拟 M 的一个计算步骤，U 先通过扫描 M 的转移函数表和当前状态确定 M 的下一个状态和要写出的符号以及带头移动方向，然后执行相应的动作。M 的每个计算步骤都需要通过 U 的 C 个计算步骤进行模拟，其中 C 依赖于 M 转移函数表的规模。

图 3.2　通用图灵机

通用图灵机的存在自然而然地导致了不可计算性这一问题。如果一个函数不能由图灵机计算，那么它就是不可计算的，也就是说，对于任何给定的输入，没有图灵机停止并输出正确的答案。下面给出不可计算函数的存在性定理。

定理 3.2　存在不能被任意图灵机计算的函数 $\mathrm{UC}: \{0,1\}^* \to \{0,1\}^*$。

证明　函数 UC 定义如下：对任意 $\alpha \in \{0,1\}^*$，如果 $M_\alpha(\alpha) = 1$，则 $\mathrm{UC}(\alpha) = 0$；否则，若 M_α 为其他值或进入无限循环，则 $\mathrm{UC}(\alpha) = 1$。

用反证法假设 UC 是可计算的，因此存在图灵机 M 使得 $M_\alpha(\alpha) = \mathrm{UC}(\alpha)$ 对任意的 $\alpha \in \{0,1\}^*$ 成立。于是，有 $M(\underline{M}) = \mathrm{UC}(\underline{M})$。但是，由函数 UC 的定义可知，$\mathrm{UC}(\underline{M}) = 1 \Leftrightarrow M(\underline{M}) \neq 1$，产生矛盾。∎

下面介绍一个更自然的不可计算函数。函数 HALT 以序对 $\langle \alpha, x \rangle$ 为输入，它输出 1 当且仅当 α 表示的图灵机 M 在输入 x 上会在有限步骤内停机。这肯定是人们需要计算的函数。因为在给定一个计算机程序和输入之后，人们肯定希望知道该程序在该输入上是否会陷入无限循环。如果计算机能够计算函数 HALT，则设计无 Bug 的计算机软件和硬件将变得容易得多。遗憾的是，现在可以证明计算机计算不了这个函数，即使运行时间允许任意的长。

定理 3.3　函数 HALT 不能被任何图灵机计算。

证明　用反证法。假设存在计算函数 HALT 的图灵机 M_{HALT}。用 M_{HALT} 构造一个计算函数 UC 的图灵机 M_{UC}，这与定理 3.2 矛盾。

图灵机 M_{UC} 的构造如下：对于输入 α，M_{UC} 运行 $M_{\mathrm{HALT}}(\alpha, \alpha)$；若结果为 0，则意味着 M_α 在 α 上不停机，M_{UC} 输出 1；否则 M_{UC} 用通用图灵机 U 计算 $b = M_\alpha(\alpha)$。如果 $b = 1$，则 M_{UC} 输出 0；否则 M_{UC} 输出 1。

在 $M_{\mathrm{HALT}}(\alpha, \alpha)$ 于有限步内输出 $\mathrm{HALT}(\alpha, \alpha)$ 的假设下，图灵机 M_{UC} 输出 $\mathrm{UC}(\alpha)$。∎

我们已经介绍过了经典图灵机，然而经典图灵机并不能有效地模拟量子力学的过程，因此迫切需要发展量子计算模型以模拟量子系统的演化过程。Deutsch 提出了量子图灵机模型以及量子计算复杂性理论。随后，Bernstein 和 Vazirani 对该模型进行了数学形式上的严格描述。

量子图灵机（Quantum Turing Machine, QTM）的数学形式定义为一个七元组 $(Q, \Sigma, \Gamma,$

δ, q_0, q_Y, q_N)，其中 Q 是有限状态集，$q_0, q_Y, q_N \in Q$ 为初始状态、接受状态和拒绝状态，Γ 为包含带中允许出现的所有符号的一个有限集，Σ 为输入字符表集合，δ 为量子状态转移函数。函数 δ 的映射为

$$\delta : Q \times \Gamma \times Q \times \Gamma \times \{L, S, R\} \to \bar{C} \tag{3.1.2}$$

满足 $\sum\limits_{(q_2, a_2, d) \in Q \times \Gamma \times \{L, S, R\}} \|\delta(q_1, a_1, q_2, a_2, d)\|^2 = 1$。$\bar{C}$ 为复数集的子集，其实部和虚部都是多项式时间可计算的，即存在确定性多项式时间函数 $f(n)$ 的算法精确计算复数 $z \in \bar{C}$ 的实部和虚部，使得 $\|f(n) - z\| < 2^{-n}$。$\{L, S, R\}$ 表示读写头的移动方向为向左移动、不移动或向右移动，称 $\delta(q_1, a_1, q_2, a_2, d)$ 为格局。量子图灵机在状态 q_1 读取字符 a_1，沿方向 d 进入状态 q_2 读取字符 a_2。转移函数指定了无限维空间格局叠加态的线性映射 M_δ（时间演化算子）。

量子图灵机的工作原理如下所述。设 S 为量子图灵机的格局且 S 是有限线性组合上满足欧几里得归一化条件的复内积空间，称 S 中的每个元素为 M 的一个叠加。量子有限状态转移函数 δ 诱导一个时间演化算子 $U_M : S \to S$。量子图灵机以格局 c 起始，当前状态为 p，且扫描标识符 σ，下个动作 M 将被置为格局叠加：$\psi = \sum\limits_i z_i c_i$，其中，每个非零的 z_i 都与一个量子转移函数 $\delta(q_1, a_1, q_2, a_2, d)$ 对应，c_i 是向 c 施行转化得到的新格局。通过线性时间演化算子 U_M 可以将这种操作扩展到整个 S 空间。

此外还有学者相继提出广义量子图灵机（GQTM）、随机语言量子图灵机（ROQTM）以及多带量子图灵机模型（MQTM），它们可以看成是量子图灵机的变形，在计算能力上存在着一定的差异。GQTM 的计算能力涵盖了 QTM，QTM 的计算能力涵盖了 ROQTM，在二次多项式时间内能够通过一个单带的 QTM 模拟 MQTM。

量子图灵机继承了经典的图灵机（包括概率图灵机）的一些要素，但也有自身的特性。量子图灵机实质上是由量子读写头和一条无限长度的量子带构成的。量子带上的每个单元格代表一个量子记数位，其状态可以是 0 和 1 的叠加形式，以便在量子带上对编码问题的多个输入进行并行计算，计算得到的结果为所有输入相应结果的一个叠加，最后进行测量得到经典的结果。另一个不同之处是状态转移函数的变化，量子图灵机中，量子状态转移函数的存在使得执行 T 步计算仅需精度为 $O(\log T)$ 位的转移幅度。量子图灵机与经典图灵机的本质差异是实现量子并行计算，这与量子相干性在量子图灵机中的作用密切相关。

3.1.2 线路模型

图灵机是相当理想化的计算模型，实际的计算机的大小总是有限的，我们假设的图灵机的大小是无限的。本节使用另一个通用模型（称为布尔线路模型），该模型在计算能力上等同于图灵机，但在许多应用中更方便也更接近实际，特别地，计算的线路模型是对量子计算机的研究有特殊重要性的预备知识。一个布尔线路是一个有向非循环图，其结

点与布尔函数相关联，这些结点有时称作逻辑门。一个具有 n 条输入线和 m 条输出线的结点与函数 $f:\{0,1\}^n \to \{0,1\}^m$ 关联。这里有一个简单的例子，如图 3.3 所示。

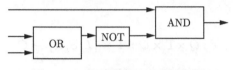

图 3.3　一个简单的布尔线路例子

给定一些位串作为输入，这些线携带位的值，直到到达一个结点为止。结点是计算位的逻辑函数（该结点为非门、或门、与门等）。结点的输出线将输出位传送到下一个结点，直到计算在输出线处结束。输入线可以携带常数，这些常数不会随线路的不同输入而变化，而是线路硬件的一部分。在图灵机中，转移函数是局部的，因此操作是一系列基本步骤。在线路模型中，同样要求逻辑门是局部的，也就是说，每个结点操作的导线数是有限的。

现在观察这些逻辑门的通用性，事实上可以证明用固定数目的门就可以计算任意函数 $f:\{0,1\}^n \to \{0,1\}^m$，但是为了简化，我们给出输出为单比特的布尔函数 $f:\{0,1\}^n \to \{0,1\}$ 的证明过程，通用性的一般证明可以从布尔函数的特殊情况得到。

定理 3.4　用固定数量的门就可以计算布尔函数 $f:\{0,1\}^n \to \{0,1\}$。

证明（归纳法）　当 $n=1$ 时，恒等函数可由一条单线构成；比特翻转函数可由一个非门构成；把输入比特替换为 0 的函数可由包含一个初态为 0 的工作比特与门构成；把输入替换为 1 的函数可由包含一个初态为 1 的工作比特或门构成。

假设任意 n 比特函数可由一条线路计算，另外 f 是 $n+1$ 比特函数。定义两个 n 比特函数 f_0 和 f_1 分别为 $f_0(x_1, x_2, \cdots, x_n) = f(0, x_1, x_2, \cdots, x_n)$ 和 $f_1(x_1, x_2, \cdots, x_n) = f(1, x_1, x_2, \cdots, x_n)$，由归纳假设知道可以用线路计算。 ∎

由上述定理的证明过程可知，根据第 1 位比特的输入 0 或 1，以及后 n 个比特计算函数 f_0 和 f_1，我们可以设计出计算 f 的线路（见图 3.4）。

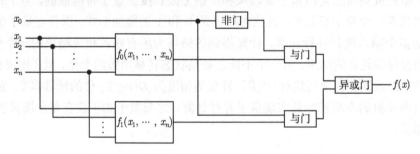

图 3.4　归纳法中计算 $n+1$ 比特函数 f 的线路

通用线路设计中包含以下 5 种元素。

① 保持比特状态不变的连线。

② 用于 $n=1$ 时证明的处于标准状态的辅助比特。

③ 把输入的单比特输出为其两个复制的扇出运算。

④ 交换两个比特值的交叉运算。

⑤ 与、非和异或门。

后续章节将参照经典线路模型定义量子计算的线路模型。然而，将这 5 个元素从经典线路模型推广到量子线路模型存在很多挑战：量子不可克隆原理；扇出运算在量子力学中不能以直接的方式进行；与门和异或门不可逆，因此无法直接用酉算子实现。

为了衡量计算的开销，可以使用不同的参数：线路中门的数量 N 或线路的时间 T。在本书中，我们将主要考虑门的数量 N。我们对消耗 S 感兴趣，其中 S 作为输入大小（即线路中输入线的数量，通常用 n 表示）的函数。为了找到消耗函数 $S(n)$，把函数 f 看作由线路族 $\{C_n\}_{n=1}^{\infty}$ 计算的 $\{f_n\}_{n=1}^{\infty}$ 函数族，其中线路 C_n 作用在 n 个输入位上，$S(n)$ 为线路 C_n 的大小。

这里讨论图灵机模型和线路模型之间的一个重要区别。许多信息可以通过硬件进入线路。如果不指定设计硬件需要多长时间，则这样的线路甚至可以计算不可计算的函数（如停机问题）。线路的这种不合理的计算能力是由于我们没有指定构造线路的硬件。要避免这样的荒谬，把注意力集中在有趣和现实的情况上。因此把要求计算 $\{f_n\}_{n=1}^{\infty}$ 的线路硬件用一台图灵机以多项式消耗进行设计。如果图灵机以整数 n 作为输入，输出线路 C_n 的具体描述，那么该线路族 $\{C_n\}_{n=1}^{\infty}$ 的模型被称作一致线路模型，否则就称为非一致线路模型。一致布尔线路和图灵机的模型是多项式等价的，这意味着给定一个在多项式时间内计算 $f(x)$ 的图灵机，存在一个由多项式图灵机指定的线路族 $\{C_n\}_{n=1}^{\infty}$，使得 C_n 计算 f_n。这种对应关系反过来也成立，也就是说，给定线路族，存在一个图灵机模拟它们。因此，计算的复杂性不取决于所使用的模型（多项式因子除外）。

3.2　计算复杂性类

完成一项计算需要什么样的时间和空间资源？许多情况下，这是我们对一个计算问题能够提出的最重要的问题。计算复杂性研究就是解决计算问题需要的时间和空间资源。计算复杂性的任务是证明解决问题最好算法所需要资源的下界估计，即使算法不是具体已知的。形式化描述计算复杂性的理论的一个困难在于，解决同一个问题的不同计算模型可能需要不同的资源。例如，多带图灵机求解许多问题比单带图灵机快得多。下面介绍一个粗略的解决方法。设一个问题由输入的 n 比特给定，例如我们可能想知道一个特定的 n 比特数是否为素数，各问题计算复杂性的主要差别是以 n 的多项式为界的资源解决，还是需要以比 n 的任意多项式增长更快的资源解决。后一种情况我们常说资源要求问题规模是指数性（exponential）的，这是对指数说法的滥用，因为存在如 $n^{\log n}$ 类的数比任何多项式增长快（因此按这个惯例是指数的），但比任何真正的指数增长都要慢。如果存在一个算法，用多项式资源求解这个问题，则该问题将被视为容易、可解或可行的，而如果已知的最好算法需要指数资源，则称之为难、不可解或不可行的。

多项式与指数的分类相当粗糙。在实践中，一个用 $2^{n/1000}$ 个操作的求解算法可能比一个运行 n^{1000} 个操作的算法更有用。仅对非常大的输入长度 $(n \approx 10^8)$，这个有效的多项式算法才比非有效的指数算法更可取，但对许多情形来说，选择这里的非有效指数算法更实际。

不过，主要基于多项式与指数分类研究计算复杂性有许多原因。首先，历史上，多项式算法几乎毫无例外地远远快于指数算法。第二个原因也是更根本的，强调多项式与指数分类的原因来自强 Church-Turing 论题（任何计算模型都可用基本操作次数至多为多项式增长的概率型图灵机模拟）。强 Church-Turing 论题意味着如果一个问题在概率型图灵机上没有多项式解法，那么在任何计算设备上都不会有有效解法，这对"多项式可解"与"有效可解"等同起来的看法产生了强烈的推动作用。然而，由于一些问题在经典计算机 (包括概率型图灵机) 上不可解决，而其在量子计算机上可以得到有效解决，这对强 Church-Turing 问题提出了质疑。

最后，对问题的多项式与指数的分类只是弄明白了问题难度的最初步和粗略的步骤，它说明了计算机科学资源问题的很多一般要点，但是它也存在严重的问题：很难证明一个有意义的问题是否存在仅需指数资源的求解方法。

现在，给出问题按照需要资源大小分类的新方式。复杂性类是在给定资源界限下能被计算的所有函数构成的集合，本节将综述各种计算复杂性类。

3.2.1　P 类和 NP 类

许多计算题可以非常清楚地描述为判定问题——答案为是或否的问题。例如，一个给定的数 m 是否为素数？这是素性判定问题，计算复杂性很容易被描述为判定问题形式，这主要出于两个原因：这种理论的形式最简单也最优雅，同时又可以以自然的方式推广到更复杂的情形；历史上的计算复杂性理论基本上是从判定问题的研究而产生的。

字母表 Σ 上的判定问题/语言 L 定义为 Σ 上所有有限字符串集合 Σ^* 的一个子集。例如就素性判断问题而言，就能用二进制字母表 $\Sigma = \{0, 1\}$ 编码，语言 $L = \{10, 11, 101, 111, 1011, \cdots\}$。

为解决素性判定问题，我们希望一台图灵机从给定的数 n 开始，最终输出与当 n 为素数时为"肯定"、当 n 不为素数时为"否定"相等价的结果。为了使这个想法精确化，稍微修改一下我们之前的图灵机模型，把 q_{halt} 换成分别表示"肯定"和"否定"的答案的两个状态 q_{yes} 和 q_{no}，其他方面机器的行为完全不变，并且在进入 q_{yes} 或 q_{no} 时停止，更一般地，一个语言 L 由图灵机判定，假设机器可以判断带子上的输入 x 是否为 L 的一个元素，如果 $x \in L$，最终会停在 q_{yes} 状态，如果 $x \notin L$，最终会停在 q_{no} 状态，根据出现的两种情况，我们说机器接受或拒绝。

可以多快地判断一个数是否为素数呢？也就是说，判定表示素性判定问题的语言的最快的图灵机是怎样的？

定义 3.3（DTIME 类）　设 $T: N \to N$ 是一个函数，称语言 $L \in \mathbf{DTIME}(T(n))$ 当且仅当存在运行时间为 $k \cdot T(n)$ 的图灵机判定语言 L，其中 $k > 0$ 为常数。

现在，将"高效计算"的概念精确化。将高效计算等同于多项式运行时间，即对某个常数 $c > 0$ 而言，至多为 n^c 的运行时间。这一概念由下面的复杂性类刻画，其中 $\mathbf{P}$ 表示

"多项式的"。

定义 3.4（P 类）　　$P = \bigcup_{c \geqslant 1} DTIME(n^c)$。

P 是复杂性类的第一个例子，现在给出属于 P 的一个问题——图的连通性问题。在图的连通性问题中，给定图 G 以及它的两个顶点 s 和 t，要求判定 s 在 G 上是否可以连通到 t。证明该问题属于 P 可以采用深度优先搜索算法，算法从 s 出发，逐一检查 G 的边，并对所有访问过的边进行标记，后续步骤需要访问相邻接的边，最多经过 $\binom{n}{2}$ 步后，所有的边要么全部访问过，要么永远无法访问。

更一般地，一个复杂性类定义为一个由语言构成的集合。现在，定义复杂性类 NP 类，由此将"可被高效验证的解"这一直觉概念形式化。我们曾说一个问题是"可被高效求解的"，如果它可以被图灵机在多项式时间内求解，则问题的解是"可被高效验证的"，即该问题的解可以在多项式时间内得到验证。由于图灵机每步只能读一个位，因此这意味着给定的解不能太长——至多是输入长度的多项式。

定义 3.5（NP 类）　　语言 $L \subseteq \{0,1\}^*$ 属于 NP，如果存在多项式函数 $p: N \to N$ 和一个多项式时间图灵机 M（称为 L 的验证器），使得对任意 $x \in \{0,1\}^*$ 有

$$x \in L \Leftrightarrow \exists u \in \{0,1\}^{p(|x|)} \text{ 满足 } M(x,u) = 1$$

如果 $x \in L$ 和 $u \in \{0,1\}^{p(|x|)}$ 满足 $M(x,u) = 1$，则称 u 是 x（关于语言 L 和图灵机 M）的见证。

下面给出属于 NP 类的几个判定问题。

（1）旅行商问题：给定 n 个结点的集合，$\binom{n}{2}$ 个任意结点对之间的距离 $d_{i,j}$ 以及一个数 k，判定是否存在一个封闭回路，使得访问每个结点恰好一次且代价不超过 k。见证是该回路中所有顶点的序列。

（2）子集和问题：给定数集 $\{A_1, A_2, \cdots, A_n\}$ 和数 T，判定是否存在一个和等于 T 的子集。见证是这种子集中所有数的列举。

（3）线性规划问题：给定 n 个变量 $u_1, u_2, \cdots u_n$ 上的 m 个有理系数线性不等式（每个线性不等式形如 $a_1 u_1 + a_2 u_2 + \cdots + a_n u_n \leqslant b$，其中 $a_1, a_2, \cdots a_n$，b 为有理数），判定是否存在变量 $u_1, u_2, \cdots, u_n$ 上的 m 个有理数赋值满足所有不等式。见证是这样的一个赋值。

（4）0/1 整数规划问题：给定 n 个变量 $u_1, u_2, \cdots u_n$ 上 m 个有理系数线性不等式，能否将变量 $u_1, u_2, \cdots u_n$ 赋值为 0 或 1，使得所有不等式成立。见证是这样的一个赋值。

（5）图的同构问题：给定两个 $n \times n$ 的邻接矩阵 M_1 和 M_2，判定在顶点重新命名的意义下 M_1 和 M_2 是否定义了同一个图。见证是如下的一个置换 $\pi: [n] \to [n]$，它将 M_1 的行和列按 π 进行调整后使得 M_1 等于 M_2。

（6）合数问题：给定一个整数 N，判定 N 是否是一个合数。见证是 N 的一个因数分解。

（7）因数问题：给定 3 个整数 N、L、U，判定 N 是否有一个素因数 p 属于区间

$[L, U]$。见证是这样的素因数 p。

（8）图连通性问题：给定图 G 以及它的两个顶点 s 和 t，要求判定 s 和 t 在 G 上是否连通。见证是 G 中从 s 到 t 的一条路径。

上述列举的问题中，图的连通性问题、合数问题和线性规划问题已被证明属于 P。目前还无法判断列举的其他问题是否属于 P，尽管也无法证明它们不属于 P。

现在我们感兴趣的是 P 类和 NP 类是什么关系。

定理 3.5 $P \subseteq NP$。

证明

设语言 $L \in P$ 被多项式时间图灵机 M 判定，则将类 NP 定义中的 $p(x)$ 视为零多项式（即 u 为空串），于是 $L \in NP$。∎

定理 3.5 表明 P 是 NP 的子集。然而计算机科学中最著名的未解决问题就是是否存在不在 P 中的 NP 问题，常简记为 $P \neq NP$ 问题。大多数计算机科学家相信 $P \neq NP$，但几十年过去了，仍没有人能证明它，$P \neq NP$ 的可能性仍然存在。

现在我们思考在什么情况下 P=NP，这需要引入归约、NP-难和 NP-完全性的概念。

定义 3.6（归约，NP-难和 NP-完全性） 称语言 $L \subseteq \{0,1\}^*$ 多项式时间卡普归约到语言 $L' \subseteq \{0,1\}^*$，记为 $L \leqslant_p L'$，如果存在多项式时间可计算的函数 $f: \{0,1\}^* \to \{0,1\}^*$ 使得对于任意的 $x \in \{0,1\}^*$ 都有 $x \in L$ 当且仅当 $f(x) \in L'$。多项式时间卡普归约简称为多项式时间归约。如果 $L \leqslant_p L'$ 对任意 $L \in NP$ 成立，则称 L' 是 NP-难的。如果 L' 是 NP-难的且 $L' \in NP$，则称 L' 是 NP-完全的。

根据多项式归约的定义可以得到以下结论。

定理 3.6

（1）如果 $L \leqslant_p L'$ 且 $L' \in P$，则 $L \in P$。

（2）如果 $L \leqslant_p L'$ 且 $L' \leqslant_p L''$，则 $L \leqslant_p L''$。

证明

（1）可以结合图 3.5 简单地验证。

图 3.5　定理 3.6 中（1）的证明过程示意

（2）假设 f_1 是从 L 到 L' 的归约且 f_2 是从 L' 到 L'' 的归约，由于在给定的 x 上 $f_2(f_1(x))$ 在多项式时间内完成计算，同时 $f_2(f_1(x)) \in L'' \Leftrightarrow f_1(x) \in L' \Leftrightarrow x \in L$，那么映射 $x \mapsto f_2(f_1(x))$ 是从 L 到 L'' 的归约。∎

下面我们不加证明地给出 P=NP 的一些充分条件。

定理 3.7

（1）如果语言 L 是 NP-难的且 $L \in P$，则 P=NP。

（2）如果语言 L 是 NP-完全的，则 $L \in P$ 当且仅当 P=NP。

NP-完全语言真的存在吗？换句话说，NP 类中真的有一个语言与该类中的其他任意语言一样难吗？下面给出了这种语言的一个简单例子。

定理 3.8　设 TMSAT=$\{ \langle \alpha, x, 1^n, 1^t \rangle : \exists u \in \{0,1\}^n$ 使得 M_α 以 $\langle x, u \rangle$ 为输入时将在 t 步内输出 $1\}$，其中 M_α 是位串 α 表示的图灵机，则 TMSAT 是 NP-完全的。

证明　设 L 是一个 NP 语言，根据 NP 类的定义知道，存在多项式 p 和一个验证器图灵机 M 使得 $x \in L$ 当且仅当存在位串 $u \in \{0,1\}^{q(x)}$ 且满足 $M(x,u) = 1$ 且 M 的运行时间是多项式时间 $q(n)$。为了将 x 归约到 TMSAT，需要将任意位串 $x \in \{0,1\}^*$ 映射到元组 $\langle \underline{M}, x, 1^{p|x|}, 1^{q|m|} \rangle$，其中 $m = |x| + p(|x|)$，$\underline{M}$ 是图灵机 M 的位串表示。根据 TMSAT 的定义和 M 的选择，该映射显然可以在多项式时间内完成，且 $\langle \underline{M}, x, 1^{p|x|}, 1^{q|m|} \rangle$ $\in$ TMSAT $\Leftrightarrow \exists u \in \{0,1\}^{q(x)}$ 使得 $M(x,u)$ 在 $q(m)$ 步内输出 $1 \Leftrightarrow x \in L$。　∎

TMSAT 不是一个有用的 NP 完全问题，因为该语言的定义与图灵机概念的联系过于密切。下面将给出更"自然"的一些 NP-完全问题的例子。首先研究来自命题逻辑领域的 NP-完全问题。

变量 $u_1, u_2, \cdots, u_n$ 上的一个布尔公式由变量和逻辑运算符与（AND）（$\wedge$）、或（OR）（$\vee$）、非（NOT）（$\neg$）构成。例如，$(u_1 \wedge u_2) \vee (u_2 \wedge u_3) \vee (u_3 \wedge u_1)$ 是一个布尔公式。如果 φ 是变量 $u_1, u_2, \cdots u_n$ 上的一个布尔公式且 $z \in \{0,1\}^n$，则 $\varphi(z)$ 表示依次赋予 z 中的各个值后 φ 的取值，z 中的 1 表示真而 0 表示假。如果存在赋值 z 使得 $\varphi(z)$ 为真，则称 φ 是可满足的，否则称 φ 是不可满足的。之前给出的公式 $(u_1 \wedge u_2) \vee (u_2 \wedge u_3) \vee (u_3 \wedge u_1)$ 是可满足的，因为赋值 $u_1 = z_1, u_2 = z_2, u_3 = z_3$ 满足该公式当且仅当至少有两个 z_i 的值是 1。

如果 $u_1, u_2, \cdots, u_n$ 上的布尔公式是在变量（或变量的非）上 OR 操作所得的若干公式上的 AND 操作，则称该公式是合取范式（Conjunctive Normal Form，CNF）。例如下面的公式就是一个 3CNF（这里的 $\bar{u}_i$ 表示 $\neg u_i$）。

$$(\bar{u}_1 \vee u_2 \vee u_3) \wedge (u_1 \vee \bar{u}_2 \vee u_3) \wedge (u_1 \vee u_2 \vee \bar{u}_3) \tag{3.2.1}$$

更一般地，合取范式形如

$$\wedge_i \left(\vee_j v_{i_j} \right) \tag{3.2.2}$$

其中每个 v_{i_j} 要么是一个变量 u_k，要么是变量的非 $\bar{u}_k$，项 v_{i_j} 称为公式的文字，而项 $\vee_j v_{i_j}$ 称为公式的子句。如果一个公式中的每个子句至多包括 k 个文字，则称该公式为一个 k 合取范式或 kCNF。所有可满足的 CNF 公式构成的语言记为 SAT，所有可满足的 3CNF 公式构成的语言记为 3SAT。

现在给出一个自然的 NP-完全问题。

定理 3.9　（Cook-Levin 定理）

（1）SAT 问题是 NP-完全问题。

（2）3SAT 问题是 NP-完全问题。

定理 3.9 是于 20 世纪 70 年代由 Cook 和 Levin 证明的，由于证明过程烦琐，这里仅给出证明思路而不予证明，感兴趣的读者可以阅读相关参考文献。证明思路为先证明

SAT 问题是 NP- 难的，再证明 SAT 多项式时间归约到 3SAT。

读者可能会问，为什么 3SAT 问题的 NP-完全性比 TMSAT 的 NP-完全性更自然、更有意义呢？第一个原因是 3SAT 问题在证明其他问题的 NP-完全性时非常有用：3SAT 问题具有极其简单的组合结构，便于归约过程采用。第二个原因是命题逻辑在数理逻辑中具有中心地位，这正是 Cook 和 Levin 首先研究 3SAT 问题的原因所在。第三个原因是 3SAT 具有重要的实践意义：实际上，3SAT 问题是约束满足问题的一个简单特例，而约束满足问题广泛存在于包含人工智能在内的许多领域中。

NP 类的重要性部分来自无数计算问题已知为 NP-完全的事实。下面是一些不同数学领域中 NP-完全问题的例子。

（1）团问题：一个团是一个无向图 G 的顶点子集，该集中每对顶点均有边连接。团的大小就是它包含顶点的个数。给定一个整数 m 和一个图 G，G 是否包含一个大小为 m 的团？

（2）顶点覆盖问题：一个无向图 G 的一个顶点覆盖是顶点的一个子集 V'，使得图中每条边至少有一个顶点属于 V'。给定一个整数 m 和一个图 G，图 G 是否有一个顶点覆盖包含 m 个顶点？

（3）子集和问题。

（4）0/1 整数规划问题。

设 $P \neq NP$，则可证明存在一个既不是多项式资源可解，又不是 NP-完全的非空问题类 NPI（NP 中间问题）。很显然，没有已知的NPI问题（否则我们就知道 $P \neq NP$ 了），但有些问题被认为是可能的候选问题，因子问题和图同构问题是候选问题中最有可能的两个。

量子计算研究者对 NPI 类中的问题感兴趣有两个原因。首先，希望找到用以求解不在 P 类中的问题的快速量子算法；其次，很多人怀疑量子计算机不能有效求解 NP 中的全部问题，从而排除了 NP-完全问题，因此很自然地把注意力集中到 NPI 类上。实际上已经发现了因子问题的快速量子算法，并且已经激发起对其他可能是 NPI 问题的快速量子算法的寻找。

3.2.2　其他复杂性类

我们已经考察了某些重要的复杂性类（如 P、NP 和 NP 完全类）的基本性质。复杂性类的类型非常丰富，在这些复杂性类之间已知或可能存在许多不平凡的关系。对学习量子计算而言，不需要明白所有这些不同的复杂性类，不过，对重要的复杂性类稍做了解还是有用的，因为许多复杂性类在量子计算研究中有自然的对应物，而且如果要了解量子计算机的能力如何，也应该明白量子计算机所能解的问题类，以及在经典计算机所定义复杂性类的家族中处于什么位置。

现在先介绍其他复杂性类，包括 EXP 类、PSPACE 类以及 L 类，然后给出所有介绍过的复杂类之间的包含关系。

定义 3.7　（EXP类）$\mathrm{EXP} = \bigcup_{c>1} \mathrm{DTIME}\left(2^{n^c}\right)$，也就是说，复杂性类EXP表示包含

所有由图灵机在指数时间内可以判定的问题。

前面所介绍的复杂类都是依据资源在时间上的定义，接下来介绍资源在空间上所定义的复杂性类。

定义 3.8（空间受限计算）　设 $S: N \to N$ 且 $L \subseteq \{0,1\}^*$。如果存在常数 c 和判定 L 的图灵机 M，使得对任意长度为 n 的输入，M 在完成计算过程中带头至多只访问除输入带之外各条工作带上的 $c \cdot S(n)$ 个存储单元，则称 $L \in \mathbf{SPACE}(S(n))$。

定义 3.9（**PSPACE 类**）　$\mathrm{PSPACE} = \bigcup_{c>0} \mathrm{SPACE}(n^c)$，即复杂性类PSPACE是在图灵机上用多项式数量的工作比特，在不限制时间的情况下可以求解的问题类。

定义 3.10（L类）　$\mathrm{L} = \mathrm{SPACE}(\log n)$，也就是说，复杂性类L包含所有由图灵机在对数空间内可以判定的判定问题。

我们不加证明地给出目前已知的各类空间受限复杂性类和时间受限复杂性类之间的关系：

定理 3.10　$\mathrm{L} \subseteq \mathrm{P} \subseteq \mathrm{NP} \subseteq \mathrm{PSPACE} \subseteq \mathrm{EXP}$。

最后介绍另一类我们感兴趣的复杂性类BPP，为此需要引入概率型图灵机的概念。概率型图灵机是有两个转移函数 δ_0、δ_1 的图灵机。当概率型图灵机 M 在输入 x 上运行时，每个步骤以 $1/2$ 的概率选用转移函数 δ_0，以 $1/2$ 的概率选用转移函数 δ_1。每一步的选择均独立于之前所做的所有选择。概率型图灵机只能输出 1（接受）或 0（拒绝），输出结果是一个随机变量。

定义 3.11（BPP类）　复杂性类BPP是包含所有具有如下性质的语言 L，即存在一个概率型图灵机 M 对任何输入均在多项式时间后停止，而且使得：若 $x \in L$，则 M 以至少 $2/3$ 的概率接受 x；若 $x \notin L$，则 M 以至少 $2/3$ 的概率拒绝 x。

在这里，定义里面的常数 $2/3$ 可以是任意给定的，它可以是在 $1/2$ 与 1 之间的任意常数，而BPP集合维持不变。原因在于，虽然该算法有错误的机率，但是只要我们多运行几次算法，那么多数的答案都是错误的机率会呈指数级衰减，这个结果可由 Chernoff 界导出。

定理 3.11（Chernoff 界）　设 $X_1, X_2, \cdots, X_n$ 是独立同分布随机变量，每个随机变量取 1 的概率为 $1/2 + \varepsilon$，取 0 的概率为 $1/2 - \varepsilon$，则

$$p\left(\sum_{i=1}^{n} X_i \leqslant \frac{n}{2}\right) \leqslant \mathrm{e}^{-2\varepsilon^2 n} \tag{3.2.3}$$

证明　考虑任意包含最多 $n/2$ 个 1 的序列 $x_1, x_2, \cdots, x_n$，当含有 $\lfloor n/2 \rfloor$ 个 1 时，这种序列出现的概率达到最大，因此

$$p(X_1 = x_1, x_2, \cdots, x_n = x_n) \leqslant \left(\frac{1}{2} - \varepsilon\right)^{\frac{n}{2}} \left(\frac{1}{2} + \varepsilon\right)^{\frac{n}{2}} = \frac{(1 - 4\varepsilon^2)^{\frac{n}{2}}}{2^n} \tag{3.2.4}$$

总共最多有 2^n 个这样的序列，于是

$$p\left(\sum_{i=1}^n X_i \leqslant \frac{n}{2}\right) \leqslant 2^n \times \frac{\left(1-4\varepsilon^2\right)^{\frac{n}{2}}}{2^n} = \left(1-4\varepsilon^2\right)^{\frac{n}{2}} \tag{3.2.5}$$

最后由不等式 $1-x \leqslant \exp\left(-x\right)$，所以

$$p\left(\sum_{i=1}^n X_i \leqslant \frac{n}{2}\right) \leqslant \mathrm{e}^{-4\varepsilon^2 n/2} = e^{-2\varepsilon^2 n} \tag{3.2.6}$$

BPP 类甚至比 P 类更适合作为在经典计算机上可以有效解决的判定问题类。BPP 类的量子对应称为 BQP 类，它是人们在研究量子算法时最感兴趣的类。

定义 3.12（BQP 类）　复杂性类 BQP 是包含所有具有如下性质的语言 $L \subseteq \{0,1\}^*$，即存在一个多项式函数 p 以及一个一致量子线路族 $\{C_n\}_n$，使得对任意 $x \in \{0,1\}^n$ 满足：若 $x \in L$，则 $C_n(x)$ 以至少 a 的概率接受；若 $x \notin L$，则 $C_n(x)$ 以至多 b 的概率接受。其中 $a - b \geqslant 1/p(n)$ 且 $|C_n| \leqslant p(n)$。

人们通常把能解决 BPP（BQP）问题的机器称为 BPP 机器（BQP 机器）。

人们将数学结论的正确性证明用一系列符号写在纸上，验证者可以查验证明者写出的证明是否有效。当然，只有正确的结论才存在有效证明。但是，更一般地，人们还通常通过交流让大家相信结论的正确性。也就是说，查验证明的人（称为验证者）要求提供证明的人（称为证明者）先给出一系列解释，然后才相信结论是正确的。这个过程也称为交互证明过程。下面介绍交互式证明中的复杂性类。

首先我们感兴趣的一个类是 MA，它由一些判定问题组成：当给定一个多项式大小的比特串（即见证）时，BPP 机器能够检查这些决策问题的结果为"是"的情况，具体定义如下。

定义 3.13（MA 类）　复杂性类 MA 是包含所有具有如下性质的语言 $L \subseteq \{0,1\}^*$，即存在一个多项式函数 p 以及一个 BPP 机器 V，使得对于任意 $x \in \{0,1\}^n$ 满足：若 $x \in L$，则存在一个串（见证）$w \in \{0,1\}^{\leqslant p(n)}$，使得 $V(x,w)$ 以至少 a 的概率接受；若 $x \notin L$，则对任意串 $w \in \{0,1\}^{\leqslant p(n)}$，使得 $V(x,w)$ 以至多 b 的概率接受。其中，$a - b \geqslant 1/p(n)$。

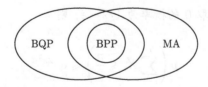

图 3.6　BPP、BQP 和 MA 的包含关系

我们有 BPP $\subseteq$ MA，因为任何 BPP 问题相当于见证为空的 MA 问题。MA 的量子对应叫作 QMA，它的证明串是一种量子状态，如图 3.6 所示。

定义 3.14（QMA 类）　复杂性类 QMA 是包含所有具有如下性质的语言 $L \subseteq \{0,1\}^*$，即存在一个多项式函数 p 以及一个 BQP 机器 V，使得对于任意 $x \in \{0,1\}^n$ 满足：若

$x \in L$，则存在一个最多包含 $p(n)$ 量子比特的量子态 $|\psi\rangle$，使得 $V(x, |\psi\rangle)$ 以至少 a 的概率接受；若 $x \notin L$，则对任意最多包含 $p(n)$ 量子比特的量子态 $|\psi\rangle$，使得 $V(x, |\psi\rangle)$ 以至多 b 的概率接受。其中，$a - b \geqslant 1/p(n)$。

显然 BQP $\subseteq$ QMA，因为 BQP 机器可以简单地忽略证明态 $|\psi\rangle$。接下来，给出 IP 类的定义。

定义 3.15（IP 类）　复杂性类 IP 是包含所有具有如下性质的语言 $L \subseteq \{0,1\}^*$，即存在一个多项式函数 p 以及一个概率型多项式时间图灵机 V，使得对于任意 $x \in \{0,1\}^n$ 满足：若 $x \in L$，则存在一个证明者 P 与验证者 V 交互最多包含长度 $p(n)$ 的信息，使得 V 以至少 a 的概率接受；若 $x \notin L$，则对任意证明者 P，P 与验证者 V 交互最多包含长度 $p(n)$ 的信息，使得 V 以至多 b 的概率接受。其中，$a - b \geqslant 1/p(n)$。

前面的类是相当经典的复杂度类，现在描述一个更加非经典类的定义。

定义 3.16（QPIP 类）　复杂性类 QPIP 是包含所有具有如下性质的语言 $L \subseteq \{0,1\}^*$，即存在一个多项式函数 p 以及一个概率型多项式时间图灵机 V（增强它准备和测量一组常数量子比特的能力），使得对于任意 $x \in \{0,1\}^n$ 满足：若 $x \in L$，则存在一个 BQP 证明者 P 与验证者 V 交互最多包含长度 $p(n)$ 的经典或量子信息，使得 V 以至少 a 的概率接受；若 $x \notin L$，对任意 BQP 证明者 P，P 与验证者 V 交互最多包含长度 $p(n)$ 的经典或量子信息，使得 V 以至多 b 的概率接受。其中，$a - b \geqslant 1/p(n)$。

3.3　计算科学的发展与展望

计算科学是一个快速增长的多学科领域，使用先进的计算能力理解和解决复杂的问题。计算作为数学的研究对象已有几千年了。计算不等于数学，但数学确实起源于对计算的研究。计算的渊源可以深入扩展到数学和工程。数学为计算提供了理论、方法和技术，而工程为实际计算和应用提供了可以自动计算的设备，并为更有效地完成计算和应用任务提供了工程方法和技术。从类型上讲，计算主要有两大类：数值计算和符号推导。数值计算包括实数和函数的加减乘除、幂运算、开方运算、方程的求解等。符号推导包括代数与各种函数的恒等式、不等式的证明及几何命题的证明等。但无论是数值计算还是符号推导，它们在本质上是等价的、一致的，即二者是密切关联的，可以相互转化，具有共同的计算本质。随着数学的不断发展，还可能出现新的计算类型。

电子计算机在其发展过程中惊人地遵循摩尔定律，为人类文明社会的发展做出了巨大贡献。但是，半个世纪以来，科学家却一直在考虑新型计算机模型的研制。究其原因，主要有两点：第一，电子计算机的工艺制造技术即将达到极限，如著名的理论物理学家 Kaku 在 2012 年预言，10 年内电子计算机的工艺制造技术将达到极限；第二，由于图灵机模型所致，电子计算机一直不能处理规模较大的 NP-完全问题。在探索非传统的新型计算机模型研究中，相继提出了仿生计算（人工神经网络、进化计算、PSO 计算等）、光计算、量子计算及生物计算等。

我们之前的讨论都是基于图灵机模型的经典计算模型，下面介绍一些非经典计算模型，如并行计算和分布式计算，对比它们和图灵机模型的计算能力，最后延伸到量子计算。首先介绍并行计算的概念。并行计算（Parallel Computing）是指在并行机上将一个应用分解成多个子任务，分配给不同的处理器，各个处理器之间相互协同，并行地执行子任务，从而达到加速求解速度或者提高求解应用问题规模的目的。为了实现并行计算，必须具备 3 个条件。

（1）并行机。并行机至少包含两台或两台以上的处理机，这些处理机通过互连网络相互连接，相互通信。

（2）应用问题必须具有并行度。也就是说，应用可以分解为多个子任务，这些子任务可以并行地执行。将一个应用分解为多个子任务的过程称为并行算法的设计。

（3）并行编程。在并行机提供的并行编程环境上，具体实现并行算法，编制并行程序并运行该程序，从而达到并行求解应用问题的目的。对于具体的应用问题，采用并行计算技术的主要目的在于两个方面：① 加速求解问题的速度；② 提高求解问题的规模。

并行计算机的优势在于时间资源上的节省，但是在空间资源上却有损失。图灵机可以用与多项式等价的物理资源（时间和空间资源总和）实现并行计算机的功能。

并行计算机的一个特例就是生物计算机。生物计算是指以生物大分子作为“数据”的计算模型。首先，生物计算机在存储方面与传统电子计算机相比具有巨大优势，1 克 DNA 的存储信息量可与 1 万亿张 CD 相当，存储密度是通常使用的磁盘存储器的 1000 亿到 10 000 亿倍。其次，生物计算机还具有超强的并行处理能力，通过一个狭小区域的生物化学反应即可实现逻辑运算，数百亿个 DNA 分子构成大批 DNA 计算机并行操作，生物计算机的传输数据与通信过程简单，其并行处理能力可与超级电子计算机媲美，通过 DNA 分子碱基不同的排列次序作为计算机的原始数据，对应的酶通过生物化学变化对 DNA 碱基进行基本操作，能够实现电子计算机的各种功能。然后，蛋白质分子可以自我组合，能够新生出微型电路，具有活性，因此生物计算机拥有生物特性，生物计算机不再像电子计算机那样在芯片损坏后无法自动修复，生物计算机能够发挥生物调节机能，自动修复受损芯片。最后，由于 DNA 链的另一个重要性质是双螺旋结构，A 碱基与 T 碱基、C 碱基与 G 碱基形成碱基对，因此每个 DNA 序列有一个互补序列，这种互补性是生物计算机具备的独特优势。如果错误发生在 DNA 的某一对螺旋序列中，则修改醇能够参考互补序列对错误进行修复。生物计算机自身具备修改错误的特性，因此生物计算机的数据错误率较低。

下面介绍分布式计算（Distributed Computing）的概念。分布式计算通过网络相互连接的两个以上的处理机相互协调，各自执行相互依赖的不同应用，从而达到协调资源访问，提高资源使用效率的目的。但是，分布式计算无法达到并行计算所倡导的提高求解同一个应用的速度或者问题规模的目的。分布式计算的优点是超大规模、虚拟化、高可靠性、通用性、高可伸缩性、按需服务、极其廉价和容错性，缺点则是多点故障（一台或多台计算机的故障，或者一条或多条网络线路的故障，都会导致分布式系统出现问题）；安全性（分布式系统为非授权用户的攻击提供了更多机会）。分布式计算的一个重要特例就是区块链——一种分布式数据存储、点对点传输、共识机制、加密算法等计算机技术的新型应用模式。

由于分布式计算的原理是将一个大型计算任务拆分成许多部分，并分别交给其他计算机处理，同时将所有的计算结果合并为原问题的解决方案，所以它也可以用图灵机有效模拟。

最后我们延伸至量子计算。量子计算是一种遵循量子力学规律，通过调控量子信息单元进行计算的新型计算模式，它的计算速度指数倍地快于经典的确定型图灵机和概率型图灵机。研究量子计算机的一个重要原因是它构成了对强 Church-Turing 论题的严重挑战：该猜想断言，任意可物理实现的计算装置都可以被图灵机模拟，而计算速度最多下降一个多项式因子。在量子计算机上存在整数分解问题的多项式时间算法；然而，在概率型图灵机和确定型图灵机上，人们经过长期努力仍不能为整数分解问题找到多项式时间算法。如果整数分解问题根本不存在高效的经典算法（目前，现实社会严重依赖于这一猜想，因为诸如 RSA 等密码方案的安全性全部建立在该猜想的基础之上），或者量子计算机是可以物理实现的，则强 Church-Turing 论题就是错误的。此外，物理学家也对量子计算机感兴趣，因为这有助于他们理解量子力学理论。

习题

1. 给出一个计算布尔函数 PAL 的图灵机 M，其中布尔函数 PAL 的定义如下：对于任意 $x \in \{0,1\}^*$，如果 x 是回文，则 $\text{PAL}(x)$ 等于 1，否则等于 0。也就是说，$\text{PAL}(x) = 1$ 当且仅当 x 从右到左读是一样的（即 $x_1 x_2 \cdots x_n = x_n x_{n-1} \cdots x_1$）。

2. 给出一个将图灵机表示成二进制的完整方案。也就是说，给出一个能将任意图灵机 M 转换为二进制串 $\underline{M}$ 的过程，它要保证能够从 $\underline{M}$ 还原为图灵机 M，或者说至少能够还原出一个功能等价的图灵机 $\widetilde{M}$（即 $\widetilde{M}$ 能够在相同运行时间内计算 M 能计算的函数）。

3. 证明与非门的通用性，即如果可以使用连线、辅助比特和扇出运算，则与非门可以模拟非门、与门和异或门。

4. 证明图论中的下列语言/判定问题属于 P 类（可以使用邻接矩阵表示图，也可以使用邻接表表示图，表示形式不影响结论）。

（1）所有连通图的集合（如果图 G 的每对顶点均通过一条路径连通，则 G 称为连通图）。

（2）所有不含三角形的图的集合（三角形是指相互连通的 3 个不同顶点）。

（3）所有二分图的集合。如果图 G 的顶点可以划分成两个集合 A 和 B，使得 G 的所有边均是从 A 中的一个顶点连接到 B 中的一个顶点（A 中的任意两个顶点之间或 B 中的任意两个顶点之间不存在边），那么称图 G 为二分图。

（4）所有树的集合。如果一个图是连通的且没有环，则称该图为一棵树。

5. 证明下列语言属于 NP 类。

（1）2 着色：$2\text{COL} = \{G : \text{图} G \text{可以用 2 种颜色着色}\}$。

（2）3 着色：3COL $= \{G : $ 图 G 可以用 3 种颜色着色$\}$。

（3）所有连通图构成的集合。

其中，用 k 种颜色对图 G 着色指的是给图 G 的每个顶点赋予 $[k]$ 中的一个数，使得图 G 上相邻顶点上的数字均不相等。

6. 我们已经在所有语言中定义了关系 $\leqslant_p$，注意到它是自反的（$L \leqslant_p L$ 对任意语言 L 成立）和传递的（如果 $L \leqslant_p L'$ 且 $L' \leqslant_p L''$，则有 $L \leqslant_p L''$）。证明这个关系不是对称的，即 $L \leqslant_p L'$ 并不蕴含 $L' \leqslant_p L$。

7. 证明

（1）如果语言 L 是 NP- 难的且 $L \in$ P，则 P=NP。

（2）如果语言 L 是 NP-完全的，则 $L \in$ P 当且仅当 P=NP。

8. 证明旅行商问题是 NP-完全的。

9. 证明 3 着色是 NP-完全的。

10. 证明复杂性类的关系 L $\subseteq$ P $\subseteq$ NP $\subseteq$ PSPACE $\subseteq$ EXP。

参考文献

[1] Hennie F C, Stearns R E. Two-tape simulation of multitape Turing machines[J]. Journal of the ACM, 1966,13(4):533-546.

[2] Bernstein E, Vazirani U. Quantum Complexity Theory[J]. SIAM Journal on Computing, 1997, 26(5):1411-1473.

[3] 张焕国, 毛少武, 吴万青, 等. 量子计算复杂性理论综述 [J]. 计算机学报, 2016, 39(12):2403-2428.

[4] Church A. An unsolvable problem of elementary number theory[J]. American Journal of Mathematics, 1936, 58(2): 345-363.

[5] Gheorghiu A, Kapourniotis T, Kashefi E. Verification of Quantum Computation: An Overview of Existing Approaches[J]. Theory of Computing Systems, 2019, 63:715-808.

[6] Aharonov D, Benor M, Eban E. Interactive Proofs for Quantum Computations[OL]. 2008, https://arxiv.org/abs/0810.5375.

[7] 张林波, 迟学斌, 莫则尧, 等. 并行计算导论 [M]. 北京: 清华大学出版社, 2006.

量子计算模型

4.1 量子线路模型

经典计算机线路是由连线和逻辑门组成的，其中连线用于在线路之间传送信息，逻辑门负责处理信息。相似地，量子计算机也是由连线和基本量子门排列起来的量子线路构造的。量子线路模型是基于人们所知道的经典线路的推广，而经典线路主要是基于逻辑 AND、OR 运算，下面介绍关于量子线路模型的一些基本知识。

量子计算机由连线和基本量子门构成，用量子计算的语言描述量子状态的变化，而这些状态的变化由一系列幺正操作造成。最基本的幺正操作是量子逻辑门，这些量子逻辑门是可逆的，这也是与经典逻辑门的不同之处。量子逻辑门又称作量子比特门，量子逻辑门负责信息的处理，把信息从一种形式转化为另外一种形式，量子逻辑门的唯一特性是酉性，即 $UU^\dagger = I$，U 为量子逻辑门的矩阵表示，即每个酉矩阵都定义了一个有效量子比特门。基本的量子比特门按涉及的量子比特的数量分为两类：单量子比特门和多量子比特门。

4.1.1 单量子比特门

单量子比特门主要包括 Pauli 门（I、X、Y、Z）、Hadamard 门（记作 H）、相位门（记作 S）和 $\dfrac{\pi}{8}$ 门（记作 T）。Pauli 门的矩阵表示如图 4.1 所示。一般情况下，Pauli 矩阵相应的符号表示为 $\sigma_I \equiv I, \sigma_x \equiv X, \sigma_y \equiv Y, \sigma_z \equiv Z$。$H$ 门、S 门、T 门的矩阵表示如图 4.2 所示。

$$-\boxed{I}- \equiv \begin{pmatrix} 1 & 0 \\ 0 & 1 \end{pmatrix} -\boxed{X}- \equiv \begin{pmatrix} 0 & 1 \\ 1 & 0 \end{pmatrix} -\boxed{Y}- \equiv \begin{pmatrix} 0 & -i \\ i & 0 \end{pmatrix} -\boxed{Z}- \equiv \begin{pmatrix} 1 & 0 \\ 0 & -1 \end{pmatrix}$$

图 4.1 Pauli 门的矩阵表示

$$-\boxed{H}- \equiv \frac{1}{\sqrt{2}} \begin{pmatrix} 1 & 1 \\ 1 & -1 \end{pmatrix} -\boxed{S}- \equiv \begin{pmatrix} 1 & 0 \\ 0 & i \end{pmatrix} -\boxed{T}- \equiv \begin{pmatrix} 1 & 0 \\ 0 & e^{\frac{i\pi}{4}} \end{pmatrix}$$

图 4.2 H 门、S 门、T 门的矩阵表示

X 门的作用是把 $|0\rangle$ 和 $|1\rangle$ 交换，即 $X|0\rangle = |1\rangle$。Z 门的作用是使 $Z|j\rangle = (-1)^j |j\rangle$。$S$ 门的作用是使 $S|j\rangle = \left(\exp\dfrac{\pi}{2}i\right)^j |j\rangle$。$H$ 门的作用是把 $|0\rangle$

变换为 $\dfrac{|0\rangle + |1\rangle}{\sqrt{2}}$，把 $|1\rangle$ 变换为 $\dfrac{|0\rangle - |1\rangle}{\sqrt{2}}$。$T$ 门的作用是使 $T|j\rangle = \exp\left(\dfrac{\pi}{4}\mathrm{i}\right)^j |j\rangle$，其中 $j \in \{0, 1\}$。

在量子计算中，另一个重要且经常被使用的单量子比特门是量子旋转门，当 Pauli 矩阵出现在指数上时，Pauli 矩阵可以导出以下 3 类有用的酉矩阵，称为关于 x, y, z 轴的旋转算子，定义如下：

$$R_x(\theta) = \exp\left(\frac{-\mathrm{i}\theta X}{2}\right) = \cos\frac{\theta}{2}I - \mathrm{i}\sin\frac{\theta}{2}X = \begin{pmatrix} \cos\dfrac{\theta}{2} & -\mathrm{i}\sin\dfrac{\theta}{2} \\ -\mathrm{i}\sin\dfrac{\theta}{2} & \cos\dfrac{\theta}{2} \end{pmatrix}$$

$$R_y(\theta) = \exp\left(\frac{-\mathrm{i}\theta Y}{2}\right) = \cos\frac{\theta}{2}I - \mathrm{i}\sin\frac{\theta}{2}Y = \begin{pmatrix} \cos\dfrac{\theta}{2} & -\sin\dfrac{\theta}{2} \\ \sin\dfrac{\theta}{2} & \cos\dfrac{\theta}{2} \end{pmatrix}$$

$$R_z(\theta) = \exp\left(\frac{-\mathrm{i}\theta Z}{2}\right) = \cos\frac{\theta}{2}I - \mathrm{i}\sin\frac{\theta}{2}Z = \begin{pmatrix} \exp\left(-\mathrm{i}\dfrac{\theta}{2}\right) & 0 \\ 0 & \exp\left(\mathrm{i}\dfrac{\theta}{2}\right) \end{pmatrix}$$

在 $R_x(\theta)$，$R_y(\theta)$，$R_z(\theta)$ 中第一个等式成立是因为 $X^2 = I$，$Y^2 = I$，$Z^2 = I$。

由数学知识，有如下结论：令 x 为任意实数，A 为一矩阵，满足 $A^2 = I$，则有 $\mathrm{e}^{\mathrm{i}Ax} = \cos xI + \mathrm{i}\sin xA$。

证明 根据泰勒展开式有

$$\mathrm{e}^x = \sum_{n=0}^{\infty} \frac{x^n}{n!} = 1 + x + \frac{x^2}{2!} + \frac{x^3}{3!} + \frac{x^4}{4!} + \cdots \tag{4.1.1}$$

$$\cos x = \sum_{n=0}^{\infty} (-1)^n \frac{x^{2n}}{(2n)!} = 1 - \frac{x^2}{2!} + \frac{x^4}{4!} - \frac{x^6}{6!} + \frac{x^8}{8!} - \cdots \tag{4.1.2}$$

$$\sin x = \sum_{n=0}^{\infty} (-1)^n \frac{x^{2n+1}}{(2n+1)!} = x - \frac{x^3}{3!} + \frac{x^5}{5!} - \frac{x^7}{7!} + \frac{x^9}{9!} - \cdots \tag{4.1.3}$$

则

$$\mathrm{e}^{\mathrm{i}Ax} = I + \mathrm{i}Ax + \frac{(\mathrm{i}Ax)^2}{2!} + \frac{(\mathrm{i}Ax)^3}{3!} + \frac{(\mathrm{i}Ax)^4}{4!} + \cdots \tag{4.1.4}$$

又

$$\cos xI = I - I\frac{x^2}{2!} + I\frac{x^4}{4!} - \cdots \tag{4.1.5}$$

$$\mathrm{i}\sin xA = \mathrm{i}Ax - \mathrm{i}A\frac{x^3}{3!} + \mathrm{i}A\frac{x^5}{5!} - \mathrm{i}A\frac{x^7}{7!} + \mathrm{i}A\frac{x^9}{9!} - \cdots \tag{4.1.6}$$

故

$$\mathrm{e}^{\mathrm{i}Ax} = \cos xI + \mathrm{i}\sin xA \tag{4.1.7}$$

因此，当 x 为任意实数时，若 $A^2 = I$，则有 $\mathrm{e}^{\mathrm{i}Ax} = \cos xI + \mathrm{i}\sin xA$。∎

将前面关于 x, y, z 轴的旋转算子推广到一般情况。若 $\hat{n} = (n_x, n_y, n_z)$ 为三维空间中的实单位向量，定义关于 $\hat{n}$ 角度为 θ 的旋转算子为

$$R_{\hat{n}}(\theta) = \exp\left(\frac{-\mathrm{i}\theta\hat{n}\cdot\sigma}{2}\right) = \cos\left(\frac{\theta}{2}\right)I - \mathrm{i}\sin\left(\frac{\theta}{2}\right)(n_x X + n_y Y + n_z Z) \tag{4.1.8}$$

其中 σ 表示 Pauli 矩阵的三元向量 (X, Y, Z)，$(\hat{n}\cdot\sigma)^2 = I\left(\text{因为 } n_x^2 + n_y^2 + n_z^2 = 1, (\hat{n}\cdot\sigma) = \right.$

$\left. n_x Z + n_y Y + n_z Z = \begin{pmatrix} n_z & n_x - vn_y \\ n_x + in_y & -n_z \end{pmatrix}\right)$。

定理 4.1（单量子比特的 z-y 分解）　假设 U 是单量子比特上的酉算子，则存在实数 α, β, γ 和 δ，使得

$$U = \mathrm{e}^{\mathrm{i}\alpha} R_z(\beta) R_y(\gamma) R_z(\delta) \tag{4.1.9}$$

证明　设 $u_{ij} \in C, C$ 为复数域，u_{ij}^* 为 u_{ij} 的共轭，$i, j \in \{1, 2\}$，则 $U = \begin{pmatrix} u_{11} & u_{12} \\ u_{21} & u_{22} \end{pmatrix}$，由于 U 是酉矩阵，则 U 的行和列是正交的，故有

$$|u_{11}|^2 + |u_{21}|^2 = 1 \tag{4.1.10}$$

$$|u_{12}|^2 + |u_{22}|^2 = 1 \tag{4.1.11}$$

$$u_{11}^* u_{12} + u_{21}^* u_{22} = 0 \tag{4.1.12}$$

设 $u_{11} = \mathrm{e}^{\mathrm{i}\theta_{11}} \cos\dfrac{\gamma}{2}$，$u_{21} = \mathrm{e}^{\mathrm{i}\theta_{21}} \sin\dfrac{\gamma}{2}$，由式 (4.1.12) 得 $|u_{11}| \cdot |u_{12}| = |u_{21}| \cdot |u_{22}|$，即

$$\cos\frac{\gamma}{2}|u_{12}| = \sin\frac{\gamma}{2}|u_{22}| \tag{4.1.13}$$

将式 (4.1.13) 代入式 (4.1.11) 得

$$u_{12} = \mathrm{e}^{\mathrm{i}\theta_{12}} \sin\frac{\gamma}{2}, \quad u_{22} = \mathrm{e}^{\mathrm{i}\theta_{22}} \cos\frac{\gamma}{2} \tag{4.1.14}$$

则

$$U = \begin{pmatrix} \mathrm{e}^{\mathrm{i}\theta_{11}} \cos\dfrac{\gamma}{2} & \mathrm{e}^{\mathrm{i}\theta_{12}} \sin\dfrac{\gamma}{2} \\ \mathrm{e}^{\mathrm{i}\theta_{21}} \sin\dfrac{\gamma}{2} & \mathrm{e}^{\mathrm{i}\theta_{22}} \cos\dfrac{\gamma}{2} \end{pmatrix}$$

由式 (4.1.12) 得

$$\mathrm{e}^{\mathrm{i}(\theta_{12}-\theta_{11})} = -\mathrm{e}^{\mathrm{i}(\theta_{22}-\theta_{21})} \tag{4.1.15}$$

因此

$$U = \mathrm{e}^{\mathrm{i}\theta_{11}} \begin{pmatrix} \cos\dfrac{\gamma}{2} & \mathrm{e}^{\mathrm{i}(\theta_{12}-\theta_{11})} \sin\dfrac{\gamma}{2} \\ \mathrm{e}^{\mathrm{i}(\theta_{21}-\theta_{11})} \sin\dfrac{\gamma}{2} & \mathrm{e}^{i(\theta_{22}-\theta_{11})} \cos\dfrac{\gamma}{2} \end{pmatrix}$$

故

$$U = e^{i\theta_{11}} \begin{pmatrix} \cos\dfrac{\gamma}{2} & -e^{i(\theta_{22}-\theta_{21})}\sin\dfrac{\gamma}{2} \\ e^{i(\theta_{21}-\theta_{11})}\sin\dfrac{\gamma}{2} & e^{i(\theta_{22}-\theta_{11})}\cos\dfrac{\gamma}{2} \end{pmatrix}$$

令

$$\theta_{22} - \theta_{21} = \delta, \quad \theta_{21} - \theta_{11} = \beta, \quad \theta_{11} = \alpha - \frac{\beta}{2} - \frac{\delta}{2} \tag{4.1.16}$$

则

$$U = e^{i(\alpha-\frac{\beta}{2}-\frac{\delta}{2})} \begin{pmatrix} \cos\dfrac{\gamma}{2} & -e^{i\delta}\sin\dfrac{\gamma}{2} \\ e^{i\beta}\sin\dfrac{\gamma}{2} & e^{i(\delta+\beta)}\cos\dfrac{\gamma}{2} \end{pmatrix}$$

$$= \begin{pmatrix} e^{i(\alpha-\frac{\beta+\delta}{2})}\cos\dfrac{\gamma}{2} & -e^{i(\alpha-\frac{\beta-\delta}{2})}\sin\dfrac{\gamma}{2} \\ e^{i(\alpha+\frac{\beta-\delta}{2})}\sin\dfrac{\gamma}{2} & e^{i(\alpha+\frac{\beta+\delta}{2})}\cos\dfrac{\gamma}{2} \end{pmatrix}$$

由旋转矩阵和矩阵相乘的定义可知

$$U = e^{i\alpha} R_z(\beta) R_y(\gamma) R_z(\delta) \tag{4.1.17}$$

得证。∎

类似地，可以很容易地得到其他 y-z 分解、z-x 分解和 x-z 分解，分别是

$$U = e^{i\theta} R_y(\alpha) R_z(\beta) R_y(\gamma) = e^{i(\theta-\beta/2)}$$
$$\begin{pmatrix} \cos(\alpha/2)\cos(\gamma/2) - e^{i\beta}\sin(\alpha/2)\sin(\gamma/2) & -\cos(\alpha/2)\cos(\gamma/2) - e^{i\beta}\sin(\alpha/2)\sin(\gamma/2) \\ \sin(\alpha/2)\cos(\gamma/2) + e^{i\beta}\cos(\alpha/2)\sin(\gamma/2) & -\sin(\alpha/2)\cos(\gamma/2) + e^{i\beta}cos(\alpha/2)sin(\gamma/2) \end{pmatrix},$$

$$U = e^{i\theta} R_z(\alpha) R_x(\beta) R_z(\gamma) = \begin{pmatrix} e^{i(\theta-\alpha/2-\gamma/2)}\cos(\beta/2) & -ie^{i(\theta-\alpha/2+\gamma/2)}\sin(\beta/2) \\ -ie^{i(\theta+\alpha/2-\gamma/2)}\sin(\beta/2) & e^{i(\theta+\alpha/2+\gamma/2)}\cos(\beta/2) \end{pmatrix},$$

$$U = e^{i\theta} R_x(\alpha) R_z(\beta) R_x(\gamma) = e^{i(\theta-\beta/2)}$$
$$\begin{pmatrix} \cos(\alpha/2)\cos(\gamma/2) - e^{i\beta}\sin(\alpha/2)\sin(\gamma/2) & -i\cos(\alpha/2)\sin(\gamma/2) - ie^{i\beta}\sin(\alpha/2)\cos(\gamma/2) \\ -i\sin(\alpha/2)\cos(\gamma/2) - ie^{i\beta}\cos(\alpha/2)\sin(\gamma/2) & -\sin(\alpha/2)\cos(\gamma/2) + e^{i\beta}\cos(\alpha/2)\sin(\gamma/2) \end{pmatrix}$$

推论 4.1 设 U 是单量子比特酉门，那么存在单量子比特酉算子 A、B 和 C 使得 $ABC = I$ 且 $U = e^{i\alpha} AXBXC$，其中 α 为某个全局相位因子。

证明

令 $A = R_z(\beta) R_y\left(\dfrac{\gamma}{2}\right)$, $B = R_y\left(\dfrac{-\gamma}{2}\right) R_z\left(\dfrac{-(\beta+\delta)}{2}\right)$, $C = R_z\left(\dfrac{\delta-\beta}{2}\right)$。注意

$$ABC = R_z(\beta) R_y\left(\frac{\gamma}{2}\right) R_y\left(\frac{-\gamma}{2}\right) R_z\left(\frac{-(\delta+\beta)}{2}\right) R_z\left(\frac{\delta-\beta}{2}\right) = I \tag{4.1.18}$$

由于 $X^2 = I$，则

$$XBX = XR_y\left(\frac{-\gamma}{2}\right) XXR_z\left(\frac{-(\delta+\beta)}{2}\right) X = R_y\left(\frac{\gamma}{2}\right) R_z\left(\frac{\delta+\beta}{2}\right) \tag{4.1.19}$$

于是

$$AXBXC = R_z(\beta)R_y\left(\frac{\gamma}{2}\right)R_y\left(\frac{\gamma}{2}\right)R_x\left(\frac{\delta+\beta}{2}\right)R_z\left(\frac{\delta-\beta}{2}\right)$$

$$= R_z(\beta)R_y(\gamma)R_z(\delta) \tag{4.1.20}$$

因此，$U = \mathrm{e}^{\mathrm{i}\alpha}AXBXC$ 且 $ABC = I$。　∎

4.1.2　旋转算子的 Clifford 性质

下面给出旋转算子与 Pauli 算子之间的关系。

$$\begin{cases} R_x(\beta)X = XR_x(\beta), & R_x(\beta)Z = ZR_x(-\beta) \\ R_z(\beta)X = XR_z(-\beta), & R_z(\beta)Z = ZR_z(\beta) \\ R_y(\beta)X = XR_y(-\beta), & R_y(\beta)Z = ZR_y(-\beta) \end{cases} \tag{4.1.21}$$

旋转算子的旋转角度在计算中的关系如下。

$$\begin{cases} R_x(\alpha+\beta) = R_x(\alpha) \cdot R_x(\beta) \\ R_z(\alpha+\beta) = R_z(\alpha) \cdot R_z(\beta) \\ R_y(\alpha+\beta) = R_y(\alpha) \cdot R_y(\beta) \end{cases} \tag{4.1.22}$$

当旋转角度为 π 时，3 个旋转算子都与 Pauli 矩阵相对应，即

$$\begin{cases} R_x(\pi) = \begin{pmatrix} 0 & -\mathrm{i} \\ -\mathrm{i} & 0 \end{pmatrix} = -\mathrm{i}X \\[3mm] R_y(\pi) = \begin{pmatrix} 0 & -1 \\ 1 & 0 \end{pmatrix} = XZ \\[3mm] R_z(\pi) = \begin{pmatrix} -\mathrm{i} & 0 \\ 0 & \mathrm{i} \end{pmatrix} = -\mathrm{i}Z \end{cases} \tag{4.1.23}$$

4.1.3　具体的旋转算子分解形式

下面给出 3 个例子展示单量子比特分解为旋转算子组合的形式。

1. z-y-z 分解

$$\begin{cases} H = \mathrm{e}^{\mathrm{i}\pi/2}R_y\left(\frac{\pi}{2}\right)R_z(\pi), \quad S = \mathrm{e}^{\mathrm{i}\pi/4}R_z\left(\frac{\pi}{2}\right), \quad T = \mathrm{e}^{\mathrm{i}\pi/8}R_z\left(\frac{\pi}{4}\right) \\ X = \mathrm{e}^{\mathrm{i}\pi/2}R_y(\pi)R_z(\pi), \quad Y = -\mathrm{i}\mathrm{e}^{\mathrm{i}\pi}R_y(\pi), \quad Z = \mathrm{e}^{\mathrm{i}\pi/2}R_z(\pi) \end{cases} \tag{4.1.24}$$

2. y-x-y 分解

$$
\begin{cases}
H = \mathrm{e}^{\mathrm{i}\pi} R_x(\pi) R_y\left(\dfrac{\pi}{2}\right) \\[2mm]
S = \mathrm{e}^{\mathrm{i}\pi/4} R_y\left(\dfrac{-\pi}{2}\right) R_x\left(\dfrac{\pi}{2}\right) R_y\left(\dfrac{\pi}{2}\right) \\[2mm]
Z = \mathrm{e}^{\mathrm{i}\pi/2} R_y\left(\dfrac{-\pi}{2}\right) R_x(\pi) R_y\left(\dfrac{\pi}{2}\right) \\[2mm]
T = \mathrm{e}^{\mathrm{i}\pi/8} R_y\left(\dfrac{-\pi}{2}\right) R_x\left(\dfrac{\pi}{4}\right) R_y\left(\dfrac{\pi}{2}\right) \\[2mm]
X = \mathrm{e}^{\mathrm{i}\pi/2} R_x(\pi), \quad Y = -\mathrm{i}\mathrm{e}^{\mathrm{i}\pi} R_y(\pi)
\end{cases}
\tag{4.1.25}
$$

3. z-x-z 分解

$$
\begin{cases}
H = \mathrm{e}^{\mathrm{i}\pi/2} R_z\left(\dfrac{\pi}{2}\right) R_x\left(\dfrac{\pi}{2}\right) R_z\left(\dfrac{\pi}{2}\right) \\[2mm]
S = \mathrm{e}^{\mathrm{i}\pi/4} R_z(\pi/2), \quad Z = \mathrm{e}^{\mathrm{i}\pi/2} R_z(\pi) \\[2mm]
T = \mathrm{e}^{\mathrm{i}\pi/8} R_z(\pi/4), \quad X = \mathrm{e}^{\mathrm{i}\pi/2} R_x(\pi) \\[2mm]
Y = -\mathrm{i} R_z\left(\dfrac{\pi}{2}\right) R_x(\pi) R_z(\pi)
\end{cases}
\tag{4.1.26}
$$

4.1.4　多量子比特门

1. 双量子比特门

受控非（CNOT）门线路如图 4.3 所示，该门有两个输入量子比特，分别是控制量子比特和目标量子比特。第 1 根线表示控制量子比特 $|A\rangle$，第 2 根线表示目标量子比特 $|B\rangle$。该线路的输出也为两量子比特，其中控制量子比特保持不变，即仍为 $|A\rangle$，而目标量子比特转换为 $|A \oplus B\rangle$。因此，受控非门的作用可以表示为 $|A\rangle|B\rangle \rightarrow |A\rangle|A \oplus B\rangle$，其中 $\oplus$ 为模 2 加法。也就是说，当控制量子比特为 0（$|0\rangle$）时，目标量子比特的状态保持不变；当控制量子比特为 1（$|1\rangle$）时，目标量子比特的状态将翻转。用方程式表示有 $|0\rangle|0\rangle \rightarrow |0\rangle|0\rangle$，$|0\rangle|1\rangle \rightarrow |0\rangle|1\rangle$，$|1\rangle|0\rangle \rightarrow |1\rangle|1\rangle$，$|1\rangle|1\rangle \rightarrow |1\rangle|0\rangle$。于是，CNOT 门可以用如下酉矩阵 U_{CN} 表示。

$$
U_{\mathrm{CN}} = \begin{pmatrix}
1 & 0 & 0 & 0 \\
0 & 1 & 0 & 0 \\
0 & 0 & 0 & 1 \\
0 & 0 & 1 & 0
\end{pmatrix}
\tag{4.1.27}
$$

例如，当输入状态为 $|1\rangle|0\rangle = |10\rangle$ 时，控制量子比特为 $|1\rangle$，目标量子比特为 $|0\rangle$，而状态 $|10\rangle$ 的向量表示为 $(\ 0,\ \ 0,\ \ 1,\ \ 0\ )^{\mathrm{T}}$，则状态 $|10\rangle$ 经过 CNOT 门后变为 $|11\rangle$。

$$
\begin{pmatrix}
1 & 0 & 0 & 0 \\
0 & 1 & 0 & 0 \\
0 & 0 & 0 & 1 \\
0 & 0 & 1 & 0
\end{pmatrix}
\begin{pmatrix}
0 \\ 0 \\ 1 \\ 0
\end{pmatrix}
=
\begin{pmatrix}
0 \\ 0 \\ 0 \\ 1
\end{pmatrix}
\tag{4.1.28}
$$

交换（SWAP）门如图 4.4 所示，其作用是将第 1 位量子比特和第 2 位量子比特的位置互换，即

$$|00\rangle \to |00\rangle,\ |01\rangle \to |10\rangle,\ |10\rangle \to |01\rangle,\ |11\rangle \to |11\rangle \qquad (4.1.29)$$

受控 Z（CZ）门如图 4.5 所示，其控制位和目标位的定义与 CNOT 门是相同的，即第 1 根线表示控制量子比特 $|A\rangle$，第 2 根线表示目标量子比特 $|B\rangle$，其中控制量子比特保持不变，即仍为 $|A\rangle$，当且仅当控制量子比特为 1 时，目标量子比特 $|B\rangle$ 作用一个 Pauli-Z 门，即

$$|00\rangle \to |00\rangle,\ |01\rangle \to |01\rangle,\ |10\rangle \to |10\rangle,\ |11\rangle \to -|11\rangle \qquad (4.1.30)$$

受控相位（CS）门如图 4.6 所示，其控制位和目标位的定义与 CNOT 门是相同的，具体作用如下。

$$|00\rangle \to |00\rangle,\ |01\rangle \to |01\rangle,\ |10\rangle \to |10\rangle,\ |11\rangle \to i|11\rangle \qquad (4.1.31)$$

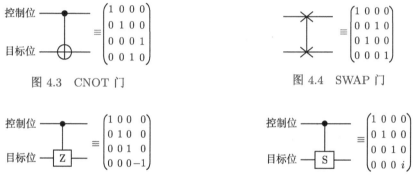

图 4.3　CNOT 门　　　　　　　　　图 4.4　SWAP 门

图 4.5　CZ 门　　　　　　　　　　图 4.6　CS 门

2. 三量子比特门

三量子比特门如图 4.7 所示，当且仅当第 1 位和第 2 位都处在量子态 $|1\rangle$ 时，才对第 3 位量子比特执行 U 操作。在三量子比特门中，常见的有 Toffoli 门（见图 4.8）和 Fredkin 门（见图 4.9）。

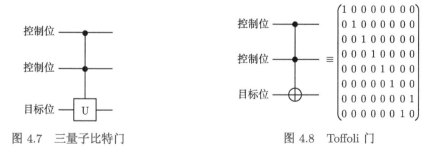

图 4.7　三量子比特门　　　　　　　图 4.8　Toffoli 门

Toffoli 门作用如下。

$$\begin{cases} |000\rangle \to |000\rangle,\quad |001\rangle \to |001\rangle,\quad |010\rangle \to |010\rangle,\quad |011\rangle \to |011\rangle \\ |100\rangle \to |100\rangle,\quad |101\rangle \to |101\rangle,\quad |110\rangle \to |111\rangle,\quad |111\rangle \to |110\rangle \end{cases} \qquad (4.1.32)$$

即 $|j\rangle|k\rangle|l\rangle \mapsto |j\rangle|k\rangle|l \oplus jk\rangle$。

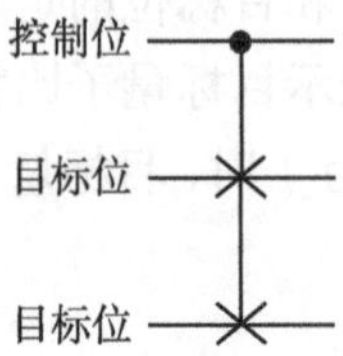

$$\begin{pmatrix} 1 & 0 & 0 & 0 & 0 & 0 & 0 & 0 \\ 0 & 1 & 0 & 0 & 0 & 0 & 0 & 0 \\ 0 & 0 & 1 & 0 & 0 & 0 & 0 & 0 \\ 0 & 0 & 0 & 1 & 0 & 0 & 0 & 0 \\ 0 & 0 & 0 & 0 & 1 & 0 & 0 & 0 \\ 0 & 0 & 0 & 0 & 0 & 0 & 1 & 0 \\ 0 & 0 & 0 & 0 & 0 & 1 & 0 & 0 \\ 0 & 0 & 0 & 0 & 0 & 0 & 0 & 1 \end{pmatrix}$$

图 4.9 Fredkin 门

Fredkin 门的作用如下

$$\begin{cases} |000\rangle \to |000\rangle, & |001\rangle \to |001\rangle, & |010\rangle \to |010\rangle, & |011\rangle \to |011\rangle \\ |100\rangle \to |100\rangle, & |101\rangle \to |110\rangle, & |110\rangle \to |101\rangle, & |111\rangle \to |111\rangle \end{cases} \tag{4.1.33}$$

即 $|j\rangle|k\rangle|l\rangle \mapsto |j\rangle|k \oplus j(k \oplus l)\rangle|l \oplus j(l \oplus k)\rangle$。

4.1.5 通用量子门

定义 4.1 设 U 是希望实现的目标酉算子, V 是实际实现的一个酉算子, 则当 V 实现 U 时的误差为

$$E(U, V) = \max_{|\varphi\rangle} \|(U - V)|\varphi\rangle\| \tag{4.1.34}$$

其中, 最大运算取遍状态空间上的所有归一化量子状态 $|\varphi\rangle$。

一组门称为对量子计算是通用的, 用这组门的量子线路可以以任意精度近似任意的酉运算。

定理 4.2 两级酉门是通用的。

证明 两级酉矩阵 (即酉门) 是指至少有一行只有对角元为 1, 其他元为 0 的矩阵。先从任意的 3×3 的酉矩阵 U 开始, 其中

$$U = \begin{pmatrix} a & d & g \\ b & e & h \\ c & f & j \end{pmatrix} \tag{4.1.35}$$

目的是找出两级酉矩阵 U_1, U_2, U_3, 使得 $U_3 U_2 U_1 U = I$, 即 $U = U_1^\dagger U_2^\dagger U_3^\dagger$。

构造 U_1 的关键点是使 $b = 0$。若 $b = 0$, 则

$$U_1 = \begin{pmatrix} 1 & 0 & 0 \\ 0 & 1 & 0 \\ 0 & 0 & 1 \end{pmatrix} \tag{4.1.36}$$

若 $b \neq 0$, 则置

$$U_1 = \begin{pmatrix} \dfrac{a^*}{\sqrt{|a|^2 + |b|^2}} & \dfrac{b^*}{\sqrt{|a|^2 + |b|^2}} & 0 \\ \dfrac{b}{\sqrt{|a|^2 + |b|^2}} & \dfrac{-a}{\sqrt{|a|^2 + |b|^2}} & 0 \\ 0 & 0 & 1 \end{pmatrix} \tag{4.1.37}$$

故

$$U_1 U = \begin{pmatrix} a' & d' & g' \\ 0 & e' & h' \\ c' & f' & j' \end{pmatrix} \tag{4.1.38}$$

构造 U_2 的关键点是使 $U_2 U_1 U$ 左下角的项为 0。若 $c' = 0$，则置

$$U_2 = \begin{pmatrix} a'^* & 0 & 0 \\ 0 & 1 & 0 \\ 0 & 0 & 1 \end{pmatrix} \tag{4.1.39}$$

若 $c' \neq 0$，则置

$$U_2 = \begin{pmatrix} \dfrac{a'^*}{\sqrt{|a'|^2 + |c'|^2}} & 0 & \dfrac{c'^*}{\sqrt{|a'|^2 + |c'|^2}} \\ 0 & 1 & 0 \\ \dfrac{c'}{\sqrt{|a'|^2 + |c'|^2}} & 0 & \dfrac{-a'}{\sqrt{|a'|^2 + |c'|^2}} \end{pmatrix} \tag{4.1.40}$$

故

$$U_2 U_1 U = \begin{pmatrix} 1 & d'' & g'' \\ 0 & e'' & h'' \\ 0 & f'' & j'' \end{pmatrix} = \begin{pmatrix} 1 & 0 & 0 \\ 0 & e'' & h'' \\ 0 & f'' & j'' \end{pmatrix} \tag{4.1.41}$$

因为 $U_2 U_1 U$ 是酉矩阵，它的第 1 行的模必须为 1，所以 $d'' = 0$，$g'' = 0$。

最后，把 U_3 置为

$$U_3 = \begin{pmatrix} 1 & 0 & 0 \\ 0 & e''^* & f''^* \\ 0 & h''^* & j''^* \end{pmatrix} \tag{4.1.42}$$

容易验证 $U_3 U_2 U_1 U = I$，$U = U_1^\dagger U_2^\dagger U_3^\dagger$。

将上述过程推广到一般情形，对于 $d \times d$ 的任意酉矩阵，类似于 $U_{3\times3}$，找到两级酉矩阵 $U_1, U_2, \cdots, U_{d-1}$，使 $U_{d-1} \cdots U_1 U$ 的左上角为 1，第 1 行和第 1 列的其他元素为 0，接着对 $U_{d-1} \cdots U_1 U$ 右下角的 $(d-1) \times (d-1)$ 子酉阵重复这个过程，以此类推，最后可把 $d \times d$ 酉矩阵写成 $U = V_1 V_2 \cdots V_k$ 在这个过程中最多分解了 $(d-1) + (d-2) + \cdots + 1 = \dfrac{d(d-1)}{2}$ 个两级酉矩阵，则 $k \leqslant \dfrac{d(d-1)}{2}$。

定理 4.3 单量子比特门和受控非门是通用的。

证明 设 U 是一个 n 量子比特计算机上的两级酉矩阵，U 在计算基态 $|s\rangle$ 和 $|t\rangle$ 上的作用是不平凡的，即 $U|s\rangle \neq |s\rangle$，其中，$s = s_1 s_2 \cdots s_n$，$t = t_1 t_2 \cdots t_n$ 是 s 和 t 的二进制展开式，令 $\tilde{U}$ 是 U 的一个 2×2 的不平凡酉矩阵。

为了实现这个证明，需要用到 Gray 码，即设有两个不同的二进制数 s 和 t，连接 s 和 t 的一个 Gray 码是以 s 开头 t 结束的一组二进制数 $g_1, g_2, \cdots, g_m$，使得相邻的数恰有 1 位不同，其中 $g_1 = s$，$g_m = t$，g_1 到 g_m 是连接 s 和 t 的 Gray 码的元，$m \leqslant n+1$，其中，m 表示 Gray 码元的个数，n 表示 s 和 t 不同的位的个数。例如 $s = 110101$，$t = 101100$，$n = 3$，则连接 s 和 t 的 Gray 码为

$$g_1 : 110101, \quad g_2 : 110100, \quad g_3 : 111100, \quad g_4 : 101100 \tag{4.1.43}$$

量子线路实现 U 的基本思想是通过一系列的门实现状态的变换，即

$$|g_1\rangle \to |g_2\rangle \to \cdots \to |g_{m-1}\rangle \tag{4.1.44}$$

然后进行受控 $\tilde{U}$ 门运算，目标量子比特处在 g_{m-1} 和 g_m 不同的那一位，接着还原第一阶段的运算，进行变换

$$|g_{m-1}\rangle \to |g_{m-2}\rangle \to \cdots \to |g_1\rangle \tag{4.1.45}$$

结果实现了 U。

例如，用单量子比特门和受控非门组成的量子线路实现变换

$$U = \begin{pmatrix} 1 & 0 & 0 & 0 & 0 & 0 & 0 & 0 \\ 0 & 1 & 0 & 0 & 0 & 0 & 0 & 0 \\ 0 & 0 & a & 0 & 0 & 0 & 0 & c \\ 0 & 0 & 0 & 1 & 0 & 0 & 0 & 0 \\ 0 & 0 & 0 & 0 & 1 & 0 & 0 & 0 \\ 0 & 0 & 0 & 0 & 0 & 1 & 0 & 0 \\ 0 & 0 & 0 & 0 & 0 & 0 & 1 & 0 \\ 0 & 0 & b & 0 & 0 & 0 & 0 & d \end{pmatrix}$$

其中，a, b, c 和 d 是使得 $\tilde{U} = \begin{pmatrix} a & c \\ b & d \end{pmatrix}$ 为酉矩阵的任意复数。

注意：U 在 $|010\rangle$ 和 $|111\rangle$ 的作用是不平凡的，连接 010 和 111 的 Gray 码为

$$g_1 : 010, \quad g_2 : 011, \quad g_3 : 111 \tag{4.1.46}$$

故其线路表示为图 4.10。

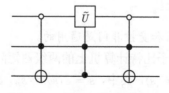

图 4.10 实现 U 的线路表示

因为

$$\tilde{U}|0\rangle = \begin{pmatrix} a & c \\ b & d \end{pmatrix} \begin{pmatrix} 1 \\ 0 \end{pmatrix} = a|0\rangle + b|1\rangle \tag{4.1.47}$$

$$\tilde{U}|1\rangle = \begin{pmatrix} a & c \\ b & d \end{pmatrix} \begin{pmatrix} 0 \\ 1 \end{pmatrix} = c|0\rangle + d|1\rangle \tag{4.1.48}$$

当在线路上输入 $|g_1\rangle = |010\rangle$ 时，第 3 量子比特翻转，量子的状态转变为 $|011\rangle$，$|011\rangle$ 再以第 2 和第 3 量子比特作为控制量子比特，第 1 量子比特作为目标量子比特，把 $\tilde{U}$ 作用到第 1 量子比特，故第 1 量子比特转变为 $a|0\rangle + b|1\rangle$，因此量子比特的状态转变为

$$(a|0\rangle + b|1\rangle) \otimes |11\rangle = a|011\rangle + b|111\rangle \tag{4.1.49}$$

$a|011\rangle + b|111\rangle$ 再经过受控非门后，状态转变为 $a|010\rangle + b|111\rangle$，即为 $U|010\rangle$。

当输入为 $|111\rangle$ 时，$\tilde{U}$ 作用到第 1 量子比特状态，故第 1 量子比特转变为 $c|0\rangle + d|1\rangle$，因此量子比特的状态转变为

$$c|011\rangle + d|111\rangle \tag{4.1.50}$$

再经过一个受控非门后，量子状态转变为 $c|010\rangle + d|111\rangle$，即为 $U|111\rangle$。

定理 4.4　对于给定的任意单量子比特酉算子 U 和任意 $\varepsilon > 0$，可用由 Hadamard 门和 $\dfrac{\pi}{8}$ 门组成的量子线路在 ε 范围内近似。

证明　因为 $\dfrac{\pi}{8}$ 门除了一个全局相位外，有 $T = R_z\left(\dfrac{\pi}{4}\right)$，$HTH = R_x\left(\dfrac{\pi}{4}\right)$，故

$$\begin{aligned}
T \cdot (HTH) &= \exp\left(-\frac{\mathrm{i}\pi}{8}Z\right) \cdot \exp\left(-\frac{\mathrm{i}\pi}{8}X\right) \\
&= \left(\cos\frac{\pi}{8}I - \mathrm{i}\sin\frac{\pi}{8}Z\right)\left(\cos\frac{\pi}{8}I - \mathrm{i}\sin\frac{\pi}{8}X\right) \\
&= \cos^2\frac{\pi}{8}I - \mathrm{i}\sin\frac{\pi}{8}\left(\cos\frac{\pi}{8}X + \sin\frac{\pi}{8}Y + \cos\frac{\pi}{8}Z\right)
\end{aligned} \tag{4.1.51}$$

这是单位向量 $\hat{n}$ 绕 Bloch 球面转过 θ 角的一个旋转，其中 $\hat{n}$ 与 $n = \left(\cos\dfrac{\pi}{8}, \sin\dfrac{\pi}{8}, \cos\dfrac{\pi\mathrm{i}}{8}\right)$ 对应，θ 由 $\cos\dfrac{\theta}{2} \equiv \cos^2\dfrac{\pi}{8}$ 定义，即仅利用 Hadamard 门和 $\dfrac{\pi}{8}$ 门可以构造出 $R_{\hat{n}}(\theta)$，其中，θ 是 2π 的无理倍数。

下面证明反复迭代 $R_{\hat{n}}(\theta)$ 可以任意精度地近似任意旋转 $R_{\hat{n}}(\alpha)$。

第一步：令 $\delta > 0$ 是希望的精度，N 是比 $\dfrac{2\pi}{\delta}$ 大的整数。

第二步：定义 θ_k，$\theta_k = (k\theta) \bmod 2\pi, \theta_k \in [0, 2\pi)$。

第三步：由抽屉原理（抽屉原理：$n+1$ 件物品放进 n 个抽屉，至少有一个抽屉有 2 个或 2 个以上的物品），在 $1 \sim N$ 范围内存在不同的 j 和 k，使得 $|\theta_k - \theta_j| < \delta$。

第四步：不失一般性，假设 $j < k$，有 $|\theta_{k-j}| < \delta$，$j \neq k$，$|\theta_{k-j}| \neq 0$。

第五步：当 l 变化时，$\theta_{l(k-j)}$ 可填满区间 $[0, 2\pi)$，证明如下。

因为

$$|\theta_{k-j}| = |\theta_k - \theta_j| = (k\theta - j\theta) \bmod 2\pi = (k-j)\theta \bmod 2\pi \tag{4.1.52}$$

$$\theta_{l(k-j)} = |\theta_{kl} - \theta_{jl}| = (kl\theta - jl\theta) \bmod 2\pi = l(k-j)\theta \bmod 2\pi \tag{4.1.53}$$

又

$$\begin{aligned} a &= b \bmod m \\ c &= kb \bmod m \end{aligned} \Rightarrow c = ka \bmod m \tag{4.1.54}$$

得

$$\theta_{l(k-j)} = l|\theta_{k-j}| \bmod 2\pi \tag{4.1.55}$$

因为 $|\theta_{k-j}| < \delta$，所以当 l 变化时，$l|\theta_{k-j}|$ 无限逼近于 2π，但是 $l|\theta_{k-j}| < 2\pi$。存在一个整数 m 使得 $m|\theta_{k-j}|$ 逼近 2π，故产生这样一个序列 $\{0, |\theta_{k-j}|, 2|\theta_{k-j}|, \cdots, m|\theta_{k-j}|\}$ 且序列中相邻数的距离不超过 δ，因此当 $\alpha \in [0, 2\pi)$ 时，任意 $\varepsilon > 0$ 必存在 n，使得 $|\theta_n - \alpha| < \delta$，有

$$E\left(R_{\hat{n}}(\alpha), R_{\hat{n}}(\theta)^n\right) < \frac{\varepsilon}{3} \tag{4.1.56}$$

事实上，可以通过证明对于任意的 α 和 β，有

$$E\left(R_{\hat{n}}(\alpha), R_{\hat{n}}(\alpha + \beta)\right) = \left|1 - \exp\left(\frac{\mathrm{i}\beta}{2}\right)\right| \tag{4.1.57}$$

证明必存在 n，使得 $|\theta_n - \alpha| < \delta$，有

$$E\left(R_{\hat{n}}(\alpha), R_{\hat{n}}(\theta)^n\right) < \frac{\varepsilon}{3} \tag{4.1.58}$$

下面证明对任意的 α 和 β，有

$$E\left(R_{\hat{n}}(\alpha), R_{\hat{n}}(\alpha + \beta)\right) = \left|1 - \exp\left(\frac{\mathrm{i}\beta}{2}\right)\right| \tag{4.1.59}$$

因为

$$R_{\hat{n}}(\alpha) = \cos\frac{\alpha}{2} I - \mathrm{i}\sin\frac{\alpha}{2}(\hat{n} \cdot \sigma) \tag{4.1.60}$$

$$R_{\hat{n}}(\alpha + \beta) = \cos\frac{\alpha + \beta}{2} I - \mathrm{i}\sin\frac{\alpha + \beta}{2}(\hat{n} \cdot \sigma) \tag{4.1.61}$$

$$\begin{aligned} E(U, V) &= \|(U - V)|\varphi\rangle\| \\ &= \sqrt{\langle\varphi|(U - V)^{\dagger}(U - V)|\varphi\rangle} \\ &= \sqrt{\langle\varphi|(U - V)^{\dagger}U|\varphi\rangle - \langle\varphi|U^{\dagger}V|\varphi\rangle + \langle\varphi|\varphi\rangle} \\ &= \sqrt{2 - \langle\varphi|(V^{\dagger}U + U^{\dagger}V)|\varphi\rangle} \end{aligned} \tag{4.1.62}$$

将

$$U = R_{\hat{n}}(\alpha) = \cos\frac{\alpha}{2} I - \mathrm{i}\sin\frac{\alpha}{2}(\hat{n} \cdot \sigma) \tag{4.1.63}$$

$$V = R_{\hat{n}}(\alpha + \beta) = \cos\frac{\alpha + \beta}{2}I - \mathrm{i}\sin\frac{\alpha + \beta}{2}(\hat{n} \cdot \sigma) \tag{4.1.64}$$

代入 $V^\dagger U + U^\dagger V$, 得 $V^\dagger U + U^\dagger V = 2\cos\left(\dfrac{\alpha + \beta}{2} - \dfrac{\alpha}{2}\right)I = 2\cos\dfrac{\beta}{2}I$, 则

$$E(U, V) = \sqrt{2 - \langle\varphi\,|(V^\dagger U + U^\dagger V)|\,\varphi\rangle} = \sqrt{2 - 2\cos\frac{\beta}{2}} = \left|1 - \exp\frac{\mathrm{i}\beta}{2}\right| \tag{4.1.65}$$

又当 $|\theta_n - \alpha| < \delta$ 时,

$$E\left(R_{\hat{n}}(\alpha), R_{\hat{n}}(\theta)^n\right) = E\left(R_{\hat{n}}(\alpha), R_{\hat{n}}(\theta_n)\right)$$
$$= E\left(R_{\hat{n}}(\alpha), R_{\hat{n}}(\alpha + \theta_n - \alpha)\right) = \left|1 - \exp\left(\frac{\theta_n - \alpha}{2}\mathrm{i}\right)\right| < \frac{\varepsilon}{3} \tag{4.1.66}$$

对于任意的 α, 有 $HR_{\hat{n}}(\alpha)H = R_{\hat{m}}(\alpha)$, 其中 $\hat{m}$ 是 $\left(\cos\dfrac{\pi}{8}, -\sin\dfrac{\pi}{8}, \cos\dfrac{\pi}{8}\right)$ 方向上的单位向量, 因此

$$E\left(R_{\hat{m}}(\alpha), R_{\hat{m}}(\theta)^n\right) < \frac{\varepsilon}{3} \tag{4.1.67}$$

除了一个不要紧的全局相位以外, 单量子比特上的任意酉运算 U 可以表示为

$$U = R_{\hat{n}}(\beta)R_{\hat{m}}(\gamma)R_{\hat{n}}(\delta) \tag{4.1.68}$$

故存在 n_1, n_2, n_3 使得

$$E\left(U, R_{\hat{n}}(\theta)^{n_1}HR_{\hat{n}}(\theta)^{n_2}HR_{\hat{n}}(\theta)^{n_3}\right) < \varepsilon \tag{4.1.69}$$

因此, 对于给定的任意单量子比特酉算子 U 和任意的 $\varepsilon > 0$, 可以用一个只由 Hadamard 门和 $\dfrac{\pi}{8}$ 门组成的量子线路在 ε 范围内近似。

定理 4.5 Hadamard 门 + 相位门 + $\dfrac{\pi}{8}$ 门 + 受控非门是一组通用量子门。

证明 由上述定理 4.2~ 定理 4.4 可证得定理 4.5 成立。

4.2 其他量子计算模型

4.2.1 量子隐形传态

假设 Alice 和 Bob 在很久之前相遇了, 但现在住得很远很远, 而他们相遇时共享了一个 EPR 对, 在他们离别时, 分别带走了 EPR 对中的一个量子比特。多年以后, Bob 躲了起来。设想 Alice 要执行一项任务: 向 Bob 发送一个量子比特, 但是她不知道该量子比特的状态, 而且只能给 Bob 发送经典信息。利用量子隐形传态可以完成这个任务(如图 4.11 所示), 这其实利用的是量子的纠缠特性, 也就是爱因斯坦所说的"幽灵般的远距效应"。

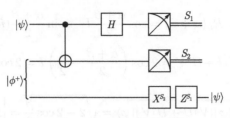

图 4.11　量子隐形传态

假设 Alice 想要传递的量子比特为 $|\psi\rangle = \alpha|0\rangle + \beta|1\rangle$，其中 α 和 β 是未知幅度，且满足 $|\alpha|^2 + |\beta|^2 = 1$。假设输入线路的状态为 $|\psi\rangle_0$，

$$|\psi\rangle_0 = |\psi\rangle \otimes |\phi^+\rangle = \frac{1}{\sqrt{2}}[\alpha|0\rangle(|00\rangle + |11\rangle) + \beta|1\rangle(|00\rangle + |11\rangle)] \tag{4.2.1}$$

约定前两量子比特属于 Alice，第 3 量子比特属于 Bob。Alice 的第 2 量子比特和 Bob 的量子比特属于同一个 Bell 态。Alice 的两量子比特经过受控非门，得到

$$|\psi\rangle_1 = \frac{1}{\sqrt{2}}[\alpha|0\rangle(|00\rangle + |11\rangle) + \beta|1\rangle(|10\rangle + |01\rangle)] \tag{4.2.2}$$

接着 Alice 的第 1 量子比特经过 Hadamard 门，

$$|\psi\rangle_2 = \frac{1}{2}[\alpha(|0\rangle + |1\rangle)(|00\rangle + |11\rangle) + \beta(|0\rangle - |1\rangle)(|10\rangle + |01\rangle)] \tag{4.2.3}$$

经过整理可以得到

$$|\psi\rangle_2 = \frac{1}{2}[|00\rangle(\alpha|0\rangle + \beta|1\rangle) + |01\rangle(\alpha|1\rangle + \beta|0\rangle) + |10\rangle(\alpha|0\rangle - \beta|1\rangle) + |11\rangle(\alpha|1\rangle - \beta|0\rangle)]$$

$$\tag{4.2.4}$$

根据这个式子，当 Alice 的测量结果在给定的条件下时，Alice 可以知道 Bob 的测后态。

（1）如果 Alice 的测量结果是 00，则 Bob 得到量子态 $\alpha|0\rangle + \beta|1\rangle$。

（2）如果 Alice 的测量结果是 01，则 Bob 得到量子态 $\alpha|1\rangle + \beta|0\rangle$，Bob 执行 X 门操作后得到 $|\psi\rangle$。

（3）如果 Alice 的测量结果是 10，则 Bob 得到量子态 $\alpha|0\rangle - \beta|1\rangle$，Bob 执行 Z 门操作后得到 $|\psi\rangle$。

（4）如果 Alice 的测量结果是 11，则 Bob 得到量子态 $\alpha|1\rangle - \beta|0\rangle$，Bob 先执行 X 门再执行 Z 门操作后得到 $|\psi\rangle$。

接下来，讨论量子隐形传态的扩展——传递量子门。假设 Alice 是发送方，Bob 是接收方，Alice 要传送量子比特 $|\psi\rangle$ 给 Bob，但是传送过程中产生的输出与输入不完全相同，即输出为 $U|\psi\rangle$，其中 $U \in F$，$F = \{X, Z, Y, S, H, \text{CNOT}\}$。例如，当传送单量子比特 $|\varphi\rangle$ 时，在一定的非平凡的二阶酉矩阵 U 下，使其精确生成 $U|\varphi\rangle$，即输出是输入变换后的状态。相应的量子线路如图 4.12 所示，其中，BM 代表 Bell 基测量，测量后得到相应的经典比特结果为 $xy \in \{00, 01, 10, 11\}$。为简单起见，定义单量子比特 Pauli 算子 R_{xy} 为：当

$xy = 00$ 时，$R_{00} = I$；当 $xy = 01$ 时，$R_{01} = Z$；当 $xy = 10$ 时，$R_{10} = X$；当 $xy = 11$ 时，$R_{11} = XZ$。

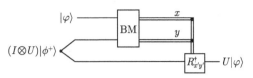

图 4.12　实现单量子比特门的量子隐形传态

在量子计算中，H 门是一个重要的基本操作，但是不能利用 Pauli 算子 X、Y 和 Z 构造 H 门。事实证明，H 门可以通过传送实现。假设 Alice 想要把状态 $H|\varphi\rangle$ 传送给 Bob。因此，把 $(I \otimes H)|\phi^+\rangle$ 作为输入纠缠态，$I \otimes H$ 表示对纠缠态的第 1 量子比特做单位操作，并且在第 2 量子比特上执行 H 门，其中第 2 量子比特属于 Bob。在执行完测量后，输出状态 $HR_{xy}|\varphi\rangle$。而 Bob 真正想要的状态是 $H|\varphi\rangle$，但是在传送的过程中产生了误差，也就是 Pauli 算子 R_{xy}。由于 H 门和 Pauli 算子之间的关系是 $HX = ZH$，因此可以得到 $HR_{xy} = R_{x'y'}H$，接着，Bob 对所接收到的量子比特执行 Pauli 算子 $R_{x'y'}^\dagger$ 进行校正，得到 $H|\varphi\rangle$。

在量子计算中，另外一个很重要的基本操作是 CNOT 门。当 U 为双量子比特门 CNOT 门时，可以用图 4.13 所示的线路通过一个 CNOT 门传送一个状态。$|\chi\rangle$ 表示输入状态 $[(|00\rangle + |11\rangle)|00\rangle + (|01\rangle + |10\rangle)|11\rangle]/2$，输出状态为 $|out\rangle = \text{CNOT}|\varphi\rangle_2|\varphi\rangle_1$，其中，$|\varphi\rangle_2$ 为控制位，$|\varphi\rangle_1$ 为目标位，量子线路的正确性可以直接计算得到。

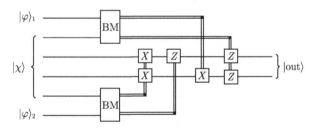

图 4.13　通过 CNOT 门传送双量子比特的量子线路

执行方案所使用的特殊状态 $|\chi\rangle$ 可以由在两个 Bell 态 $|\phi^+\rangle$ 上执行 CNOT 门或者通过两个 GHZ 态 $|\gamma\rangle = (|000\rangle + |111\rangle)/\sqrt{2}$ 得到，如图 4.14 所示。把图 4.13 和图 4.14 结合起来，可以看到两个输入量子比特通过 CNOT 门被传送，即只使用经典控制的单量子比特操作、预先的纠缠和 Bell 基测量就能实现 CNOT 门。现在的校正需要 4 经典比特，而不是 2 经典比特。根据图 4.13，执行完测量后，Bob 所接收到的状态为 $\text{CNOT}(R_{x_2y_2} \otimes R_{x_1y_1})|\varphi\rangle_2|\varphi\rangle_1$。类似 H 门，CNOT 门和 Pauli 算子也有类似的关系，即 $\text{CNOT}(R_{x_2y_2} \otimes R_{x_1y_1}) = (R_{x_2'y_2'} \otimes R_{x_1'y_1'})\text{CNOT}$。因此，Bob 可以在 $\text{CNOT}(R_{x_2y_2} \otimes R_{x_1y_1})|\varphi\rangle_2|\varphi\rangle_1$ 上执行 Pauli 算子进行校正，得到 $\text{CNOT}|\varphi\rangle_2|\varphi\rangle_1$。

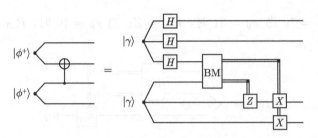

图 4.14　生成 $|\chi\rangle$ 的量子线路

4.2.2　单向量子计算模型

本节介绍另一个基于测量的量子计算模型，这个模型称为单向量子计算模型（One-way Quantum Computation，1WQC）。在这个模型中，量子计算所需要的全部资源是一个特别的纠缠态——簇态（cluster states），将信息写进这个簇态中，通过一系列量子比特的测量进行计算，最后通过测量读取结果。在计算的过程中，经过每次单量子比特测量后，簇态的纠缠性都会被破坏，因此这个簇态只能被用作一次运算，任意量子门可以在一个簇态上通过一系列的单量子位测量而实现，这种计算模型称为单向量子计算模型。

在单向量子计算模型中，测量基有 $M_Z=\{|0\rangle,|1\rangle\}$ 和 $M(\theta)=\left\{\dfrac{|0\rangle+\mathrm{e}^{\mathrm{i}\theta}|1\rangle}{\sqrt{2}},\dfrac{|0\rangle-\mathrm{e}^{\mathrm{i}\theta}|1\rangle}{\sqrt{2}}\right\}$。当 $\theta=0$ 时，$M(0)=\left\{\dfrac{|0\rangle+|1\rangle}{\sqrt{2}},\dfrac{|0\rangle-|1\rangle}{\sqrt{2}}\right\}$，以 $M(0)$ 为基的测量称为 X 测量；当 $\theta=\pm\dfrac{\pi}{2}$ 时，$M\left(\pm\dfrac{\pi}{2}\right)=\left\{\dfrac{|0\rangle+\mathrm{i}|1\rangle}{\sqrt{2}},\dfrac{|0\rangle-\mathrm{i}|1\rangle}{\sqrt{2}}\right\}$，以 $M\left(\pm\dfrac{\pi}{2}\right)$ 为基的测量称为 Y 测量；以 M_Z 为基的测量称为 Z 测量；以 $M(\theta)=\left\{\dfrac{|0\rangle+\mathrm{e}^{\mathrm{i}\theta}|1\rangle}{\sqrt{2}},\dfrac{|0\rangle-\mathrm{e}^{\mathrm{i}\theta}|1\rangle}{\sqrt{2}}\right\}$ 为基的测量称为 $M(\theta)$ 测量。簇态 $|\phi\rangle_C$ 作为基态，其中 $|\phi\rangle_C$ 表示由 C 个量子比特组成的簇态，利用它进行一系列以 $M(\theta)$ 为基的单量子位测量进行通用量子计算。

下面介绍簇态，任意一个 n 结点的图都可以定义一个 n 量子比特的簇态，图的每一个结点对应一个相应的量子比特，图中任意相连的结点之间作用一个量子门就可以得到相应的簇态。图 4.15 表示一个 6 量子比特的二维簇态，图中的 6 个结点的状态均为 $|+\rangle$ 态，相邻两个结点之间的连线表示作用一个受控 Z 门。

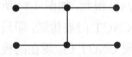

图 4.15　6 量子比特的二维簇态

在 1WQC 计算模型中，要想实现单量子比特门，只需要在一维的簇态上进行测量就可以实现。图 4.16 表示的是 5 量子比特组成的簇态，对前 4 量子比特进行以 $M(\theta)$ 为基的测量就可以实现任意一个单量子比特门。假设第 1 量子比特处于 $|\varphi\rangle=a|0\rangle+b|1\rangle$ 态，

其余量子比特处于 $|+\rangle$ 态，经过 4 次测量后，第 5 个量子比特的状态为

$$PU|\varphi\rangle \tag{4.2.5}$$

其中，U 是我们要实现的单量子酉门，P 是 Pauli 算子，其值由前 4 次测量结果决定。下面证明对于状态 $|\varphi\rangle|+\rangle|+\rangle|+\rangle|+\rangle$，第 i 与第 $i+1(i \leqslant 4)$ 量子比特执行 CZ 门产生纠缠，然后用合适的测量基 $M(\theta)$ 对第 i 个量子比特进行测量，就可以实现一个单量子比特门 U。

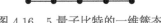

图 4.16　5 量子比特的一维簇态

首先，假设在两量子比特的簇态上进行单个 $M(\theta)$ 测量，量子线路如图 4.17 所示。

图 4.17　对两量子比特的簇态进行 $M(\theta)$ 测量

初始输入状态为 $|\varphi\rangle|+\rangle$，即

$$|\varphi\rangle|+\rangle = (a|0\rangle + b|1\rangle)\left(\frac{|0\rangle + |1\rangle}{\sqrt{2}}\right) = \frac{1}{\sqrt{2}}(a|00\rangle + a|01\rangle + b|10\rangle + b|11\rangle) \tag{4.2.6}$$

再在状态 $|\varphi\rangle$ 和 $|+\rangle$ 之间作用一个受控 Z 门，得到状态

$$CZ|\varphi\rangle|+\rangle = \frac{1}{\sqrt{2}}(a|00\rangle + a|01\rangle + b|10\rangle - b|11\rangle) \tag{4.2.7}$$

这个状态等价于

$$(|0\rangle + \mathrm{e}^{\mathrm{i}\theta}|1\rangle) \otimes W(-\theta)|\varphi\rangle + (|0\rangle - \mathrm{e}^{\mathrm{i}\theta}|1\rangle) \otimes XW(-\theta)|\varphi\rangle \tag{4.2.8}$$

其中，

$$W(\theta) = \frac{1}{\sqrt{2}}\begin{pmatrix} 1 & \mathrm{e}^{\mathrm{i}\theta} \\ 1 & -\mathrm{e}^{\mathrm{i}\theta} \end{pmatrix} = HP(\theta), \ P(\theta) = \begin{pmatrix} 1 & 0 \\ 0 & \mathrm{e}^{\mathrm{i}\theta} \end{pmatrix} \tag{4.2.9}$$

$$R_z(\theta) = \begin{pmatrix} \exp\left(-\dfrac{\mathrm{i}\theta}{2}\right) & 0 \\ 0 & \exp\left(\dfrac{\mathrm{i}\theta}{2}\right) \end{pmatrix} = \exp\left(-\dfrac{\mathrm{i}\theta}{2}\right)\begin{pmatrix} 1 & 0 \\ 0 & e^{\mathrm{i}\theta} \end{pmatrix} = \exp\left(-\dfrac{\mathrm{i}\theta}{2}\right)P(\theta) \tag{4.2.10}$$

再对第 1 量子比特进行 $M(\theta)$ 测量，得到结果为 $s_1 \in \{0,1\}$，其中测量结果为 $\frac{1}{\sqrt{2}}(|0\rangle + \mathrm{e}^{\mathrm{i}\theta}|1\rangle)$ 时，$s_1 = 0$；测量结果为 $\frac{1}{\sqrt{2}}(|0\rangle - \mathrm{e}^{\mathrm{i}\theta}|1\rangle)$ 时，$s_1 = 1$），则第 2 量子比特的状态为 $X^{s_1}W(-\theta)|\varphi\rangle$。

接下来，假定在 3 量子比特的簇态上进行 $M(0)$ 测量，即 X 测量，相应的量子线路如图 4.18 所示。因为受控 Z 门是对易的，这两个 X 测量可以同时进行，具体步骤如下。

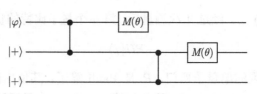

图 4.18   对 3 量子比特的簇态进行 $M(\theta)$ 测量

第一步：初始输入状态为 $|\varphi\rangle|+\rangle|+\rangle = (a|0\rangle + b|1\rangle)\dfrac{|0\rangle + |1\rangle}{\sqrt{2}}\dfrac{|0\rangle + |1\rangle}{\sqrt{2}}$，即

$$|\varphi\rangle|+\rangle|+\rangle = \frac{1}{2}(a|000\rangle + a|001\rangle + a|010\rangle + a|011\rangle + b|100\rangle + b|101\rangle + b|110\rangle + b|111\rangle)$$

(4.2.11)

第二步：在 $|\varphi\rangle|+\rangle|+\rangle$ 的第 1 量子比特和第 2 量子比特之间作用一个受控 Z 门，得到状态

$$CZ_{12}|\varphi\rangle|+\rangle|+\rangle = \frac{1}{2}(a|000\rangle + a|001\rangle + a|010\rangle + a|011\rangle + b|100\rangle + b|101\rangle - b|110\rangle - b|111\rangle)$$

(4.2.12)

第三步：在 $CZ_{12}|\varphi\rangle|+\rangle|+\rangle$ 的第 2 量子比特和第 3 量子比特之间作用一个受控 Z 门，得到状态

$$CZ_{23}CZ_{12}|\varphi\rangle|+\rangle|+\rangle = \frac{1}{2}(a|000\rangle + a|001\rangle + a|010\rangle - a|011\rangle + b|100\rangle + b|101\rangle - b|110\rangle + b|111\rangle)$$

(4.2.13)

第四步：对第 1 和第 2 量子比特进行 X 测量，第 1 和第 2 量子比特的测量结果分别为 s_1 和 s_2，其中 $s_1, s_2 \in \{0, 1\}$，第 3 量子比特的状态为

$$X^{s_2}Z^{s_1}|\varphi\rangle$$

(4.2.14)

定理 4.6   对一个一维的 k 量子比特组成的簇态进行 $k-1$ 次单量子位测量，等价于先用受控 Z 门作用在第 i 与第 $i+1(i \leqslant k-1)$ 量子比特，然后对第 i 量子比特进行测量。

证明   在第 i 量子比特上进行测量等价于一个矩阵作用在相应的量子比特上，设测量相应的矩阵为 A_i，A_i 表示测量运算作用在第 i 量子比特上。如果使 $|\varphi\rangle$ 和第 $k-1$ 量子态 $|+\rangle$ 纠缠成一个簇态，则相当于量子门

$$U_a = \prod_{i=2}^{k-1}(I_1 \otimes \cdots I_{i-1} \otimes CZ_{i,i+1} \otimes \cdots I_k)(CZ_{1,2} \otimes I_3 \otimes \cdots I_k)$$

(4.2.15)

作用在量子态 $|\varphi\rangle \otimes |+\rangle^{\otimes_{i=1}^{k-1}}$ 上。对第 i 量子比特进行测量，等价于量子门 $I_1 \otimes \cdots I_{i-1} \otimes A_i \otimes I_{i+1} \otimes \cdots I_k$ 作用在纠缠态上，所以对前 $k-1$ 量子比特的测量等价于在纠缠态上执行量子门

$$U_b = \prod_{i=2}^{k-1}(I_1 \otimes \cdots I_{i-1} \otimes A_i \otimes I_{i+1} \otimes \cdots \otimes I_k)(A_1 \otimes I_2 \otimes \cdots I_k)$$

(4.2.16)

其中，$CZ_{i,i+1}$、I_i 和 A_i 分别表示 CZ 门作用在第 i 和第 $i+1$ 量子比特上、I 门作用在第 i 量子比特上和测量 A 作用在第 i 量子比特上。

因此，总的作用量子门为 $U = U_b U_a$。假设

$$U_1^i = \begin{cases} I_1 \otimes \cdots I_{i-1} \otimes A_i \otimes I_{i+1} \otimes \cdots \otimes I_k (2 \leqslant i \leqslant k-1) \\ A_1 \otimes I_2 \otimes \cdots \otimes I_k (i=1) \end{cases} \tag{4.2.17}$$

$$U_2^j = \begin{cases} I_1 \otimes \cdots I_{j-1} \otimes CZ_{j,j+1} \otimes I_{j+2} \otimes \cdots I_k (2 \leqslant j \leqslant k-1) \\ CZ_{1,2} \otimes I_3 \otimes \cdots \otimes I_k (j=1) \end{cases} \tag{4.2.18}$$

当 $i \leqslant j-1$ 时，总有

$$U_1^i U_2^j = I_1 \otimes \cdots I_{i-1} \otimes A_i \otimes \cdots \otimes I_{j-1} \otimes CZ_{j,j+1} \otimes I_{j+2} \otimes \cdots I_k \tag{4.2.19}$$

$$U_2^j U_1^i = I_1 \otimes \cdots I_{i-1} \otimes A_i \otimes \cdots \otimes I_{j-1} \otimes CZ_{j,j+1} \otimes I_{j+2} \otimes \cdots I_k \tag{4.2.20}$$

也就是说，当 $i \leqslant j-1$ 时，U_1^i 和 U_2^j 对易。假设

$$U_0^1 = (I_1 \otimes CZ_{2,3} \otimes \cdots \otimes I_k)(A_1 \otimes I_2 \otimes \cdots \otimes I_k)(CZ_{1,2} \otimes I_3 \otimes \cdots \otimes I_k) \tag{4.2.21}$$

$$U_0^2 = \prod_{i=2}^{k-2} (I_1 \otimes \cdots \otimes I_i \otimes CZ_{i+1,i+2} \otimes I_{i+3} \otimes \cdots I_k)$$

$$\cdot (I_1 \otimes \cdots \otimes I_{i-1} \otimes A_i \otimes I_{i+1} \otimes \cdots \otimes I_k) \tag{4.2.22}$$

$$U_0^3 = I_1 \otimes \cdots \otimes I_{k-2} \otimes A_{k-1} \otimes I_k \tag{4.2.23}$$

因此有 $U = U_0^3 U_0^2 U_0^1$。这就证明了对簇态进行测量等价于在测量过程中不断地通过受控 Z 门对相邻的两量子比特进行纠缠，然后进行测量，证毕。∎

由以上定理可以将图 4.18 看成以下两个过程。

（1）量子比特 1 和 2 的状态分别为 $|\varphi\rangle$ 和 $|+\rangle$，受控 Z 门作用在量子比特 1 和 2 上，从而产生纠缠态 $CZ|\varphi\rangle|+\rangle$，接着在第 1 量子比特上进行 X 测量，测量结果为 s_1，而第 2 量子比特的状态为 $X^{s_1} H|\varphi\rangle$。

（2）量子比特 3 的状态为 $|+\rangle$，受控 Z 门作用在量子比特 2 和 3 上，得到纠缠态 $CZ X^{s_1} H|\varphi\rangle |+\rangle$。接着在第 2 量子比特上进行 X 测量，测量结果为 s_2，而第 3 量子比特的状态为 $X^{s_2} H X^{s_1} H|\varphi\rangle$。忽略全局相位，有 $HX = ZH$，则第 3 量子比特最后的状态为 $X^{s_2} Z^{s_1}|\varphi\rangle$。

下面通过对 5 量子比特的簇态进行测量实现单量子比特门，其对应的线路如图 4.19 所示。在测量的过程中，根据前一个测量所得到的值调整下一个 $M(\theta)$ 测量的参数值 θ。接下来，详细描述 4 个 $M(\theta)$ 测量的步骤。

第一步：输入初始状态为 $|\varphi\rangle|+\rangle|+\rangle|+\rangle|+\rangle$。

第二步：在第 1 和第 2 量子比特进行受控 Z 门操作，再对第 1 量子比特进行 X 测量，得到测量结果 s_1，第 2 量子比特的状态为 $X^{s_1} H|\varphi\rangle$。

第三步：在第 2 和第 3 量子比特进行受控 Z 门操作，再对第 2 量子比特进行测量，测量基为 $M\left(-\alpha(-1)^{s_1}\right)$，得到测量结果 s_2，第 3 量子比特的状态为

$$X^{s_2}W\left(\alpha(-1)^{s_1}\right)X^{s_1}H|\varphi\rangle \tag{4.2.24}$$

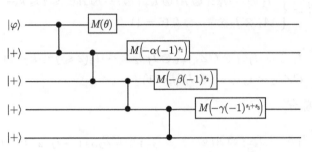

图 4.19   对 5 量子比特的簇态进行测量实现单量子比特门

由于 $W(\theta)X = ZW(-\theta)$，又可验证当 $s_1 = 0$ 或 1 时，有

$$W\left(\alpha(-1)^{s_1}\right)X^{s_1} = Z^{s_1}W(\alpha) \tag{4.2.25}$$

因此第 3 量子比特的状态可化简为

$$X^{s_2}Z^{s_1}W(\alpha)H|\varphi\rangle \tag{4.2.26}$$

第四步：在第 3 和第 4 量子比特之间作用一个受控 Z 门，再对第 3 量子比特进行测量，测量基为 $M\left(-\beta(-1)^{s_2}\right)$，得到测量结果 s_3，第 4 量子比特的状态变为

$$X^{s_3}W\left(\beta(-1)^{s_2}\right)X^{s_2}Z^{s_1}W(\alpha)H|\varphi\rangle \tag{4.2.27}$$

同理，由关系 $W(\theta)Z = XW(\theta)$，$W(\theta)X = ZW(-\theta)$，则式 (4.2.27) 可化简为

$$X^{s_3}Z^{s_2}X^{s_1}W(\beta)W(\alpha)H|\varphi\rangle \tag{4.2.28}$$

第五步：在第 4 和第 5 量子比特之间作用一个受控 Z 门，再对第 4 量子比特进行测量，测量基为 $M\left(-\gamma(-1)^{s_1+s_3}\right)$，得到测量结果 s_4，第 5 量子比特的状态变为

$$X^{s_4}W\left(\gamma(-1)^{s_1+s_3}\right)X^{s_3}Z^{s_2}X^{s_1}W(\beta)W(\alpha)H|\varphi\rangle \tag{4.2.29}$$

化简后，第 5 量子比特的状态变为

$$X^{s_4}Z^{s_3}X^{s_2}Z^{s_1}W(\gamma)W(\beta)W(\alpha)H|\varphi\rangle \tag{4.2.30}$$

除了一个无关紧要的全局相位 $\mathrm{e}^{\pi i}$，$XZ = ZX$，对前 4 量子比特进行测量后，第 5 量子比特的状态为

$$X^{s_4+s_2}Z^{s_3+s_1}W(\gamma)W(\beta)W(\alpha)H|\varphi\rangle \tag{4.2.31}$$

至此，对 5 量子比特组成的一维簇态进行 4 次测量即可实现单量子比特门。

习题

1. 证明除了一个全局相位以外，T 门满足：$T = R_z\left(\dfrac{\pi}{4}\right)$。

2. 证明 $XYX = -Y$，并以此证明 $XR_y(\theta)X = R_y(-\theta)$。

3. （线路恒等式）证明以下式子成立。

（1）$HXH = Z$。

（2）$HYH = -Y$。

（3）$HZH = X$。

4. 证明矩阵 $U = \dfrac{1}{\sqrt{2}}\begin{pmatrix} 1 & 1 \\ 1 & -1 \end{pmatrix}$ 是酉矩阵。

5. 使用矩阵乘法演示如何应用 X 门翻转。

（1）一个处于状态 $|0\rangle$ 的量子比特。

（2）一般状态下的量子比特 $|\varphi\rangle = \alpha|0\rangle + \beta|1\rangle$。

6. 用矩阵乘法证明：

（1）应用于状态 $|1\rangle$ 的 Hadamard 门将其变成 $|-\rangle$。

（2）应用第 2 个 Hadamard 门使它回到状态 $|1\rangle$。

（3）对一般状态 $|\varphi\rangle = \alpha|0\rangle + \beta|1\rangle$ 施加两次 Hadamard 门后的输出为 $|\varphi\rangle = \alpha|0\rangle + \beta|1\rangle$。

7. 使用矩阵乘法显示如何应用 Z 门在 $|+\rangle$ 上改变它为 $|-\rangle$。

8. 找出单量子比特上的酉算子 A，B，C 和全局相位因子 α，使得 $ABC = I$ 且 $H = e^{i\alpha}AXBXC$。

9. （多量子比特门的矩阵表示）在计算基下，如下线路的 4×4 酉矩阵是什么？

10. 证明如下线路成立。

（1）证明可以通过一个受控 Z 门和两个 Hadamard 门实现 CNOT 门。

（2）证明如下线路成立。

（3）证明交换门可以通过 3 个 CNOT 门实现。

11. 假设矩阵 $U = \begin{pmatrix} a & b \\ c & d \end{pmatrix}$，那么如下线路的矩阵表示是什么？

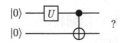

12. 求出如下线路的输出状态，其中 $U = \exp\left(-\dfrac{\mathrm{i}\pi}{4}Y\right)$。

$$|0\rangle \longrightarrow \boxed{U} \longrightarrow \bullet \longrightarrow$$
$$|0\rangle \longrightarrow \oplus \longrightarrow \quad ?$$

13. 仅使用 Hadamard 门和 Z 门设计一个量子线路，使得输出的结果与 X 门相同。

14. 两量子比特通过一个 CNOT 门。第 1 量子比特是控制量子比特，以下初始状态的输出是什么？

（1）$|00\rangle$。

（2）$|01\rangle$。

（3）$|11\rangle$。

（4）$\dfrac{1}{\sqrt{2}}(|01\rangle + |10\rangle)$。

（5）$\dfrac{1}{\sqrt{2}}|00\rangle + \dfrac{1}{2}|10\rangle - \dfrac{1}{2}|11\rangle$。

15. CNOT 门的输出如下图所示，输入是什么？

16. 根据不可克隆定理，不可能复制一个未知的量子比特元。在量子隐形传态的传送协议中，未知的量子比特在什么时候会坍缩到一个确定的状态？

参考文献

[1] Gottesman D, Chuang I L. Demonstrating the viability of universal quantum computation using teleportation and single-qubit operations[J]. Nature, 1999, 402(6760):390-392.

[2] Nielsen M A, Chuang I L. Programmable quantum gate arrays[J]. Physical Review Letters, 1997, 79(2):321-324.

[3] Leung D W. Two-qubit Projective measurements are universal for quantum computation[OL]. 2002, https://arxiv.org/abs/quant-ph/0111122.

[4] Raussendorf R, Briegel H J. A one-way quantum computer[J]. Physical Review Letters, 2001, 86(22):5188-5190.

[5] Jozsa R. An introduction to measurement based quantum computation[OL]. 2005, https://arxiv.org/abs/quant-ph/0508124.

[6] Gottesman D, Chuang I L. Demonstrating the viability of universal quantum computation using teleportation and single-qubit operations[J]. Nature, 402:390-393, 1999.

[7] Leung D W. Quantum computation by measurements[J]. International Journal of Quantum Information, 2004, 2(1):33-43.

[8] Raussendorf R, Browne D E, Briegel H J. Measurement-based quantum computation on cluster states[J]. Physical Review A, 2003, 68(2):022312.

sequential [16].

[5] Kaye P. A. Introduction to quantum computing[M]. Oxford University Press, 2007.

[6] Bennett C, Chaitin J L. On the variability of classical quantum computing programs[J]. Phys, qube, quantum, 1984, 6ble, 20(5):460-467, 1982.

[7] ... P. W. Quantum computer. Annals of the ... Journal of ..., 2000, 2(1):25-38.

基本的量子算法

第5章

量子计算的研究始于 20 世纪 80 年代。1982 年，Benioff 和 Feynman 最早提出了量子计算的概念。Feynman 指出，用经典计算机模拟量子力学系统存在本质的困难，当量子系统规模较大时，所需的计算代价将会呈指数级上升，即对 n 个量子粒子（例如二能级原子）系统的经典模拟需要存储 2^n 个复振幅。因此，需要以指数大小存储这些信息。进一步地，他提出构造基于量子力学原理的计算机以克服这些困难，利用量子计算机使用 n 量子比特就可以自然地表示这些振幅。

1985 年，Deutsch 给出了第一个量子计算模型，一个在一台经典计算机上需要两次查询才能解决的黑盒问题，在量子计算机上仅用一次量子查询就可以解决。一系列相关的结果（Deutsch-Jozsa 算法，1992年；Bernstein-Vazirani 算法，1997 年）给出了经典查询和量子查询复杂性之间显著的差别。最终，Simon（1997 年）的一个例子提供了一个指数级加速。正是以这些工作为基础，才诞生了后面两个重要的量子算法——Shor 大数因子分解算法和 Grover 搜索算法。从此，量子优势也日益凸显，量子计算迅速引起全世界学者的关注，它利用量子系统所特有的叠加性、相干性和纠缠性，通过设计相关算法可以实现大规模并行计算，相对于经典计算，量子计算在信息存储、执行速度等方面可以实现本质上的超越。

此外，量子算法的一个相关技术是绝热演化。量子绝热理论保证了基态下的量子系统在哈密顿量改变时将保持接近基态，前提是这种变化足够慢，这取决于哈密顿量的光谱特性。绝热演化可以用于解决优化问题以及模拟通用量子计算机。量子近似优化算法（QAOA）正是基于绝热理论解决优化问题的一类主要算法。

本章主要介绍几种基本的量子算法：Deutsch-Jozsa 算法、Simon 算法、Bernstein-Vazirani 算法和 QAOA 算法。

5.1　Deutsch-Jozsa 算法

5.1.1　量子并行性

量子并行性是许多量子算法的基本特征之一，量子计算的并行性不同于经典计算的并行性,量子并行性使量子计算机可以同时计算函数 $f(x)$ 在许多不同 x 处的值。

设 $f(x):\{0,1\} \to \{0,1\}$ 是具有单比特定义域和值域的函数,在量子计算机上,计算该函数的一个简单方法是:考虑初态为 $|x\rangle|y\rangle$ 的双量子比特计算机,通过适当的逻辑门序列可以把这个状态转换为 $|x\rangle|y \oplus f(x)\rangle$,其中 $\oplus$ 为模 2 加法。通常,量子比特的集合称为量子寄存器,简称寄存器。在这里,第一个寄存器 $|x\rangle$ 称为数据寄存器,第二个寄存器 $|y\rangle$ 称为目标寄存器,映射 $|x\rangle|y\rangle \longrightarrow |x\rangle|y \oplus f(x)\rangle$ 称为 U_f,且 U_f 为酉的。若 $|y\rangle = |0\rangle$,则第二个量子比特的最终状态为 $f(x)$。输入 $|x\rangle|y\rangle$ 映射为输出 $|x\rangle|y \oplus f(x)\rangle$ 的量子线路如图 5.1 所示。

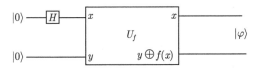

图 5.1 同时计算 $f(0)$ 和 $f(1)$ 的量子线路

在图 5.1 中,实现了 $|x\rangle|y\rangle \longrightarrow |x\rangle|y \oplus f(x)\rangle$。数据寄存器 $|x\rangle$ 输入的是叠加态 $\dfrac{|0\rangle + |1\rangle}{\sqrt{2}}$,再应用 U_f,即

$$\frac{|0\rangle + |1\rangle}{\sqrt{2}}|0\rangle \xrightarrow{U_f} \frac{|0\rangle|0 \oplus f(0)\rangle + |1\rangle|0 \oplus f(1)\rangle}{\sqrt{2}} \tag{5.1.1}$$

由于 $|0 \oplus f(0)\rangle = |f(0)\rangle$,且 $|0 \oplus f(1)\rangle = |f(1)\rangle$,故得到状态

$$\frac{|0\rangle|f(0)\rangle + |1\rangle|f(1)\rangle}{\sqrt{2}} \tag{5.1.2}$$

其中,式 (5.1.2) 中不同的项同时包含 $f(0)$ 和 $f(1)$,看起来似乎对 x 的两个值计算了 $f(x)$。经典计算的并行是多重 $f(x)$ 电路同时进行,而这里利用了量子计算机处于不同状态的叠加能力,因此单个 $f(x)$ 线路就可以同时计算多个 x 的值。

利用 Hadamard 变换(H 门),如图 5.2 所示,可以将这个过程推广到任意数目量子比特上的函数计算,该变换是把 n 个 Hadamard 门同时分别应用到 n 量子比特上。例如,当 $n = 2$ 时,初态全为 $|0\rangle$ 的情况如下所示。

$$|0\rangle|0\rangle \xrightarrow{H^{\otimes 2}} \left(\frac{|0\rangle + |1\rangle}{\sqrt{2}}\right)\left(\frac{|0\rangle + |1\rangle}{\sqrt{2}}\right) = \frac{|00\rangle + |01\rangle + |10\rangle + |11\rangle}{2} \tag{5.1.3}$$

其中,$H^{\otimes 2}$ 表示两个 Hadamard 门的并行作用。

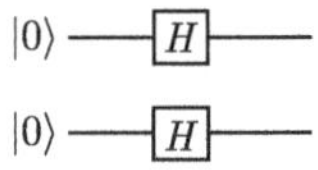

$$|0\rangle \longrightarrow \boxed{H} \longrightarrow$$
$$|0\rangle \longrightarrow \boxed{H} \longrightarrow$$

图 5.2 双量子比特上的 Hadamard 变换

更一般地,n 量子比特上的 Hadamard 变换从全 0 出发,即

$$|0\rangle^{\otimes n} \xrightarrow{H^{\otimes n}} \left(\frac{|0\rangle + |1\rangle}{\sqrt{2}}\right)^{\otimes n} \tag{5.1.4}$$

得到状态

$$\frac{1}{\sqrt{2^n}} \sum_x |x\rangle \tag{5.1.5}$$

其中，求和是对 x 的所有可能取值且 x 的长度为 n，并用 $H^{\otimes n}$ 表示这个作用。可以看到，Hadamard 变换产生了所有基态的平均叠加（所有状态的概率幅全为 $\frac{1}{\sqrt{2^n}}$），仅用 n 个 H 门就可以产生 2^n 个状态的叠加。

对于单比特输入和单比特输出，可以采用下述方法将其扩展为 n 比特输入 x 和单比特输出 $f(x)$，从而实现函数 $f(x)$ 对多个 x 的并行计算。为了制备 $n+1$ 量子比特的状态 $|0\rangle^{\otimes n}|0\rangle$，对前 n 位应用 Hadamard 变换，并连接实现 U_f 的量子线路，这样就产生了状态

$$\frac{1}{\sqrt{2^n}} \sum_x |x\rangle|f(x)\rangle \tag{5.1.6}$$

例如，当 $n=3$ 时，为了制备 4 量子比特的状态 $|0\rangle^{\otimes 3}|0\rangle$，对前 3 量子比特同时应用 Hadamard 变换，得到数据寄存器 x 中的状态为

$$\frac{1}{\sqrt{2^3}}(|000\rangle + |001\rangle + |010\rangle + |011\rangle + |100\rangle + |101\rangle + |110\rangle + |111\rangle) \tag{5.1.7}$$

再连接实现 U_f 的量子线路，产生状态

$$\frac{1}{\sqrt{2^3}}(|000\rangle|f(000)\rangle + |001\rangle|f(001)\rangle + |010\rangle|f(010)\rangle + |011\rangle|f(011)\rangle + |100\rangle|f(100)\rangle$$
$$+ |101\rangle|f(101)\rangle + |110\rangle|f(110)\rangle + |111\rangle|f(111)\rangle) \tag{5.1.8}$$

在某种意义下，在表面上似乎只进行一次 $f(x)$ 计算，量子并行性却使得 $f(x)$ 的所有可能值同时被计算出来。一般而言，由于对量子态的测量会使量子状态发生坍缩现象，因此测量状态 $\sum_x |x\rangle|f(x)\rangle$ 也类似地只给出了某一个 x 的 $f(x)$ 值，显然利用经典计算就能做到这一点。为了真正地从量子并行性中获得好处，不仅仅在于能够获得一个 $f(x)$ 的值，更为重要的是，能够得到比从一个叠加态 $\frac{|0\rangle + |1\rangle}{\sqrt{2}}$ 中获得一个 $f(x)$ 值更有价值的信息抽取能力，下面介绍的 Deutsch 算法就是这种能力的具体表现。

5.1.2　Deutsch 算法简介

Deutsch 算法是基于量子并行性和量子力学中的干涉性质结合起来实现的，显示了量子相干性的强大计算能力。考虑一个黑箱（Oracle），它可以计算一比特的函数 $f(x)$：$\{0,1\} \to \{0,1\}$，每做一次计算，我们称对黑箱做一次查询。

存在 4 个这样的函数，

$$f_1(x) = x, \quad f_2(x) = \overline{x}, \quad f_3(x) = 0, \quad f_4(x) = 1 \tag{5.1.9}$$

其中，$x \in \{0,1\}$，$\overline{x}$ 是 x 的逻辑非。对于 $f_1(x)$、$f_2(x)$，称它们为平衡的；对于 $f_3(x)$、$f_4(x)$，称它们为常数的。所要解决的问题是：如何用一次计算确定未知的函数 $f(x)$ 是常数的还

是平衡的？要得到该问题的答案，经典计算机需要对黑箱做两次查询，而量子算法只需要一次。Deutsch 算法的量子线路如图 5.3 所示。

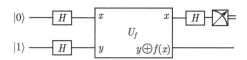

图 5.3 实现 Deutsch 算法的量子线路

由图 5.3 可知，Deutsch 算法利用 Hadamard 门把第 1 量子比特 $|0\rangle$ 制备为叠加态 $\dfrac{|0\rangle + |1\rangle}{\sqrt{2}}$，同样地，把 Hadamard 门应用到辅助量子比特 $|1\rangle$ 上制备叠加态 $\dfrac{|0\rangle - |1\rangle}{\sqrt{2}}$。Deutsch 量子算法的步骤如下所述。

算法 5.1 Deutsch 算法

（1）输入状态 $|\varphi_0\rangle = |01\rangle$。

（2）$|\varphi_0\rangle$ 通过两个 Hadamard 门后，输出状态为

$$|\varphi_1\rangle = \left(\frac{|0\rangle + |1\rangle}{\sqrt{2}}\right)\left(\frac{|0\rangle - |1\rangle}{\sqrt{2}}\right) \tag{5.1.10}$$

（3）容易看出，对于每个 $x \in \{0,1\}$，如果把 $|x\rangle \dfrac{1}{\sqrt{2}}(|0\rangle - |1\rangle)$ 作为 U_f 的输入，就可以得到 U_f 的输出状态为 $(-1)^{f(x)}|x\rangle \dfrac{1}{\sqrt{2}}(|0\rangle - |1\rangle)$，即

$$U_f|x\rangle\frac{1}{\sqrt{2}}(|0\rangle - |1\rangle) = (-1)^{f(x)}|x\rangle\frac{1}{\sqrt{2}}(|0\rangle - |1\rangle) \tag{5.1.11}$$

于是，把 $|\varphi_1\rangle$ 作为 U_f 的输入，即

$$U_f\left(\frac{|0\rangle + |1\rangle}{\sqrt{2}}\right)\left(\frac{|0\rangle - |1\rangle}{\sqrt{2}}\right) = \frac{1}{\sqrt{2}}(-1)^{f(0)}|0\rangle\frac{|0\rangle - |1\rangle}{\sqrt{2}} + \frac{1}{\sqrt{2}}(-1)^{f(1)}|1\rangle\frac{|0\rangle - |1\rangle}{\sqrt{2}} \tag{5.1.12}$$

就得到了两种可能的 U_f 输出，即

$$|\varphi_2\rangle = \begin{cases} \pm\left(\dfrac{|0\rangle + |1\rangle}{\sqrt{2}}\right)\left(\dfrac{|0\rangle - |1\rangle}{\sqrt{2}}\right), & f(0) = f(1) \\[3mm] \pm\left(\dfrac{|0\rangle - |1\rangle}{\sqrt{2}}\right)\left(\dfrac{|0\rangle - |1\rangle}{\sqrt{2}}\right), & f(0) \neq f(1) \end{cases} \tag{5.1.13}$$

（4）第 1 量子比特再通过 Hadamard 门，输出变为

$$|\varphi_3\rangle = \begin{cases} \pm|0\rangle\left(\dfrac{|0\rangle - |1\rangle}{\sqrt{2}}\right), & f(0) = f(1) \\[3mm] \pm|1\rangle\left(\dfrac{|0\rangle - |1\rangle}{\sqrt{2}}\right), & f(0) \neq f(1) \end{cases} \tag{5.1.14}$$

如果 $f(0) = f(1)$，那么 $f(0) \oplus f(1) = 0$；如果 $f(0) \neq f(1)$，那么 $f(0) \oplus f(1) = 1$。因此，可将上述结果改写成

$$|\varphi_3\rangle = \pm|f(0) \oplus f(1)\rangle\left(\frac{|0\rangle - |1\rangle}{\sqrt{2}}\right) \tag{5.1.15}$$

　　(5) 测量第 1 量子比特，就可以确定 $f(0) \oplus f(1)$ 的值。

　　于是，如果函数是常数的，对于第 1 量子的测量就会百分之百地得到 0; 而如果函数是平衡的，那么测量结果肯定是 1。因此，应用量子线路只对函数 $f(x)$ 一次计算的情况下，就可以确定 $f(x)$ 是常数的还是平衡的全局性质。完成上述过程的经典计算机至少需要两次计算，而量子计算只需要一次。

　　上述 Deutsch 量子算法的量子并行性显而易见，它体现了很多量子算法设计的本质特征，即通过精心选择函数和最终变换，从而有效地确定有关函数的有用全局信息，而这在经典计算机上是无法快速得到上述结果的。

5.1.3　Deutsch-Jozsa 算法简介

　　对于一个或为常数的或为平衡的 n 比特二进制函数 $f: \{0,1\}^n \to \{0,1\}$，确定它为常数的还是平衡的问题可以描述为 Alice 从 0 到 $2^n - 1$ 的数中选一个数 x，以书信的形式把 x 寄给 Bob。Bob 收到信后，根据信中 x 的值计算 $f(x)$ 的值，然后以书信的形式把 $f(x)$ 的值寄回给 Alice。Bob 使用的函数只有两种类型，即对于所有的 x，$f(x)$ 要么是常数的，要么是平衡的。若 $f(x)$ 是平衡的，也就是说，恰好所有可能 x 值的一半使得函数值为 1，另一半使得函数值为 0。Alice 的目的是要用尽可能少的通信确定 Bob 所用的函数 $f(x)$ 是平衡的还是常数的。在经典算法的情况下，Alice 的一封信只能发给 Bob 一个 x 值，在最坏的情况下，Alice 要问 Bob 至少 $2^n/2 + 1$ 次才能确定函数的类型，而 Deutsch-Jozsa 算法只需要通过对黑箱（Oracle）做一次询问就可以解决这个问题，其量子线路与 Deutsch 算法的量子线路类似，如图 5.4 所示。

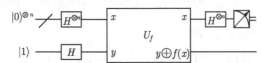

图 5.4　实现 Deutsch-Jozsa 算法的量子线路

　　在图 5.4 中，带有"/"的直线表示通过此直线的是一组 n 量子比特，Hadamard 门被并行地作用到 n 量子比特上，即

$$H^{\otimes n} = H \otimes H \otimes H \otimes \cdots \otimes H \tag{5.1.16}$$

下面观察线路中的状态变化。输入状态为

$$|\varphi_0\rangle = |0\rangle^{\otimes n}|1\rangle \tag{5.1.17}$$

$|\varphi_0\rangle$ 在通过 Hadamard 门，得到

$$|\varphi_1\rangle = \sum_{x \in \{0,1\}^n} \frac{|x\rangle}{\sqrt{2^n}} \left(\frac{|0\rangle - |1\rangle}{\sqrt{2}} \right) \tag{5.1.18}$$

接下来，使用 $U_f: |x\rangle|y\rangle \to |x\rangle|y \oplus f(x)\rangle$ 计算函数 $f(x)$，得到

$$|\varphi_2\rangle = \sum_x (-1)^{f(x)} \frac{|x\rangle}{\sqrt{2^n}} \left(\frac{|0\rangle - |1\rangle}{\sqrt{2}} \right) \tag{5.1.19}$$

当 $x = 0$ 或 $x = 1$ 时，我们知道，对单量子比特 $|x\rangle$ 有

$$H|x\rangle = \sum_{z \in \{0,1\}} (-1)^{xz} |z\rangle / \sqrt{2} \tag{5.1.20}$$

于是，对输入 n 量子比特 $|x\rangle = |x_0, x_1, \cdots, x_{n-1}\rangle$ 有

$$H^{\otimes n} |x\rangle = H^{\otimes n} |x_0, x_1, \cdots, x_{n-1}\rangle$$
$$= \frac{\sum\limits_{z_0 \cdots z_{n-1}} (-1)^{x_0 z_0 \oplus x_1 z_1 \oplus x_2 z_2 \oplus \cdots \oplus x_{n-1} z_{n-1}} |z_0, z_1, \cdots, z_{n-1}\rangle}{\sqrt{2^n}} \tag{5.1.21}$$

上式可以写成更加紧凑的形式，即

$$H^{\otimes n} |x\rangle = \frac{\sum\limits_z (-1)^{x \cdot z} |z\rangle}{\sqrt{2^n}} \tag{5.1.22}$$

其中，$x \cdot z$ 表示对 x 和 z 取模 2 的内积，即

$$x \cdot z = x_0 z_0 \oplus x_1 z_1 \oplus x_2 z_2 \oplus \cdots \oplus x_{n-1} z_{n-1} \tag{5.1.23}$$

因此，我们可以利用式 (5.1.22) 对 $|\varphi_2\rangle$ 的前 n 个量子比特应用并行的 Hadamard 门，得到

$$|\varphi_3\rangle = \sum_z \sum_x \frac{(-1)^{x \cdot z + f(x)} |z\rangle}{2^n} \left(\frac{|0\rangle - |1\rangle}{\sqrt{2}} \right) \tag{5.1.24}$$

对于该输出态 $|\varphi_3\rangle$，在计算基上测量这 n 个量子比特，如果 f 为常数的，则测量以 100% 的概率得到状态 $|000\cdots0\rangle$；如果 f 是平衡的，那么测量到这个态的概率为 0。Deutsch-Jozsa 算法可总结如下。

算法 5.2　Deutsch-Jozsa 算法

输入　对 $x \in \{0, 1, \cdots, 2^n - 1\}$ 和 $f(x) \in \{0, 1\}$ 进行变换 $|x\rangle|y\rangle \to |x\rangle|y \oplus f(x)\rangle$ 的 U_f，已知对所有的 x 而言，$f(x)$ 是常数的或者平衡的。

输出　当且仅当 $f(x)$ 是常数的，输出为 0。

运行时间　计算 U_f 一次，总是成功的。

过程

(1) 初始化状态：$|0\rangle^{\otimes n} |1\rangle$。

(2) 使用并行的 Hadamard 门产生叠加态：$\dfrac{1}{\sqrt{2^n}} \sum\limits_{x=0}^{2^n - 1} |x\rangle \left(\dfrac{|0\rangle - |1\rangle}{\sqrt{2}} \right)$。

(3) 使用 U_f 计算 $f(x)$：$\dfrac{1}{\sqrt{2^n}} \sum\limits_x (-1)^{f(x)} |x\rangle \left(\dfrac{|0\rangle - |1\rangle}{\sqrt{2}} \right)$。

(4) 进行 Hadamard 变换：$\sum\limits_z \sum\limits_x \dfrac{(-1)^{x \cdot z + f(x)} |z\rangle}{2^n} \left(\dfrac{|0\rangle - |1\rangle}{\sqrt{2}} \right)$。

(5) 测量最终输出 z。

因此，运行一次 Deutsch-Jozsa 算法，对函数 $f(x)$ 仅查询一次就可以确定 $f(x)$ 是常数的还是平衡的。但是在经典计算机上，只有经过 $2^{n-1}+1$ 次查询之后才可以确定函数 $f(x)$ 是否是常数的。但是，对于 Deutsch-Jozsa 算法有几点需要注意。首先，Deutsch 问题不是一个具有实质重要性的问题，它没有已知的应用；其次，在某种角度上，经典算法和量子算法很难相互比较，因为计算函数值的方法差别很大；最后，如果选择概率经典计算机，随机选择一些 x 值计算函数 $f(x)$ 的值，则也可以以非常高的概率确定 $f(x)$ 是常数的还是平衡的，这种概率模型比我们考虑的确定性模型或许更加现实。

5.2 Simon 算法

给定一个映射 $f : \mathbb{Z}_2^n \to \mathbb{Z}_2^m$，其中 $n \geqslant m$，存在一个 $s \in \mathbb{Z}_2^n$ 对所有的 $x, x' \in \mathbb{Z}_2^n$，满足性质 $f(x) = f(x')$ 的充分必要条件是 $x = x'$ 或 $x \oplus x' = s$，其中 $\oplus$ 表示模 2 加法。Simon 算法通过一系列量子计算步骤可以求出满足上述条件的 s。该问题的经典算法复杂度是指数级的，而 Simon 算法可以在多项式时间内求解，这说明了对于特定问题，量子算法比经典算法更快。Simon 算法的量子线路如图 5.5 所示。

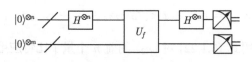

图 5.5 Simon 算法的量子线路

Simon 算法的步骤描述如下。

算法 5.3 Simon 算法

(1) 首先将两个量子寄存器初始化为 $|0^n\rangle|0^m\rangle$。

(2) 对第一个量子寄存器中的每一个量子比特执行 H 门变换，得到量子态

$$\frac{1}{\sqrt{2^n}} \sum_{i=0}^{2^n-1} |i\rangle|0^m\rangle$$

(3) 对量子态 $\dfrac{1}{\sqrt{2^n}} \displaystyle\sum_{i=0}^{2^n-1} |i\rangle|0^m\rangle$ 作酉变换 U_f，得到量子态 $\dfrac{1}{\sqrt{2^n}} \displaystyle\sum_{i=0}^{2^n-1} |i\rangle|f(i)\rangle$。

(4) 测量第二个量子寄存器，假设测量结果为 y，则原来的量子态发生坍缩，坍缩后的量子态为 $\dfrac{1}{\sqrt{2}}(|x\rangle|y\rangle + |x \oplus s\rangle|y\rangle)$，其中 $y = f(x) = f(x \oplus s)$。

(5) 对第一个量子寄存器中的每个量子比特执行 H 门变换，得到量子态

$$
\begin{aligned}
H^{\otimes n}\left(\frac{1}{\sqrt{2}}|x\rangle + \frac{1}{\sqrt{2}}|x \oplus s\rangle\right) &= \frac{1}{\sqrt{2}}\sum_j \frac{(-1)^{x \cdot j}}{2^{n/2}}|j\rangle + \frac{1}{\sqrt{2}}\sum_j \frac{(-1)^{(x \oplus s) \cdot j}}{2^{n/2}}|j\rangle \\
&= \sum_j \frac{(-1)^{x \cdot j} + (-1)^{(x \oplus s) \cdot j}}{2^{(n+1)/2}}|j\rangle \\
&= \sum_j \frac{(1 + (-1)^{s \cdot j})(-1)^{x \cdot j}}{2^{(n+1)/2}}|j\rangle
\end{aligned}
\tag{5.2.1}
$$

其中，$x \cdot j = x_{n-1}j_{n-1} \oplus x_{n-2}j_{n-2} \oplus \cdots \oplus x_0 j_0$，$s \cdot j$ 的定义类似。如果 $s \cdot j = 0$，则量子态 $|j\rangle$ 的概率幅等于 $\dfrac{(-1)^{x \cdot j}}{2^{(n-1)/2}}$。反之，如果 $s \cdot j = 1$，则量子态 $|j\rangle$ 的概率幅等于 0。所以第一个量子寄存器中的量子态为 $\sum\limits_{j'} |j'\rangle$，其中每一个 $|j'\rangle$ 均满足 $s \cdot j' = 0$。

(6) 对第一个寄存器进行测量，测量的结果 j^1 一定满足 $s \cdot j^1 = 0$。

(7) 重复步骤 (1) $\sim$ (6) $O(n)$ 次后，得到一组线性无关的向量组 $j^1, j^2, \cdots j^n$。建立二元域上的线性方程组，由于向量组线性无关，因此方程组的解存在，我们可以通过求解线性方程组得到 s。

下面简单分析 Simon 算法的计算复杂度。Simon 算法有两个量子寄存器，第一个量子寄存器的位数是 n，第二个量子寄存器的位数是 m，其中 $n \leqslant m$，因此量子算法的空间复杂度是 $O(m)$。对第一个量子寄存器的每一位量子比特做 H 门变换，然后对两个量子寄存器作一次酉变换，再对第一个量子寄存器的每一位量子比特作 H 门变换，之后再测量两个量子寄存器，因此查询复杂度是 $O(n)$，而且要重复计算 $O(n)$ 次，因此 Simon 算法的总查询复杂度是 $O(n^2)$。对第一个量子寄存器的每一个量子比特作 H 门变换可以同时进行，因此重复 $O(n)$ 次计算后的总时间复杂度是 $O(n)$，且算法的成功概率是 $O(1)$。Simon 算法的一个重要意义在于它启发了 Shor 算法。

5.3　Bernstein-Vazirani 算法

我们已经介绍过 Deutsch-Jozsa 量子算法，它仅需要运行一次就可以辨别给定函数是常数的还是平衡的，而经典算法则需要运行 $O(N = 2^n)$ 次才能实现该目的。Bernstein 和 Vazirani 运用 Deutsch-Jozsa 算法有效地解决了访问量子数据库的问题。问题具体可以描述为

给定黑箱可以计算的布尔函数 $f_s : \{0,1\}^n \to \{0,1\}$，即

$$f_s(x) = s \cdot x, \tag{5.3.1}$$

其中，$s \in \{0,1\}^n$ 是一个未知的向量，也称隐藏字符串，$s \cdot x = s_1 x_1 \oplus s_2 x_2 \oplus \cdots \oplus s_n x_n$。我们需要找到隐藏字符串 s 的具体值。

如果运行经典算法，则需要调用黑箱 n 次以确定 s 的 n 位数值，算法的查询复杂度为 $O(n)$。事实上，由 $f_s(10 \cdots 0) = s_1, f_s(01 \cdots 0) = s_2, \cdots, f_s(00 \cdots 1) = s_n$ 共 n 次黑箱调用可以确定 $s = (s_1, s_2, \cdots, s_n)$。然而运行 Bernstein-Vazirani 量子算法仅需要调用黑箱一次就可以决定 s。Bernstein-Vazirani 算法的线路图与图 5.4 类似，只需要将函数 f 替换为 f_s 即可。Bernstein-Vazirani 算法的步骤描述如下。

算法 5.4　Bernstein-Vazirani 算法

(1) 两个寄存器的初始状态为 $|0^n\rangle|0\rangle$。

(2) 对第二个寄存器的量子比特执行 X 门操作，系统状态转化为 $|0^n\rangle|1\rangle$。

(3) 对两个寄存器的每个量子比特执行 H 门操作，系统状态转化为

$$\left(\frac{1}{2^{n/2}}\sum_x |x\rangle\right)\left(\frac{|0\rangle - |1\rangle}{\sqrt{2}}\right)$$

(4) 对两个寄存器的量子比特执行酉变换 U_f，得到量子态

$$\left(\frac{1}{2^{n/2}}\sum_x (-1)^{s\cdot x}|x\rangle\right)\left(\frac{|0\rangle - |1\rangle}{\sqrt{2}}\right)$$

(5) 对第一个寄存器执行 $H^{\otimes n}$ 操作，系统演化为

$$\left(\frac{1}{2^n}\sum_x (-1)^{s\cdot x}\sum_y (-1)^{x\cdot y}|y\rangle\right)\left(\frac{|0\rangle - |1\rangle}{\sqrt{2}}\right) = \left(\frac{1}{2^n}\sum_x\sum_y (-1)^{(s\oplus y)\cdot x}|y\rangle\right)\left(\frac{|0\rangle - |1\rangle}{\sqrt{2}}\right)$$

$$= |s\rangle\left(\frac{|0\rangle - |1\rangle}{\sqrt{2}}\right) \tag{5.3.2}$$

(6) 测量第一个寄存器将以 100% 的概率得到 s 的值。

5.4　QAOA 算法

量子近似优化算法（Quantum Approximate Optimization Algorithm，QAOA）是由 Farhi，Goldstone 和 Gutmann 于 2014 年提出的多项式时间算法，用来近似求解组合优化问题。一般来说，组合优化是从有限数量的对象中寻找使成本函数最小化的目标。组合优化在包括降低供应链成本、车辆路径、作业分配等实际问题中得到了广泛应用。现实中，很多组合优化问题都是 **NP-** 难的问题，不存在多项式时间的经典算法精确求解。往往在实际生活中，有些问题没有必要找到完美精确解，找到一个符合期望的近似解就足够了。于是遗传算法、退火算法和神经网络等近似优化算法（AOA）被提出用于多项式时间求解次优解，而量子优化算法（QAOA）的价值在于展示量子优越性。

QAOA 算法的一个重要应用就是最大切割问题（MAX-CUT）。给定一个由顶点 $i \in V$(顶点也常称为结点) 和边 $(i, j) \in E$ 构成的无向图 G，求解最大切割问题就是要得到两个子集 S_0 和 S_1，使得 $S_0 \cup S_1 = V$，$S_0 \cap S_1 = \varnothing$，且图 G 中 $i \in S_0$ 和 $j \in S_1$ 的边 (i, j) 的数量尽可能地多。简单来说就是将图中的顶点分成两组，使得连接这两组中顶点的边的数目最多。两顶点杠铃图如图 5.6 所示。

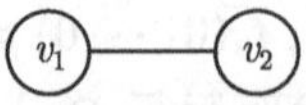

图 5.6　杠铃图

两顶点杠铃图共有 4 种方法二分顶点。我们把集合 S_0 或 S_1 中的顶点表示为 0 或 1，形成一个长度为 n 的比特串。4 种划分可以表示成 $\{00, 01, 10, 11\}$，如图 5.7 所示。其中从左往右数第 1 个比特对应的结点为 v_1，第 2 比特对应的结点为 v_2，图中是以量子比特的形式展现的。只有存在连接不同集合中的顶点时才绘制边，中间的符号 X 表示需要

切割的边。于是，直观上可以看到杠铃图存在两种相同的最大切割，即图 5.7 中的第 2 个和第 3 个分组。更一般地，任意一个 n 顶点的图，其划分的情形总数是 2^n。对于顶点数目较少的情况，能够通过枚举法找到最大切割问题的最优解。然而，一旦顶点数目增加到足够大时，相应的计算时间复杂度也将呈指数级增加，就会形成 NP-难的问题。

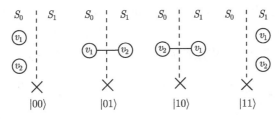

图 5.7　杠铃图的划分情况

接下来，我们将展示如何利用量子近似优化算法（QAOA）求解最大切割问题。出发点是将最大切割的比特串视为编码代价函数的哈密顿量的基态。首先需要引入哈密顿量，哈密顿量用来描述物理系统，以矩阵形式表示，该矩阵的特征值均为实数。哈密顿量的本征向量表示相应物理系统所处的各个本征态，而本征值表示相应本征态对应的能量。对于最大切割问题的哈密顿量形式，可以通过构造经典函数返回值确定。具体来说，如果图 G 中任意一条边所对应的两个结点跨越不同集合，那么返回 1（裁剪的边数或边的权重），否则返回 0。更严格的数学定义为

$$C_{ij} = \frac{1}{2}\left(1 - z_i z_j\right) \tag{5.4.1}$$

其中，如果顶点 i 属于集合 S_0，则 z_i 的值为 $+1$，否则 z_i 的值为 -1。于是，图 G 的最大切割值等于各条边切割贡献之和，即

$$\text{MAX-CUT} = \sum_{ij} C_{ij} \tag{5.4.2}$$

就杠铃图而言，存在 4 个分组，把它看成一个系统的 4 个孤立状态 $|00\rangle$、$|01\rangle$、$|10\rangle$、$|11\rangle$，每种划分对应的切割值可以看成是系统处于该状态时的能量。因此，杠铃图系统处于 $|00\rangle$ 态的能量为 0，处于 $|01\rangle$ 态的能量为 1，处于 $|10\rangle$ 态的能量为 1，处于 $|11\rangle$ 态的能量为 0。杠铃图的哈密顿量的矩阵形式表达为

$$H = \begin{bmatrix} 0 & 0 & 0 & 0 \\ 0 & 1 & 0 & 0 \\ 0 & 0 & 1 & 0 \\ 0 & 0 & 0 & 0 \end{bmatrix} = \frac{I - \sigma_1^z \sigma_2^z}{2} \tag{5.4.3}$$

其中，σ_1^z 表示对第 1 个量子比特位作用 Pauli Z 矩阵，对其余量子比特位作用单位矩阵，即 $\sigma_1^z = \sigma_z \otimes I$，类似地，$\sigma_2^z = I \otimes \sigma_z$。推广到更复杂的最大切割系统，由于其切割值为所包含的杠铃图系统切割值之和，所以对应于该复杂系统的哈密顿量表示为

$$H = \sum_{(i,j) \in E} \frac{I - \sigma_i^z \sigma_j^z}{2} \tag{5.4.4}$$

其中，σ_i^z 表示对顶点 i 对应的量子比特进行 Pauli 矩阵 Z 操作，对其余量子比特位进行单位矩阵操作。

量子近似优化算法（QAOA）的主要原理是基于量子退火。首先给定一个问题，寻找一个哈密顿量，它的基态对应于该问题的解。接着，量子系统初始化为一个简单哈密顿量的基态。最后简单的哈密顿量绝热演化为优化问题对应的哈密顿量。由绝热定理可知，系统将最终保持在基态，此时系统的状态对应问题的解决方案。

量子退火数学形式上的工作原理如下。准备 n 量子比特态 $|+\rangle^{\otimes n}$，它是初始哈密顿量 $H_{init} = -H_0 = -\sum_{i=1}^{n} \sigma_i^x$ 的基态，其中 σ_i^x 表示对顶点 i 对应的量子比特上进行 Pauli 矩阵 X 操作，对其余量子比特上进行单位矩阵操作。系统的哈密顿量随时间演化为

$$H(s) = A(s)H_{init} + B(s)H_C, \quad s = t/t_a \tag{5.4.5}$$

其中，t_a 为总退火时间，$A(s=0) \gg 1$，$B(s=0) \approx 0$，$A(s=1) \approx 0$，$B(s=1) \gg 1$，且 H_C 对应于离散优化问题（如最大切割问题）的哈密顿量。如果 $|\phi_0\rangle$ 为 H_0 的基态，绝热定理表明，只要 $A(t/t_a)$ 和 $B(t/t_a)$ 的变化足够光滑且退火时间 t_a 无限长，则下列方程的解 $|\phi_{t_a}\rangle$ 将逼近 H_C 的基态

$$\begin{cases} \mathrm{i}\dfrac{\partial}{\partial t}|\phi_t\rangle = [B(t/t_a)H_C - A(t/t_a)H_0]|\phi_t\rangle \\ |\phi_0\rangle = |+\rangle^{\otimes n} \end{cases} \tag{5.4.6}$$

其中，$0 \leqslant t \leqslant t_a$。该方程的形式解由矩阵指数的时间序列积给出

$$|\phi_{t_a}\rangle = \lim_{p \to \infty} \left\{ \prod_{j=1}^{p} \mathrm{e}^{\mathrm{i}\tau(p)A(j/p)H_0} \mathrm{e}^{-\mathrm{i}\tau(p)B(j/p)H_C} \right\} |+\rangle^{\otimes n} \tag{5.4.7}$$

这里，$t = j\tau(p)$，$\tau(p) = t_a/p$。根据绝热定理可知 $\lim_{t_a \to \infty} |\phi_{t_a}\rangle$ 为 H_C 的基态。实际中，我们使用有限的 t_a 进行量子退火。

下面给出 QAOA 算法的具体实现步骤。首先制备初始哈密顿量 H_{init} 的基态 $|+\rangle^{\otimes n}$ 作为量子线路的输入态，然后设计 QAOA 量子线路。对于最大切割问题，QAOA 的量子线路包含酉变换

$$U(\vec{\gamma}, \vec{\beta}) = \prod_{i=1}^{p} U(H_0, \beta_i) U(H_C, \gamma_i) \tag{5.4.8}$$

其中，p 表示演化步数（越大越好），β_i 和 γ_i 代表与步数 i 相关的参数，$U(H_0, \beta_i) = \mathrm{e}^{-\mathrm{i}H_0\beta_i}$，且 $U(H_C, \gamma_i) = \mathrm{e}^{-\mathrm{i}H_C\gamma_i}$。于是，经过以 $\vec{\gamma}$ 和 $\vec{\beta}$ 为参数的酉变换后，系统状态由 $|\phi_0\rangle$ 演化为 $|\phi_1\rangle$，即

$$|\phi_1\rangle = |\vec{\gamma}, \vec{\beta}\rangle = U(\vec{\gamma}, \vec{\beta})|\phi_0\rangle \tag{5.4.9}$$

其中，$\vec{\gamma} = (\gamma_1, \gamma_2, \cdots, \gamma_p)$，$\vec{\beta} = (\beta_1, \beta_2, \cdots, \beta_p)$。一旦 $\vec{\gamma}$ 和 $\vec{\beta}$ 被选定为合适的参数后，在理想但特殊的情况下，酉变换后得到的量子态 $|\phi_1\rangle$ 就是 H_C 的基态。然后对 $|\phi_1\rangle$ 进行测量，测量结果以很高的概率对应最大切割问题的解，即最大切割的比特串。

值得注意的是，酉变换 $U(H_0, \beta_i)$ 可以看成是由一组绕 X 轴旋转的门构成的。因为

$$U(H_0, \beta_i) = \mathrm{e}^{-\mathrm{i}H_0\beta_i}$$

$$= \mathrm{e}^{-\mathrm{i}\sum\limits_{i=1}^{n}\sigma_i^x\beta_i}$$

$$= \prod_{i=1}^{n} \mathrm{e}^{-\mathrm{i}\sigma_i^x\beta_i}$$

$$= \prod_{i=1}^{n} R_X(n, 2\beta_i) \tag{5.4.10}$$

其中，$R_X(n, 2\beta_i)$ 表示对顶点 i 对应的量子比特作用旋转算子 $R_X(2\beta_i) = \mathrm{e}^{-\mathrm{i}\beta_i\sigma_x}$，对其余量子比特作用单位矩阵。类似地，酉变换 $U(H_C, \gamma_i)$ 可以看成是由一组受控非门和绕 Z 轴旋转的门构成的。因为

$$U(H_C, \gamma_i) = \mathrm{e}^{-\mathrm{i}H_C\gamma_i}$$

$$= \mathrm{e}^{-\mathrm{i}\sum\limits_{(j,k)\in E}\frac{1}{2}\left(I - \sigma_j^z\sigma_k^z\right)\gamma_i}$$

$$= \prod_{(j,k)\in E} \mathrm{e}^{-\mathrm{i}\frac{\gamma_i}{2}I} \cdot \prod_{(j,k)\in E} \mathrm{e}^{-\mathrm{i}\frac{\gamma_i}{2}\sigma_j^z\sigma_k^z} \tag{5.4.11}$$

而且 $\mathrm{e}^{-\mathrm{i}\frac{\gamma_i}{2}\sigma_j^z\sigma_k^z} = \mathrm{CNOT}(j,k)R_z(k, -\gamma_i)\,\mathrm{CNOT}(j,k)$，其中，$\mathrm{CNOT}(j,k)$ 表示控制为 j 而目标位为 k 的受控非门，$R_z(k, -\gamma_i)$ 表示对顶点 k 对应的量子比特作用旋转算子 $R_Z(-\gamma_i) = \mathrm{e}^{\mathrm{i}\gamma_i\sigma_Z/2}$，对其余量子比特作用单位矩阵。

以方形环图为例，为寻找其最大切割方案，我们需要映射图中的 4 个顶点 v_1、v_2、v_3、v_4 分别对应于第 1、2、3、4 位量子比特，如图 5.8 所示。

图 5.8 方形环图

首先，量子线路的输入为 $|0\rangle^{\otimes 4}$，经过酉变换 $H^{\otimes 4}$，系统的状态初始化为 $|+\rangle^{\otimes 4}$。接着，作用酉变换 $U(H_C, \gamma_1)$，根据式 (5.4.11)，相当于对边 (v_1, v_2) 上的顶点 v_1, v_2 对应的第 1,2 位量子比特作用一个受控非门 $\mathrm{CNOT}(1,2)$，然后在第 2 位量子比特上作用一个旋转门 $R_Z(-\gamma_1)$，之后再在第 1,2 位量子比特上作用一个受控非门 $\mathrm{CNOT}(1,2)$，其中 $\mathrm{CNOT}(1,2)$ 表示第 1 位量子比特为控制位，第 2 位量子比特为受控位。类似地，对边 $(v_2, v_3), (v_3, v_4), (v_4, v_1)$ 进行同样的处理。当酉变换 $U(H_C, \gamma_1)$ 执行完毕后，作用酉变换 $U(H_0, \beta_1)$，根据式 (5.4.10)，相当于对每个顶点 v_i 对应的第 i 位量子比特作用一个旋转门 $R_X(2\beta_1)$。此时已完成第一步演化，剩余演化步骤相似，只是参数 γ_i 和 β_i 不同而已。

当 p 步演化完成后，只要参数 $\vec{\gamma}$ 和 $\vec{\beta}$ 的选定是合理的，那么对系统末态在计算基下进行测量将以大概率得到最大切割的字符串。方形环图的 QAOA 量子线路如图 5.9 所示。

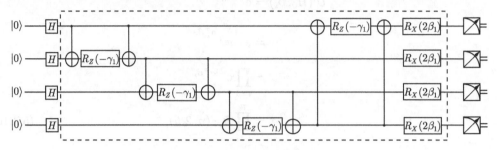

图 5.9　QAOA 算法量子线路（$p = 1$）

通过上述分析，我们可以发现参数 $\vec{\gamma}$ 和 $\vec{\beta}$ 的选定是十分重要的。对于所有变分方法，$\vec{\gamma}$ 和 $\vec{\beta}$ 是通过最小化代价函数确定的。这里，我们最小化哈密顿量 H_C 的期望值，即

$$E(\vec{\gamma}, \vec{\beta}) = \langle \vec{\gamma}, \vec{\beta} | H_c | \vec{\gamma}, \vec{\beta} \rangle \tag{5.4.12}$$

作为 $(\vec{\gamma}, \vec{\beta})$ 的函数，另外令

$$E\left(\vec{\gamma}^*, \vec{\beta}^*\right) = \min_{\vec{\gamma}, \vec{\beta}}{}' E(\vec{\gamma}, \vec{\beta}) \tag{5.4.13}$$

其中，$\min'$ 表示一个数值方法得到的（局部）最小值。实际上，这个最小化过程是在经典计算机上进行的。如果我们想要搜寻最优的 $|\vec{\gamma}, \vec{\beta}\rangle$ 以最小化 $E(\vec{\gamma}, \vec{\beta})$，首先需要能估计 $E(\vec{\gamma}, \vec{\beta})$ 的值。量子计算机在制备得到末态 $|\vec{\gamma}, \vec{\beta}\rangle$ 后，在计算基下进行测量，将以 $P(z) = \left| \langle z | \vec{\gamma}, \vec{\beta} \rangle \right|^2$ 的概率产生样本 z。因此需要准备量子态 $|\vec{\gamma}, \vec{\beta}\rangle$ 的许多副本并测量以生成足够的样本 z 准确地构建分布，从而估计 $E(\vec{\gamma}, \vec{\beta})$ 的值。最后经典计算机将根据数值优化方法生成一组新的参数 $(\vec{\gamma}, \vec{\beta})$，以最小化 $E(\vec{\gamma}, \vec{\beta})$。

算法 5.5　QAOA 算法

（1）初始化量子态 $|+\rangle^{\otimes n}$。

（2）初始化参数 $\vec{\gamma}$ 和 $\vec{\beta}$，它们分别用来确定量子线路中旋转算子 R_Z 和 R_X 中的角度，一般初始化为 0。

（3）根据参数 $\vec{\gamma}$ 和 $\vec{\beta}$ 生成酉算子 $U(\vec{\gamma}, \vec{\beta})$ 的量子线路。

（4）在计算基下测量末态的每个量子比特。

（5）根据测量结果计算目前参数 $\vec{\gamma}$ 和 $\vec{\beta}$ 下的期望值 $E(\vec{\gamma}, \vec{\beta})$。

（6）将目前参数 $\vec{\gamma}$ 和 $\vec{\beta}$ 与其相应的期望值 $E(\vec{\gamma}, \vec{\beta})$ 输入经典计算机进行优化，从而得到一组新的参数。

（7）重复步骤（3）～（6），直到满足预先设定的条件为止。

我们已经展示了如何用量子近似优化算法（QAOA）解决最大切割问题。实际上，QAOA 还能用于求解其他 **NP-** 难的问题，如 2-SAT 问题等。近年来，QAOA 的研究热度急剧增加。与著名的 Shor 因子分解算法相比，QAOA 即使在嘈杂中规模量子（Noisy Intermediate-Scale Quantum，NISQ）设备上使用也能产生实用的结果，而且优化问题的

应用领域远多于因子分解，这也为 QAOA 提供了一个巨大的应用空间，使得人们越来越重视使用 QAOA 展现量子优越性。

习题

1. 若问题不要求确定性地区分函数是常数的还是平衡的，而是以误差 $\varepsilon < 1/2$ 的概率区分，则解决问题的最佳经典算法的性能如何？

2. 查阅构造量子黑箱 Oracle 的量子线路图，给出实现 $U_f : |x\rangle |y\rangle \to |x\rangle |y \oplus f(x)\rangle$ 的量子线路图。

3. 简述 Deutsch-Jozsa 算法的过程。

4. 简述 Simon 算法的过程。

5. 证明如果存在经典的算法，对任意函数 f，以至少 2/3 的概率解决 Simon 问题，那么该经典算法必须调用 Oracle 至少 $O\left(2^{n/3}\right)$ 次。

6. 在 Simon 问题中 s 是隐藏周期，证明在计算基下的测量将产生结果 $w^{(i)}$, $i = 1, 2, \cdots, (n-1)$，使得集合 $\left\{w^{(i)}\right\}$ 均匀分布在与 s 正交的 $n-1$ 维空间。

7. Deutsch-Jozsa 算法与 Bernstein-Vazirani 算法有何不同？

8. 枚举方形环图的所有切割方案。

9. 证明等式 $\mathrm{e}^{-\mathrm{i}\frac{\gamma_i}{2}\sigma_j^z \sigma_k^z} = \mathrm{CNOT}(j,k) R_z(k, -\gamma_i) \mathrm{CNOT}(j,k)$ 成立。

10. 简单描述量子近似优化算法（QAOA）的过程。

11. 给出杠铃图所对应的 QAOA 量子线路图。

参考文献

[1] Deutsch D. Quantum theory, the Church—Turing principle and the universal quantum computer[J]. Proceedings of the Royal Society of London. A. Mathematical and Physical Sciences, 1985, 400(1818): 97-117.

[2] Deutsch D, Jozsa R. Rapid solution of problems by quantum computation[J]. Proceedings of the Royal Society of London. Series A: Mathematical and Physical Sciences, 1992, 439(1907): 553-558.

[3] Simon D R. On the power of quantum computation[J]. SIAM journal on computing, 1997, 26(5): 1474-1483.

[4] Bernstein E, Vazirani U. Quantum complexity theory[J]. SIAM Journal on computing, 1997, 26(5): 1411-1473.

[5] Farhi E, Goldstone J, Gutmann S. A quantum approximate optimization algorithm[OL]. 2014, https://arxiv.org/abs/1411.4028.

[6] Kadowaki T, Nishimori H. Quantum annealing in the transverse Ising model[J]. Physical Review E, 1998, 58(5): 5355.

[7] Farhi E, Goldstone J, Gutmann S, et al. Quantum computation by adiabatic evolution[OL]. 2000, https://arxiv.org/abs/quant-ph/0001106.

量子搜索算法

我们在第 3 章计算复杂性中提到过旅行商问题，即求一条经过图中所有点恰好一次且边权和最小的回路。这在经典计算机上是一个 NP 问题，也就是说，没有已知的多项式时间解法。在没有关于问题解的信息的情况下，这个问题已知最快的经典算法是穷举算法，其搜索所有可能的输入以找到问题的答案。这个方法需要 $O(N)$ 次运算，其中 N 表示搜索空间的元素个数。Grover 量子搜索算法通过 $O(\sqrt{N})$ 次运算解决这个问题。虽然这只是对经典算法实现了多项式加速，但它在实践中可能是重要的，尤其是这可能会破坏一些加密运算。此外，正如后续我们会介绍到的一样，这是搜索问题的最佳量子算法，在黑箱模型中，任何量子算法都必须至少采取 $\sqrt{N}$ 步解决这个问题。随后，Grover 量子搜索算法的相关改进算法也相继提出，以提高搜索成功率。Grover 量子搜索算法在求解具体的 NP 问题（如背包问题和哈密顿图问题等）上的应用也突显了量子算法的优越性。除了 Grover 量子搜索算法以外，量子随机行走算法也提供了另一种二次加速搜索问题解的途经。

本章阐述量子搜索算法。6.1 节介绍 Grover 量子搜索算法的基本思想及其程序实现；6.2 节介绍量子搜索算法的最优性；6.3 节介绍 Grover 量子搜索的改进算法；6.4 节介绍 Grover 量子搜索算法的相关应用；6.5 节介绍量子随机游走算法。

6.1　Grover 量子搜索算法

Grover 算法是由 Grover 于 1995 年提出的用于解决遍历搜索问题的快速算法。遍历搜索问题的任务是从一个海量元素的无序集合中找到满足某种要求的元素。要验证给定元素是否满足要求很容易，但反过来寻找这些符合要求的元素却绝非易事，因为这些元素并没有有序的排列结构，而且数量巨大。

6.1.1　Grover 算法的基本思想

假设在 $N = 2^n$ 个元素的搜索空间中，问题有 M 个可行解。

在介绍算法前，我们先引入黑箱（Oracle）操作的概念。Oracle 操作

O 是一个酉操作，在量子算法中的作用是标记搜索问题的解，具体作用效果如下。

$$|x\rangle\,|q\rangle \xrightarrow{O} |x\rangle\,|q \oplus f(x)\rangle \tag{6.1.1}$$

其中，$|x\rangle$ 是索引寄存器，$|q\rangle$ 为 Oracle 的工作单量子比特，函数 $f(x)$ 表示一个判定问题。当 x 是搜索问题的解时，$f(x) = 1$；否则 $f(x) = 0$。

若将 Oracle 工作量子比特 $|q\rangle$ 初始化为 $|-\rangle$，则 Oracle 的作用为

$$|x\rangle\left(\frac{|0\rangle - |1\rangle}{\sqrt{2}}\right) \xrightarrow{O} (-1)^{f(x)}|x\rangle\left(\frac{|0\rangle - |1\rangle}{\sqrt{2}}\right) \tag{6.1.2}$$

于是，Oracle 的作用就是在问题解上的相位取反。注意：Oracle 工作量子比特的状态并没有改变，后续讨论中会将其省略，重写 Oracle 的作用为

$$|x\rangle \xrightarrow{O} (-1)^{f(x)}|x\rangle \tag{6.1.3}$$

如果索引寄存器的输入状态是叠加态，则将得到

$$\sum_x |x\rangle \xrightarrow{O} \sum_x (-1)^{f(x)}|x\rangle \tag{6.1.4}$$

Grover 算法的过程如图 6.1 所示。

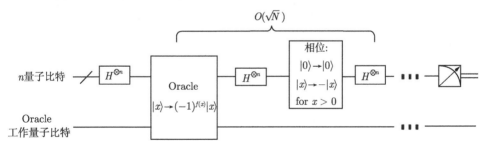

图 6.1　Grover 量子搜索算法的线路

Grover 算法的步骤如下。

算法 6.1　Grover 算法

(1) 从初态 $|0\rangle^{\otimes n}$ 开始，应用 Hadamard 变换 $H^{\otimes n}$ 后，系统处于平衡叠加态

$$|\psi\rangle = H^{\otimes n}|0\rangle^{\otimes n} = \frac{1}{\sqrt{N}}\sum_{x=0}^{N-1}|x\rangle \tag{6.1.5}$$

其中，N 为搜索空间元素的个数。

(2) 反复执行 Grover 迭代操作 $R \approx \left\lceil \pi\sqrt{N/M}/4 \right\rceil$ 次，其计算复杂度为 $O(\sqrt{N})$。每个 Grover 迭代可分为以下 4 步：

(a) 应用 Oracle 操作 O；

(b) 应用 Hadamard 变换 $H^{\otimes n}$；

(c) 条件相移，对于非 0 态的相位取反，即作用算子

$$I' = 2 |0\rangle \langle 0| - I \tag{6.1.6}$$

(d) 应用 Hadamard 变换 $H^{\otimes n}$。

其中，(b) (c) (d) 按顺序作用的总效果为均值反演算子

$$H^{\otimes n} (2 |0\rangle \langle 0| - I) H^{\otimes n} = 2 |\psi\rangle \langle \psi| - I \tag{6.1.7}$$

因此一次 Grover 迭代操作 G 可以写成

$$G = (2 |\psi\rangle \langle \psi| - I) O \tag{6.1.8}$$

(3) 对第一个寄存器的量子态进行测量，最终会以较大的概率得到搜索问题的解。

6.1.2　算法的性能分析

为了弄清楚 Grover 算法的工作原理，我们首先观察一次 Grover 迭代的几何意义。

假设搜索问题的非解元素组成的空间记为 X_1，搜索问题的解空间记为 $X_2 = \{x_1, x_2, \cdots, x_M\}$。定义正交归一化状态

$$|X_1\rangle = \frac{1}{\sqrt{N-M}} \sum_{x \in X_1} |x\rangle , \quad |X_2\rangle = \frac{1}{\sqrt{M}} \sum_{x \in X_2} |x\rangle \tag{6.1.9}$$

于是，初态 $|\psi\rangle$ 可以表示为

$$|\psi\rangle = \sqrt{\frac{N-M}{N}} |X_1\rangle + \sqrt{\frac{M}{N}} |X_2\rangle \tag{6.1.10}$$

令 $\sin \dfrac{\theta}{2} = \sqrt{\dfrac{M}{N}} = \sqrt{\lambda}$，则初态 $|\psi\rangle$ 在 $|X_1\rangle$ 和 $|X_2\rangle$ 张成的空间有

$$|\psi\rangle = \cos \frac{\theta}{2} |X_1\rangle + \sin \frac{\theta}{2} |X_2\rangle \tag{6.1.11}$$

则 Oracle 算子 O 的作用等于执行了在 $|X_1\rangle$ 和 $|X_2\rangle$ 定义的平面上关于 $|X_1\rangle$ 的一次反射，即

$$O |\psi\rangle = O \left(\cos \frac{\theta}{2} |X_1\rangle + \sin \frac{\theta}{2} |X_2\rangle \right) = \cos \frac{\theta}{2} |X_1\rangle - \sin \frac{\theta}{2} |X_2\rangle \tag{6.1.12}$$

同样地，$2 |\psi\rangle \langle \psi| - I$ 也执行了 $|X_1\rangle$ 和 $|X_2\rangle$ 定义的平面上关于 $|\psi\rangle$ 的一次反射。两次反射的积是一个旋转，如图 6.2 所示。

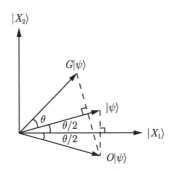

图 6.2　Grover 迭代的几何示意

$G = (2|\psi\rangle\langle\psi| - I)O$ 的两次反射将 $|\psi\rangle$ 转换为

$$G|\psi\rangle = \cos\frac{3\theta}{2}|X_1\rangle + \sin\frac{3\theta}{2}|X_2\rangle \tag{6.1.13}$$

算子 G 是在 $|X_1\rangle$ 和 $|X_2\rangle$ 张成的二维空间上的一个旋转，迭代一次 G 使状态 $|\psi\rangle$ 向 $|X_2\rangle$ 旋转 θ 角度。连续迭代 k 次 G，状态 $|\psi\rangle$ 变为

$$G^k|\psi\rangle = \cos\frac{(2k+1)\theta}{2}|X_1\rangle + \sin\frac{(2k+1)\theta}{2}|X_2\rangle \tag{6.1.14}$$

反复应用 G，便会将状态向量旋转地接近状态 $|X_2\rangle$。最后对量子比特态进行测量，便会以很高的概率得到与 $|X_2\rangle$ 重叠的输出，也就是得到搜索问题的解。迭代算子 G 也可以写成矩阵形式。以量子态 $|X_1\rangle$ 和 $|X_2\rangle$ 为基，可将算子 G 写成矩阵形式

$$G|\psi\rangle = \begin{pmatrix} \cos\theta & \sin\theta \\ \sin\theta & -\cos\theta \end{pmatrix} \begin{pmatrix} 1 & 0 \\ 0 & -1 \end{pmatrix} \begin{pmatrix} \cos(\theta/2) \\ \sin(\theta/2) \end{pmatrix} = \begin{pmatrix} \cos(3\theta/2) \\ \sin(3\theta/2) \end{pmatrix} \tag{6.1.15}$$

对算子 G 迭代 k 次后可得

$$G^k|\psi\rangle = \begin{pmatrix} \cos\theta & -\sin\theta \\ \sin\theta & \cos\theta \end{pmatrix}^k \begin{pmatrix} \cos(\theta/2) \\ \sin(\theta/2) \end{pmatrix} = \begin{pmatrix} \cos((2k+1)\theta/2) \\ \sin((2k+1)\theta/2) \end{pmatrix} \tag{6.1.16}$$

接下来，将讨论需要多少次 Grover 迭代才能以很大的概率得到搜索问题的解。

算法旋转角度 $\arccos\left(\sqrt{M/N}\right)$ 使系统转化到状态 $|X_2\rangle$，需要迭代的次数为

$$R = CI\left(\frac{\arccos\sqrt{M/N}}{\theta}\right) \tag{6.1.17}$$

其中，$CI(x)$ 表示最接近 x 的整数，一般向下取整。

假设 $\lambda = M/N \leqslant 1/2$，此时 $|\psi\rangle$ 旋转到距离 $|X_2\rangle$ 角度 $\theta/2$ 范围内，由于 $\cos(\theta/2) = \sqrt{(N-M)/N} \geqslant \sqrt{1/2}$，即 $\theta/2 \leqslant \pi/4$，于是在计算基下观测状态，将至少以 50% 的概率给出搜索问题的一个解。由于 $\arccos\left(\sqrt{M/N}\right) \leqslant \pi/2$，因此 $R \leqslant \lceil\pi/2\theta\rceil$。又因为 $\theta/2 \geqslant \sin(\theta/2) = \sqrt{M/N}$，于是可以给出 R 的一个上限估计，即

$$R \leqslant \left\lceil \frac{\pi}{4}\sqrt{\frac{N}{M}} \right\rceil \tag{6.1.18}$$

若要以较高的概率得到搜索问题的一个特定的解,必须进行 $R = O\left(\sqrt{N/M}\right)$ 次 Grover 迭代,搜索成功概率为 $P = \sin^2\left(\dfrac{2R+1}{2}\theta\right) > \dfrac{1}{2}$。

考虑 $0 \leqslant \lambda \leqslant 1$,因为搜索成功概率 $P = \sin^2\left(\dfrac{2R+1}{2}\theta\right) = \sin^2\left((2R+1)\arcsin\sqrt{\lambda}\right)$,再结合 $R = \left\lfloor \arcsin\sqrt{\lambda}/\left(2\arcsin\sqrt{\lambda}\right)\right\rfloor$ 可得

$$P = \sin^2\left(\left(2\left\lfloor \arccos\sqrt{\lambda}/\left(2\arcsin\sqrt{\lambda}\right)\right\rfloor + 1\right)\arcsin\sqrt{\lambda}\right) \tag{6.1.19}$$

于是,我们可以作出搜索成功概率 P 与解的个数占搜索空间元素总数比例 λ 的函数图像,如图 6.3 所示。

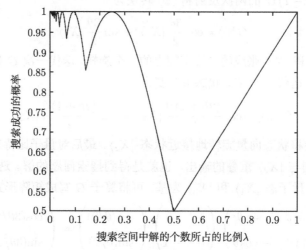

图 6.3   搜索成功概率 P 随 λ 变化的图

由图 6.3 可知,Grover 算法仅在若干离散点处的搜索成功概率为 1;当 $0.25 \leqslant \lambda \leqslant 0.5$ 时,Grover 算法的搜索成功概率迅速下降;当 $\lambda \geqslant 1/2$ 时,随机从搜索空间中取出一个元素,使用 Oracle 检查它是否为搜索问题的解,这时仅需调用一次 Oracle 就能使成功概率 $\lambda = M/N \geqslant 1/2$。

事实上,我们可能并不知道解的数目 M,算法的使用就会遇到困难。一个简单的解决方法是在原有的搜索空间中加入 N 个非搜索问题解,使得新的搜索空间中的解占搜索空间元素总数的比例小于 $1/2$。我们可以向搜索空间加入单个量子比特实现这一点,此时 Grover 算法将有效运行。

6.1.3   算法的程序实现

利用 MATLAB 实现 Grover 算法,假设在 $N = 2^n$ 的搜索空间中有 M 个解。取 $N = 32$,并将搜索空间中的所有元素编号为 1、2、$\cdots$、32,我们讨论 $\lambda = M/N$ 分别为 $1/32$、$1/16$、$1/8$、$1/4$、$3/8$ 和 $1/2$ 时,即 M 分别取 1、2、4、8、12 和 16,Grover 搜索算法运行的情况。进一步具体化,假设欲搜索项的编号为偶数,即编号满足 $n = 2k$,其中 $k = 1, 2, \cdots, M$。

当 $\lambda = 1/32$，即 $M = 1$ 时，总共 $\lceil \pi\sqrt{M/N}/4 \rceil = 5$ 次迭代，每次迭代后搜索成功的概率如表 6.1 所示，观察到第 4 次迭代时搜索成功率最大，为 99.92%。

表 6.1　$\lambda = 1/32$ 时各次迭代的搜索成功率

目标编号	目标状态	搜索成功率				
2	$|00001\rangle$	第 1 次迭代	第 2 次迭代	第 3 次迭代	第 4 次迭代	第 5 次迭代
		25.83%	60.24%	89.69%	99.92%	85.96%

当 $\lambda = 1/16$，即 $M = 2$ 时，总共 $\lceil \pi\sqrt{M/N}/4 \rceil = 4$ 次迭代，每次迭代后搜索成功的概率如表 6.2 所示，观察到第 3 次迭代时搜索成功率最大，为 96.13%。

表 6.2　$\lambda = 1/16$ 时各次迭代的搜索成功率

目标编号	目标状态	搜索成功率			
2	$|00001\rangle$	第 1 次迭代	第 2 次迭代	第 3 次迭代	第 4 次迭代
4	$|00011\rangle$	42.27%	90.84%	96.13%	58.17%

当 $\lambda = 1/8$，即 $M = 4$ 时，总共 $\lceil \pi\sqrt{M/N}/4 \rceil = 3$ 次迭代，每次迭代后搜索成功的概率如表 6.3 所示，观察到第 2 次迭代时搜索成功率最大，为 94.53%。

表 6.3　$\lambda = 1/8$ 时各次迭代的搜索成功率

目标编号	目标状态	搜索成功率		
2	$|00001\rangle$	第 1 次迭代	第 2 次迭代	第 3 次迭代
4	$|00011\rangle$			
6	$|00101\rangle$	78.13%	94.53%	33.01%
8	$|00111\rangle$			

当 $\lambda = 1/4$，即 $M = 8$ 时，总共 $\lceil \pi\sqrt{M/N}/4 \rceil = 2$ 次迭代，每次迭代后搜索成功的概率如表 6.4 所示，观察到第 1 次迭代时搜索成功率最大，为 100%。

表 6.4　$\lambda = 1/4$ 时各次迭代的搜索成功率

目标编号	目标状态	目标编号	目标状态	搜索成功率	
2	$|00001\rangle$	10	$|01001\rangle$	第 1 次迭代	第 2 次迭代
4	$|00011\rangle$	12	$|01011\rangle$		
6	$|00101\rangle$	14	$|01101\rangle$	100%	25%
8	$|00111\rangle$	16	$|01111\rangle$		

当 $\lambda = 3/8$，即 $M = 12$ 时，总共 $\lceil \pi\sqrt{M/N}/4 \rceil = 2$ 次迭代，每次迭代后搜索成功的概率如表 6.5 所示，观察到第 1 次迭代时搜索成功率最大，为 84.37%。

当 $\lambda = 1/2$，即 $M = 16$ 时，总共 $\lceil \pi\sqrt{M/N}/4 \rceil = 2$ 次迭代，每次迭代后搜索成功的概率如表 6.6 所示，观察到第 1 次迭代时搜索成功率最大，为 50%，此时 Grover 量子搜索算法基本失效。

表 6.5 $\lambda = 3/8$ 时各次迭代的搜索成功率

目标编号	目标状态	目标编号	目标状态	搜索成功率	
				第 1 次迭代	第 2 次迭代
2	$\lvert00001\rangle$	14	$\lvert01101\rangle$		
4	$\lvert00011\rangle$	16	$\lvert01111\rangle$		
6	$\lvert00101\rangle$	18	$\lvert10001\rangle$		
8	$\lvert00111\rangle$	20	$\lvert10011\rangle$	84.37%	2.34%
10	$\lvert01001\rangle$	22	$\lvert10101\rangle$		
12	$\lvert01011\rangle$	24	$\lvert10111\rangle$		

表 6.6 $\lambda = 1/2$ 时各次迭代的搜索成功率

目标编号	目标状态	目标编号	目标状态	搜索成功率	
				第 1 次迭代	第 2 次迭代
2	$\lvert00001\rangle$	18	$\lvert10001\rangle$		
4	$\lvert00011\rangle$	20	$\lvert10011\rangle$		
6	$\lvert00101\rangle$	22	$\lvert10101\rangle$		
8	$\lvert00111\rangle$	24	$\lvert10111\rangle$		
10	$\lvert01001\rangle$	26	$\lvert11001\rangle$	50%	50%
12	$\lvert01011\rangle$	28	$\lvert11011\rangle$		
14	$\lvert01101\rangle$	30	$\lvert11101\rangle$		
16	$\lvert01111\rangle$	32	$\lvert11111\rangle$		

6.2 量子搜索算法的最优性

在上一节中，我们已经说明为了成功搜索到 N 个元素集合中的一个特定目标项，最多需要使用 $O(\sqrt{N})$ 次 Grover 迭代，即最多调用 $O(\sqrt{N})$ 次 Oracle。那么，是否存在其他量子算法能够少于 $\Omega(\sqrt{N})$ 次调用 Oracle 完成搜索任务呢? 答案是否定的。

引理 6.1 对任意单位向量 $\lvert\psi\rangle$ 和一组 N 个向量的标准正交基 $\lvert x\rangle$，有

$$\sum_{x=0}^{N-1} \||x\rangle - |\psi\rangle\|^2 \geqslant 2N - 2\sqrt{N} \tag{6.2.1}$$

证明

$$\sum_{x=0}^{N-1} \||x\rangle - |\psi\rangle\|^2 = \sum_{x=0}^{N-1} \left(|x\rangle - |\psi\rangle\right)^\dagger \left(|x\rangle - |\psi\rangle\right)$$

$$= 2N - \sum_{x=0}^{N-1} \left(\langle\psi|x\rangle + \langle x|\psi\rangle\right)$$

$$= 2N - 2\sum_{x=0}^{N-1} \mathrm{Re}\,\langle x|\psi\rangle \tag{6.2.2}$$

令 $\lvert\psi\rangle = \sum_{x=0}^{N-1} \alpha_x \lvert x\rangle$，由 $\sum_{x=0}^{N-1} |\alpha_x|^2 = 1$，可得 $\sum_{x=0}^{N-1} \left[(\mathrm{Re}\,\alpha_x)^2 + (\mathrm{Im}\,\alpha_x)^2\right] = 1$。利用柯西-施

瓦茨不等式可得

$$\sum_{x=0}^{N-1} \mathrm{Re}\,\langle x|\psi\rangle = \sum_{x=0}^{N-1} \mathrm{Re}\,\alpha_x$$

$$\leqslant \sqrt{\left[\sum_{x=0}^{N-1}(\mathrm{Re}\,\alpha_x)^2\right]\left[\sum_{x=0}^{N-1} 1^2\right]}$$

$$= \sqrt{N\sum_{x=0}^{N-1}(\mathrm{Re}\,\alpha_x)^2}$$

$$\leqslant \sqrt{N} \tag{6.2.3}$$

因此，$\sum_{x=0}^{N-1}\||x\rangle - |\psi\rangle\|^2 \geqslant 2N - 2\sqrt{N}$。 ∎

定理 6.1　若以至少 $1/2$ 的概率搜索到一个特定的目标项，则所有量子算法必须至少调用 $\Omega(\sqrt{N})$ 次 Oracle。

证明　假设算法从初态 $|\psi\rangle$ 开始搜索问题的唯一解 x，定义

$$|\psi_l^x\rangle = U_l O_x U_{l-1} O_x \cdots U_1 O_x |\psi\rangle \tag{6.2.4}$$

表示应用 l 次 Oracle $O_x = I - 2|x\rangle\langle x|$，并在 Oracle 之间插入酉算子 $U_1, U_2, \cdots, U_l$ 后产生的状态。相应地，定义

$$|\psi_l\rangle = U_l U_{l-1} \cdots U_1 |\psi\rangle \tag{6.2.5}$$

表示在没有应用 Oracle 的情况下，执行一系列酉算子产生的状态。接下来，定义一个关于 $|\psi_l^x\rangle$ 和 $|\psi_l\rangle$ 偏差的度量

$$D_l = \sum_x \||\psi_l^x\rangle - |\psi_l\rangle\|^2 \tag{6.2.6}$$

注：如果 D_l 很小，即所有的 $|\psi_l^x\rangle$ 和 $|\psi_l\rangle$ 大致相同，则说明正确识别 x 的概率不会很高。

证明的思路分为两步：（1）D_l 是 $O(l^2)$ 的；（2）若以至少 $1/2$ 的概率成功搜索到解，则 D_l 必须是 $\Omega(N)$ 的。

首先，利用归纳法证明 $D_l \leqslant 4l^2$。当 $l = 0$ 时，$D_l = 0$ 显然成立。当下标为 $l+1$ 时

$$D_{l+1} = \sum_x \|U_{l+1}(O_x|\psi_l^x\rangle - |\psi_l\rangle)\|^2$$

$$= \sum_x \|O_x|\psi_l^x\rangle - |\psi_l\rangle\|^2$$

$$= \sum_x \|O_x(|\psi_l^x\rangle - |\psi_l\rangle) + (O_x - I)|\psi_l\rangle\|^2 \tag{6.2.7}$$

结合范数不等式 $\|a+b\|^2 \leqslant \|a\|^2 + 2\|a\|\|b\| + \|b\|^2$，其中 $a = O_x(|\psi_l^x\rangle - |\psi_l\rangle)$ 和 $b = (O_x - I)|\psi_l\rangle = -2\langle x|\psi_l\rangle|x\rangle$，可得

$$D_{l+1} \leqslant \sum_x \left(\||\psi_l^x\rangle - |\psi_l\rangle\|^2 + 4\||\psi_l^x\rangle - |\psi_l\rangle\| |\langle x|\psi_l\rangle| + 4|\langle x|\psi_l\rangle|^2 \right) \tag{6.2.8}$$

由于 $\sum_x |\langle x|\psi_l\rangle|^2 = 1$，再对上式第二项利用柯西 - 施瓦茨不等式可得

$$D_{l+1} \leqslant D_l + 4\sqrt{\sum_x \left(\||\psi_l^x\rangle - |\psi_l\rangle\|^2 \right)}\sqrt{\sum_x |\langle x|\psi_l\rangle|^2} + 4$$

$$\leqslant D_l + 4\sqrt{D_l} + 4 \tag{6.2.9}$$

由归纳假设 $D_l \leqslant 4l^2$ 代入可得

$$D_{l+1} \leqslant 4l^2 + 8l + 4 = 4(l+1)^2 \tag{6.2.10}$$

归纳证明完成，即 D_l 是 $O(l^2)$ 的。

其次，证明若以至少 $1/2$ 的概率成功搜索到解，则 D_l 必须是 $\Omega(N)$ 的。这种假设下有 $|\langle x|\psi_l^x\rangle|^2 \geqslant 1/2$。用 $|\tilde{x}\rangle = e^{i\theta}|x\rangle$ 代替 $|x\rangle$ 后，依旧满足 $|\langle \tilde{x}|\psi_l^{\tilde{x}}\rangle|^2 \geqslant 1/2$，即成功概率没有发生改变。不失一般性，可以假定 $\langle x|\psi_l^x\rangle = |\langle x|\psi_l^x\rangle|$，于是有

$$\||\psi_l^x\rangle - |x\rangle\|^2 \leqslant 2 - 2|\langle x|\psi_l^x\rangle| \leqslant 2 - \sqrt{2} \tag{6.2.11}$$

定义 $A_l = \sum_x \||\psi_l^x\rangle - |x\rangle\|^2$ 和 $B_l = \sum_x \||x\rangle - |\psi_l\rangle\|^2$，结合范数不等式 $\|a+b\|^2 \geqslant \|a\|^2 - 2\|a\|\|b\| + \|b\|^2$，其中 $a = |\psi_l^x\rangle - |x\rangle$，$b = |x\rangle - |\psi_l\rangle$，有

$$D_{l+1} = \sum_x \|(|\psi_l^x\rangle - |x\rangle) + (|x\rangle - |\psi_l\rangle)\|^2$$

$$\geqslant \sum_x \||\psi_l^x\rangle - |x\rangle\|^2 - 2\sum_x \||\psi_l^x\rangle - |x\rangle\|\||x\rangle - |\psi_l\rangle\| + \sum_x \||x\rangle - |\psi_l\rangle\|^2$$

$$= A_l + B_l - 2\sum_x \||\psi_l^x\rangle - |x\rangle\|\||x\rangle - |\psi_l\rangle\| \tag{6.2.12}$$

利用柯西–施瓦茨不等式可得 $\sum_x \||\psi_l^x\rangle - |x\rangle\|\||x\rangle - |\psi_l\rangle\| \leqslant \sqrt{A_l B_l}$，于是有

$$D_{l+1} \geqslant A_l + B_l - 2\sqrt{A_l B_l} = \left(\sqrt{A_l} - \sqrt{B_l} \right)^2 \tag{6.2.13}$$

由于 $A_l \leqslant (2 - \sqrt{2})N$，再根据引理 6.1 可得 $B_l \geqslant 2N - 2\sqrt{N}$，所以对足够大的 N，满足 $D_l \geqslant kN$，即 D_l 是 $\Omega(N)$ 的，其中 k 是小于 $\left(\sqrt{2} - \sqrt{2 - \sqrt{2}} \right)^2 \approx 0.42$ 的常数。

结合 $D_l \leqslant 4l^2$ 与 $D_l \geqslant kN$，可得 $l \geqslant \sqrt{kN}/2$。也就是说，若要以至少 $1/2$ 的概率搜索到一个特定的目标项，所有量子算法必须至少调用 $\Omega(\sqrt{N})$ 次 Oracle。∎

定理 6.1 说明 Grover 量子搜索算法是最优的，对于遍历搜索问题，它充分发挥了量子力学的极限。Zalka 证明了 Grover 量子搜索算法的最优性。Bennett、Bernstein 和 Vazirani 也证明了 Grover 量子搜索算法是基于量子黑盒的最优算法。

6.3　Grover 量子搜索算法的改进

相较于经典算法，Grover 量子搜索算法实现了对无序数据库搜索的二次加速。然而，Grover 量子搜索算法自身也存在一定的缺陷，即当搜索问题解的数目大于数据库中元素总数的 1/4 时，搜索成功的概率会快速降低；当搜索问题解的数目大于数据库中元素总数的一半时，搜索彻底失效。迄今为止，国内外专家学者关于如何提高 Grover 算法的搜索成功率进行了很多有益的研究，提出了多种 Grover 量子搜索算法的改进方法。这些改进方法的主要思想大多是通过改变原始 Grover 量子搜索算法中的相移操作以构造新的迭代算子，从而提高搜索成功的概率。

本节主要介绍 Grover 量子搜索算法的两种改进算法：基于 $\pi/2$ 相位旋转的改进算法与 Younes 算法。

6.3.1　基于 $\pi/2$ 相位旋转的改进算法

由 6.1.2 节的算法分析可知，随着搜索空间中解的数目所占的比例 λ 的增大，Grover 算法的成功概率迅速下降，究其原因主要是 Grover 算法中的两次相位旋转大小均为 π。这样的相位旋转结果是：每调用一次 Grover 迭代，系统状态的相位增加 $\theta = 2\arcsin\sqrt{\lambda}$，而且需要旋转 $\arcsin\sqrt{\lambda}$ 弧度才能从初始态 $|\psi\rangle$ 旋转至 $|X_2\rangle$ 状态。随着 λ 的增加，仅有极少数的取值才满足 $R = \arcsin\sqrt{\lambda}/\left(2\arcsin\sqrt{\lambda}\right)$ 近似为整数，因此导致成功概率的下降。为了阻止 Grover 算法成功概率的下降，首先将其搜索过程中的两次相位旋转由固定值 π 推广到任意值，然后通过讨论两次相位旋转的大小与获得正确结果概率之间的关系，确定新的相位匹配条件。顺着这条思路，得到新的相位匹配条件是两次相位旋转的大小均为 $\pi/2$，但方向相反。

首先将 Grover 算法的两个相移算子写成外积形式，即

$$U = I - 2\sum_{i=1}^{M} |x_i\rangle \langle x_i| \tag{6.3.1}$$

$$V = 2|\varphi\rangle \langle \varphi| - I \tag{6.3.2}$$

如果把式 (6.3.1) 和式 (6.3.2) 中的"2"看成"$\left(1 - \mathrm{e}^{\mathrm{i}\pi}\right)$"，再把式 (6.3.2) 中 I 的系数"-1"看成"$\mathrm{e}^{\mathrm{i}\pi}$"，那么上述两个相移算子可以推广为

$$U = I - \left(1 - \mathrm{e}^{\mathrm{i}\alpha}\right) \sum_{i=1}^{M} |x_i\rangle \langle x_i| \tag{6.3.3}$$

$$V = \left(1 - \mathrm{e}^{\mathrm{i}\beta}\right) |\varphi\rangle \langle \varphi| + \mathrm{e}^{\mathrm{i}\beta} I \tag{6.3.4}$$

其中，当 $\alpha = \beta = \pi$ 时，上面两式就转换为式 (6.3.1) 和式 (6.3.2)。

由于一个封闭量子系统的演化由一个酉算子刻画，因此推广的相移算子必须满足酉性。事实上，由 $U = I - \left(1 - \mathrm{e}^{\mathrm{i}\alpha}\right) \sum_{i=1}^{M} |x_i\rangle \langle x_i|$ 及其共轭转置为 $U^\dagger = I - \left(1 - \mathrm{e}^{-\mathrm{i}\alpha}\right) \sum_{i=1}^{M} |x_i\rangle \langle x_i|$，

可以得到

$$U^\dagger U = I - 2\left(1 - \mathrm{e}^{\mathrm{i}\alpha} - \mathrm{e}^{-\mathrm{i}\alpha}\right)\sum_{i=1}^{M}|x_i\rangle\langle x_i| + \left(1 - \mathrm{e}^{\mathrm{i}\alpha}\right)\left(1 - \mathrm{e}^{-\mathrm{i}\alpha}\right)\left(\sum_{i=1}^{M}|x_i\rangle\langle x_i|\right)^2 = I$$

同理，由 $V = \left(1 - \mathrm{e}^{\mathrm{i}\beta}\right)|\psi\rangle\langle\psi| + \mathrm{e}^{\mathrm{i}\beta}I$ 及其共轭转置为 $V^\dagger = \left(1 - \mathrm{e}^{-\mathrm{i}\beta}\right)|\psi\rangle\langle\psi| + \mathrm{e}^{-\mathrm{i}\beta}I$，可以得到 $V^\dagger V = \left(1 - \mathrm{e}^{-\mathrm{i}\beta}\right)\left(1 - \mathrm{e}^{\mathrm{i}\beta}\right)|\psi\rangle\langle\psi| + \left(1 - \mathrm{e}^{-\mathrm{i}\beta}\right)\mathrm{e}^{\mathrm{i}\beta}|\psi\rangle\langle\psi| + \mathrm{e}^{-\mathrm{i}\beta}\left(1 - \mathrm{e}^{\mathrm{i}\beta}\right)|\psi\rangle\langle\psi| + \mathrm{e}^{-\mathrm{i}\beta}\mathrm{e}^{\mathrm{i}\beta}I = I.$

当 λ 较小时，原始的 Grover 算法就能获得较高的成功概率，但是当 λ 较大时，其成功概率迅速下降。为了在 λ 较大时也能获得较高的成功概率，我们给出相位匹配 α 和 β 的值。

定理 6.2　当 $\lambda > 1/3$ 时，令 $\alpha = -\beta = \pi/2$，则只需要一次搜索即可使搜索成功的概率 $\tilde{P} \geqslant 0.925$。

证明　参照 6.1.2 节，系统的初态 $|\psi\rangle$ 为式 (6.1.10)，将式 (6.3.3) 的相移算子 U 作用在 $|\psi\rangle$ 上得

$$|\varphi_1\rangle = U|\varphi\rangle = \sqrt{\frac{N-M}{N}}|X_1\rangle + \mathrm{e}^{\mathrm{i}\alpha}\sqrt{\frac{M}{N}}|X_2\rangle \tag{6.3.5}$$

再将式 (6.3.4) 的相移算子 V 作用在 $|\psi_1\rangle$ 上得

$$\begin{aligned}|\varphi_2\rangle = V|\varphi_1\rangle &= \left(\left(1 - \mathrm{e}^{\mathrm{i}\beta}\right)|\varphi\rangle\langle\varphi| + \mathrm{e}^{\mathrm{i}\beta}I\right)|\varphi_1\rangle \\ &= \frac{M\left(\mathrm{e}^{\mathrm{i}\alpha} + \mathrm{e}^{\mathrm{i}\beta} - \mathrm{e}^{\mathrm{i}(\alpha+\beta)}\right) + N - M}{N}\sqrt{\frac{N-M}{N}}|X_1\rangle \\ &\quad + \frac{(N-M)\left(\mathrm{e}^{\mathrm{i}(\alpha+\beta)} - \mathrm{e}^{\mathrm{i}\beta} + 1\right) + M\mathrm{e}^{\mathrm{i}\alpha}}{N}\sqrt{\frac{M}{N}}|X_2\rangle\end{aligned} \tag{6.3.6}$$

于是，搜索成功的概率为 $|X_1\rangle$ 系数的模的平方，代入 $\lambda = M/N$ 可得

$$\begin{aligned}\tilde{P} &= \left(-4\lambda^3 + 6\lambda^2 - 2\lambda\right)(\cos\alpha + \cos\beta) + \left(2\lambda^3 - 2\lambda^2\right)\cos(\alpha - \beta) \\ &\quad + 2\lambda(1-\lambda)^2\cos(\alpha+\beta) + 3\lambda(1-\lambda)^2 + \lambda^3\end{aligned} \tag{6.3.7}$$

当 $\alpha = -\beta = \pi/2$ 时，上式可化简为

$$\tilde{P} = 4\lambda^3 - 8\lambda^2 + 5\lambda \tag{6.3.8}$$

比较式 (6.1.19) 中的 P 和式 (6.3.8) 中的 $\tilde{P}$ 可知：(1) 当 $0 < \lambda \leqslant 1/3$ 时，$P > \tilde{P}$；(2) 当 $1/3 < \lambda < 1$ 时，$\tilde{P} > P$，且 $\tilde{P} > \tilde{P}_{\lambda=5/6} \approx 0.925$。∎

因此，基于 $\pi/2$ 相位旋转的 Grover 改进算法中的相移算子为（即 $\alpha = -\beta = \pi/2$ 时）

$$U = I - (1 - \mathrm{i})\sum_{i=1}^{M}|x_i\rangle\langle x_i| \tag{6.3.9}$$

$$V = (1 + \mathrm{i})|\varphi\rangle\langle\varphi| - \mathrm{i}I \tag{6.3.10}$$

改进前后的搜索成功率曲线如图 6.4 所示，从图中可以看到：当 $0 < \lambda \leqslant 1/3$ 时，原始 Grover 算法明显优于改进后的算法；当 $1/3 < \lambda < 1$ 时，改进后的算法明显优于原始 Grover 算法。因此在具体应用中，当 $0 < \lambda \leqslant 1/3$ 时应使用原始的 Grover 搜索算法，当 $1/3 < \lambda < 1$ 时应使用基于 $\pi/2$ 相位旋转的 Grover 改进算法。

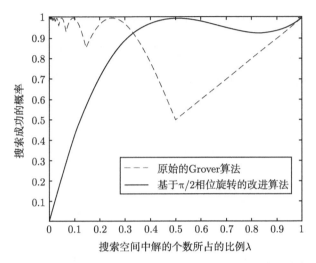

图 6.4　Grover 算法基于 $\pi/2$ 相位旋转改进前后的搜索成功率对比

6.3.2　基于局部扩散算子的量子搜索算法

2003 年，英国伯明翰大学的 Ahmed Younes 等人提出一种基于局部扩散算子的搜索算法，该算法中算子的均值翻转操作仅在系统的一个局部子空间上执行。对于 N 个元素中搜索 M 个目标的搜索问题，该算法的成功概率至少为 84.72%。对于 $N = 2^n$ 个元素的无序数据搜索问题，Younes 算法的量子线路如图 6.5 所示，算法过程如下所述。

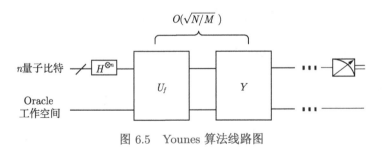

图 6.5　Younes 算法线路图

算法 6.2　Younes 算法

（1）初始量子态为 $|0\rangle^{\otimes n} \otimes |0\rangle$，对前 n 位量子比特作用 Hadamard 变换 $H^{\otimes n}$，将系统状态变为 2^n 个状态的均匀叠加态，即

$$|\psi_1\rangle = (H^{\otimes n} \otimes I)\,|0\rangle^{\otimes(n+1)} = \left(\frac{1}{\sqrt{N}} \sum_{i=0}^{N-1} |i\rangle\right) \otimes |0\rangle \tag{6.3.11}$$

（2）反复执行 Younes 迭代操作。每个 Younes 迭代分为以下两步：

（a）应用 Oracle 操作 O 识别搜索问题的解，并将识别结果标记在工作量子比特中，即

$$|\psi_2\rangle = \frac{1}{\sqrt{N}} \sum_{i=0}^{N-1} (|i\rangle \otimes |f(i)\rangle) \tag{6.3.12}$$

（b）应用局部扩散算子 Y 于 $n+1$ 位量子比特系统，该算子具体可描述为

$$Y = (H^{\otimes n} \otimes I)(2|0\rangle\langle 0| - I)(H^{\otimes n} \otimes I) \tag{6.3.13}$$

为了方便后续讨论，我们将量子系统状态重写为更一般的形式，即

$$|\psi_2\rangle = \sum_{j=0}^{N-1} \alpha_j (|j\rangle \otimes |0\rangle) + \sum_{j=0}^{N-1} \beta_j (|j\rangle \otimes |1\rangle) \tag{6.3.14}$$

应用局部扩散算子 Y 后，该量子系统变为

$$\begin{aligned}
Y(|\psi_2\rangle) &= (H^{\otimes n} \otimes I (2|0\rangle\langle 0| - I) H^{\otimes n} \otimes I)|\psi_2\rangle \\
&= 2(H^{\otimes n} \otimes I |0\rangle\langle 0| H^{\otimes n} \otimes I)|\psi_2\rangle - |\psi_2\rangle \\
&= \sum_{j=0}^{N-1} (2\langle\alpha\rangle - \alpha_j)(|j\rangle \otimes |0\rangle) - \sum_{j=0}^{N-1} \beta_j (|j\rangle \otimes |1\rangle)
\end{aligned} \tag{6.3.15}$$

其中，$\langle\alpha\rangle = \frac{1}{N} \sum_{j=0}^{N-1} \alpha_j$ 为子空间 $\sum_{j=0}^{N-1} \alpha_j (|j\rangle \otimes |0\rangle)$ 的幅度均值。于是，应用局部扩散算子 Y 的结果是在子空间 $\sum_{j=0}^{N-1} \alpha_j (|j\rangle \otimes |0\rangle)$ 上进行均值翻转，而对于子空间 $\sum_{j=0}^{N-1} \beta_j (|j\rangle \otimes |1\rangle)$ 只改变幅度的符号。依然用 X_2 表示所有搜索问题解的和，X_1 表示所有非搜索问题解的和，则系统状态可以描述为

$$|\psi_2\rangle = \frac{1}{\sqrt{N}} \sum_{j \in X_1} (|j\rangle \otimes |0\rangle) + \frac{1}{\sqrt{N}} \sum_{j \in X_2} (|j\rangle \otimes |1\rangle) \tag{6.3.16}$$

作用局部扩散算子 Y 后，系统状态变为

$$|\psi_3\rangle = a_1 \sum_{j \in X_1} (|j\rangle \otimes |0\rangle) + b_1 \sum_{j \in X_2} (|j\rangle \otimes |0\rangle) + c_1 \sum_{j \in X_2} (|j\rangle \otimes |1\rangle) \tag{6.3.17}$$

记 $\langle\alpha_1\rangle = (N-M)/(N\sqrt{N})$，则系数 $a_1 = 2\langle\alpha_1\rangle - \frac{1}{\sqrt{N}}$，$b_1 = 2\langle\alpha_1\rangle$，$c_1 = -\frac{1}{\sqrt{N}}$。经过一次 Younes 迭代后，搜索成功的概率为

$$P_{\text{success}}^{(1)} = M(b_1^2 + c_1^2) = M\left[\left(\frac{2(N-M)}{N\sqrt{N}}\right)^2 + \left(\frac{-1}{\sqrt{N}}\right)^2\right] \tag{6.3.18}$$

接下来，进行 Younes 算法的第二次迭代。应用 Oracle 操作后，系统状态变为

$$|\psi_4\rangle = a_1 \sum_{j \in X_1} (|j\rangle \otimes |0\rangle) + c_1 \sum_{j \in X_2} (|j\rangle \otimes |0\rangle) + b_1 \sum_{j \in X_2} (|j\rangle \otimes |1\rangle) \tag{6.3.19}$$

再应用局部扩散算子 Y 后，系统状态更新为

$$|\psi_5\rangle = a_2 \sum_{j \in X_1} (|j\rangle \otimes |0\rangle) + b_2 \sum_{j \in X_2} (|j\rangle \otimes |0\rangle) + c_2 \sum_{j \in X_2} (|j\rangle \otimes |1\rangle) \tag{6.3.20}$$

记 $\langle \alpha_2 \rangle = ((N-M) a_1 + M c_1)/N$，则系数 $a_2 = 2\langle \alpha_2 \rangle - a_1$，$b_2 = 2\langle \alpha_2 \rangle - c_1$，$c_2 = -b_1$。而且系统搜索成功的概率为

$$P_{\text{success}}^{(2)} = M\left(b_2^2 + c_2^2\right) = M\left(b_2^2 + b_1^2\right) \tag{6.3.21}$$

同理，进行 Younes 算法的第三次迭代。应用 Oracle 操作后，系统状态变为

$$|\psi_6\rangle = a_2 \sum_{j \in X_1} (|j\rangle \otimes |0\rangle) + c_2 \sum_{j \in X_2} (|j\rangle \otimes |0\rangle) + b_2 \sum_{j \in X_2} (|j\rangle \otimes |1\rangle) \tag{6.3.22}$$

再应用局部扩散算子 Y 后，系统状态更新为

$$|\psi_7\rangle = a_3 \sum_{j \in X_1} (|j\rangle \otimes |0\rangle) + b_3 \sum_{j \in X_2} (|j\rangle \otimes |0\rangle) + c_3 \sum_{j \in X_2} (|j\rangle \otimes |1\rangle) \tag{6.3.23}$$

记 $\langle \alpha_3 \rangle = ((N-M) a_2 + M c_2)/N$，则系数 $a_3 = 2\langle \alpha_3 \rangle - a_2$，$b_3 = 2\langle \alpha_3 \rangle - c_2$，$c_3 = -b_2$。而且系统搜索成功的概率为

$$P_{\text{success}}^{(3)} = M\left(b_3^2 + c_3^2\right) = M\left(b_3^2 + b_2^2\right) \tag{6.3.24}$$

通过归纳可知，经过 $q \geqslant 2$ 次迭代后，系统状态更新为

$$\left|\psi^{(q)}\right\rangle = a_q \sum_{j \in X_1} (|j\rangle \otimes |0\rangle) + b_q \sum_{j \in X_2} (|j\rangle \otimes |0\rangle) + c_q \sum_{j \in X_2} (|j\rangle \otimes |1\rangle) \tag{6.3.25}$$

记 $y = (N-M)/N$，$s = \sqrt{N}$，$\langle \alpha_q \rangle = y a_{q-1} + (1-y) c_{q-1}$，可得系数的递推关系为

$$\begin{cases} a_0 = s, & a_1 = s(2y-1), & a_q = 2\langle \alpha_q \rangle - a_{q-1} \\ b_0 = s, & b_1 = 2sy, & b_q = 2\langle \alpha_q \rangle - c_{q-1} \\ c_0 = 0, & c_1 = -s, & c_q = -b_{q-1} \end{cases} \tag{6.3.26}$$

搜索成功的概率为

$$P_{\text{success}}^{(q)} = M\left(b_q^2 + c_q^2\right) = M\left(b_q^2 + b_{q-1}^2\right) \tag{6.3.27}$$

递推关系式 (6.3.26) 可以改写为

$$\begin{cases} a_0 = s, & a_1 = s(2y-1), & a_q = 2y a_{q-1} - a_{q-2} \\ b_0 = s, & b_1 = 2sy, & b_q = 2y b_{q-1} - b_{q-2} \\ c_0 = 0, & c_1 = -s, & c_q = -b_{q-1}. \end{cases} \tag{6.3.28}$$

令 $y = \cos\theta'$, $\theta' \in (0, \pi/2]$, 上述递推关系式可改写为

$$\begin{cases} a_q = s\left(\dfrac{\sin(q+1)\theta'}{\sin\theta'} - \dfrac{\sin q\theta'}{\sin\theta'}\right) \\[3mm] b_q = s\left(\dfrac{\sin(q+1)\theta'}{\sin\theta'}\right) \\[3mm] c_q = -s\left(\dfrac{\sin q\theta'}{\sin\theta'}\right) \end{cases} \tag{6.3.29}$$

将第二类切比雪夫多项式 $U_q(y) = \dfrac{\sin(q+1)\theta'}{\sin\theta'}$ 代入式 (6.3.29) 可得

$$\begin{cases} a_q = s(U_q - U_{q-1}) \\ b_q = sU_q \\ c_q = -sU_{q-1} \end{cases} \tag{6.3.30}$$

搜索成功的概率为

$$P_{\text{success}}^{(q)} = \left(1 - \cos\theta'\right)\left(U_q^2 + U_{q-1}^2\right) \tag{6.3.31}$$

Younes 给出了搜索成功概率下界的一个估计

$$P_{\text{success}}^{(q)} \geqslant \frac{1+\cos^2\theta'}{1+\cos\theta'} = \frac{1+\left(1-\dfrac{M}{N}\right)^2}{1+\left(1-\dfrac{M}{N}\right)} \geqslant 0.828 \tag{6.3.32}$$

若要以很高的概率得到搜索问题的解，则需要迭代的次数由定理 6.3 给出。

定理 6.3 若要求 $P_{\text{success}}^{(q)} = \left(1 - \cos\theta'\right)\left(U_q^2 + U_{q-1}^2\right) = 1$, 则需要迭代的次数为 $q = \dfrac{\pi - \theta'}{2\theta'}$ 或 $\theta' = \dfrac{\pi}{2}$。

证明

$$\left(1 - \cos\theta'\right)\left(\frac{\sin^2(q+1)\theta'}{\sin^2\theta'} + \frac{\sin^2 q\theta'}{\sin^2\theta'}\right) = 1$$

$$\Rightarrow \sin^2(q+1)\theta' + \sin^2 q\theta' = 1 + \cos\theta'$$

$$\Rightarrow \cos\left(2q\theta' + 2\theta'\right) + \cos 2q\theta' + 2\cos\theta' = 0$$

$$\Rightarrow 2\cos 2q\theta'\cos^2\theta' - 2\cos\theta'\sin 2q\theta'\sin\theta' + 2\cos\theta' = 0$$

$$\Rightarrow 2\cos\theta'\left(\cos 2q\theta'\cos\theta' - \sin 2q\theta'\sin\theta' + 1\right) = 0$$

$$\Rightarrow \cos\theta'\left(\cos\left(2q\theta' + \theta'\right) + 1\right) = 0$$

$$\Rightarrow \theta' = \frac{\pi}{2} \quad \text{或} \quad q = \frac{\pi - \theta'}{2\theta'}$$

由 $y = \cos\theta' = (N - M)/N$ 可知 $\sin\left(\theta'/2\right) = \sqrt{M/2N}$，当 $M \ll N$ 时，$\theta' \approx$
$\sqrt{2M/N}$，$q \approx \dfrac{\pi}{2\sqrt{2}}\sqrt{\dfrac{N}{M}}$。由于迭代次数为整数，再将迭代次数向下取整为 $q = \left\lfloor \dfrac{\pi}{2\sqrt{2}}\sqrt{\dfrac{N}{M}} \right\rfloor$。

接下来比较基于局部扩散算子的 Younes 算法和原始 Grover 量子搜索算法的性能，这两个算法搜索的成功概率比较如图 6.6 所示。

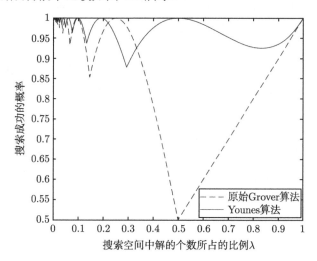

图 6.6　Younes 算法与原始 Grover 算法的搜索成功率对比

原始的 Grover 算法通过 R 次迭代后搜索成功的概率为 $P_{\text{success}}^{(R)} = \sin^2\left(\dfrac{2R+1}{2}\theta\right)$，
其中 $\sin\dfrac{\theta}{2} = \sqrt{\dfrac{M}{N}}$，$\theta \in (0,\pi/2]$，迭代 $R = \left\lceil \dfrac{\pi}{4}\sqrt{\dfrac{N}{M}} \right\rceil$ 次，搜索成功的概率至少为 50%。
然而，基于局部扩散算子的 Younes 算法通过 q 次迭代后搜索成功的概率为 $P_{\text{success}}^{(q)} =$
$\left(1 - \cos\theta'\right)\left(\dfrac{\sin^2\left(q+1\right)\theta' + \sin^2 q\theta'}{\sin^2\theta'}\right)$，其中 $\cos\theta' = (N - M)/N$，$\theta' \in (0,\pi/2]$，迭代
$q = \left\lfloor \dfrac{\pi}{2\sqrt{2}}\sqrt{\dfrac{N}{M}} \right\rfloor$ 次，搜索成功的概率至少为 82.8%。从图 6.6 中可以看到，原始 Grover
算法的搜索成功率在 $\lambda = M/N = 0.5$ 处取得最小值 50%，而 Younes 算法的搜索成功率
在 $\lambda = M/N = 0.308$ 处取得最小值 84.72%。

6.4　Grover 量子搜索算法的应用

现实世界中的许多问题都可归结为搜索问题，如最短路径问题、排序问题、图着色问题、数据库搜索问题以及密码学中的穷举攻击问题等。迄今为止，解决此类问题最好的经典算法的时间复杂度为 $O(N)$（其中 N 为搜索空间的大小），然而 Grover 量子搜索算法求解此类问题的时间复杂度为 $O(\sqrt{N})$。Grover 算法实现了对经典算法的二次加速，使得 Grover 算法在搜索问题的具体应用中具有显著的优势。

本节重点介绍 Grover 算法在具体搜索问题中的应用,包括非结构化数据库搜索问题、NP-完全问题及其他相关应用。

6.4.1　非结构化数据库搜索

量子搜索算法有时也被视为一种数据库搜索算法,现在我们研究量子搜索算法如何应用于搜索非结构化数据库。假设数据库中存储了 $N = 2^n$ 个数据,依次标记为 $d_1, d_2, \cdots, d_N$,每个数据的长度为 l 比特。现在希望找到某一长度为 l 的特定比特串 s 在数据库中的位置。

首先看解决此问题的经典算法,为此需要考虑经典计算机的工作原理,如图 6.7 所示。经典计算机由中央处理器(CPU)和内存构成。数据从内存中装载(LOAD)到 CPU,CPU 对自身缓存的数据进行处理,CPU 中的数据可存储(STORE)到内存。经典算法在 CPU 中设置一个 n 比特索引,索引指向数据库中的 N 个元素,索引从 0 开始,算法每迭代一次,索引号便加 1。每次迭代过程中,索引所指向的数据库元素被装载到 CPU 中,CPU 将其与要找的比特串 s 做比较。若相同,则算法输出索引值并结束,否则增加索引算法并继续迭代。经典算法最差的情况是迭代 N 次。

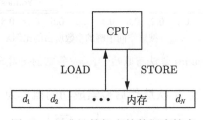

图 6.7　经典计算机上的数据库搜索

下面看量子算法的情形,假设量子初态为

$$|\psi\rangle = \sum_{x=1}^{N} \frac{1}{\sqrt{N}} |x\rangle |s\rangle |0\rangle \frac{|0\rangle - |1\rangle}{\sqrt{2}} \tag{6.4.1}$$

其中,第一寄存器 $|x\rangle$ 为 n 量子比特索引寄存器,它可以处于多重值的叠加态,第二寄存器 $|s\rangle$ 为计算过程中保持状态不变的 l 量子比特寄存器,第三寄存器 $|0\rangle$ 为 l 量子比特数据寄存器,第四寄存器 $\frac{|0\rangle - |1\rangle}{\sqrt{2}}$ 为 Oracle 工作单量子比特。这四个寄存器构成了量子计算机的 CPU,量子计算机的内存构造与经典计算机类似。为了说明非结构化数据库量子搜索算法的过程,这里引入内存访问(LOAD)的概念。若量子计算机 CPU 的索引寄存器处于状态 $|x\rangle$,数据寄存器处于状态 $|d\rangle$,则第 x 个内存单元的内容 d_x 会被加载到数据寄存器:$|d\rangle \to |d \oplus d_x\rangle$,这里 $\oplus$ 是模 2 加,这就是量子计算机的 LOAD 过程。

接下来给出 Oracle 的具体实现方法。首先在式 (6.4.1) 的量子初态上执行内存访问(LOAD)操作可得

$$|\psi'\rangle = |x\rangle |s\rangle |d_x\rangle \frac{|0\rangle - |1\rangle}{\sqrt{2}} \tag{6.4.2}$$

然后比较第二寄存器与第三寄存器可得

$$
|\psi''\rangle = \begin{cases} -\,|x\rangle\,|s\rangle\,|d_x\rangle\,\dfrac{|0\rangle-|1\rangle}{\sqrt 2}, & d_x = s \\[3mm] |x\rangle\,|s\rangle\,|d_x\rangle\,\dfrac{|0\rangle-|1\rangle}{\sqrt 2}, & d_x \neq s \end{cases} \tag{6.4.3}
$$

最后再次执行内存访问（LOAD）操作可得

$$
|\psi'''\rangle = \begin{cases} -\,|x\rangle\,|s\rangle\,|0\rangle\,\dfrac{|0\rangle-|1\rangle}{\sqrt 2}, & d_x = s \\[3mm] |x\rangle\,|s\rangle\,|0\rangle\,\dfrac{|0\rangle-|1\rangle}{\sqrt 2}, & d_x \neq s \end{cases} \tag{6.4.4}
$$

所以 Oracle 的效果是翻转在数据库中定位比特串 s 索引的相位。

量子搜索算法的其他步骤与 Grover 算法的原有步骤相同，只需要执行 $O(\sqrt{N})$ 次 LOAD 操作，最终对索引寄存器 $|x\rangle$ 进行测量，就能以较大的概率得到数据库中比特串 s 的位置。

6.4.2　NP 完全问题上的应用

前面已经说过 NP 完全问题是 NP 类中难度最大的问题，在经典计算中至今还没有有效的算法，那么量子搜索算法如何实现 NP 完全问题的加速求解呢？

先来看 NP 完全问题的简单例子——背包问题。所谓背包问题，是指给定一组物品，每种物品都有自己的重量和价格，在限定的总重量内，如何选择才能使得物品的总价格最高。0-1 背包问题的数学表达形式为：设 $a_1, a_2, \cdots, a_n, b$ 为已知的正整数，方程 $a_1 x_1 + a_2 x_2 + \cdots + a_n x_n = b$ 是否在 GF(2) 中有解？若有解，则求解。背包问题有时也称子集和问题。如果令 $A = (a_1, a_2, \cdots, a_n)$，$X = (x_1, x_2, \cdots, x_n)$，那么上述方程就是 $AX = b$。搜索算法的 Oracle 完成变换，即

$$
O\,|x_1 x_2 \cdots x_n\rangle = \begin{cases} |x_1 x_2 \cdots x_n\rangle, & AX \neq b \\ -\,|x_1 x_2 \cdots x_n\rangle, & AX = b \end{cases} \tag{6.4.5}
$$

其中，$|x_1 x_2 \cdots x_n\rangle$ 表示 $X = (x_1, x_2, \cdots, x_n)$ 对应的量子态。应用 Grover 量子搜索算法，经过 $O(\sqrt{2^n})$ 次 Oracle 调用，就能以较大的概率获得背包问题的解。

另一个 NP 完全问题的例子是哈密顿图问题，即是否存在通过图 G 的每个结点一次且仅有一次的回路。若存在，则称该回路为图 G 的哈密顿回路。求解的思路是遍历图 G 所有顶点的可能排序 $(v_1, v_2, \cdots, v_n)$ 直到某种排序对应于图 G 的哈密顿回路为止。我们将这种排序对应的量子态写成 $|v_1 v_2 \cdots v_n\rangle$，其中每个 $|v_i\rangle$ 对应 $m = \lceil \log n \rceil$ 个量子比特，用来表示图 G 中的任意一个顶点，于是任意一种排序所对应的量子态共有 nm 个量子比

特。搜索算法的 Oracle 完成变换，即

$$O\left|v_1 v_2 \cdots v_n\right\rangle = \begin{cases} \left|v_1 v_2 \cdots v_n\right\rangle, & v_1 v_2 \cdots v_n v_1 \text{构成图}G\text{的哈密顿回路} \\ -\left|v_1 v_2 \cdots v_n\right\rangle, & v_1 v_2 \cdots v_n v_1 \text{不构成图}G\text{的哈密顿回路} \end{cases} \tag{6.4.6}$$

应用 Grover 量子搜索算法，经过 $O(\sqrt{2^{nm}})$ 次 Oracle 调用，就能以较大的概率获得背包问题的解。

6.4.3　其他相关应用

Grover 算法除了在非结构化数据库搜索以及 NP 完全问题上能实现有效加速以外，该算法在其他方面也有着十分广阔的应用空间。

首先，Grover 算法可以应用在密码破译领域。1977 年，美国国家标准局公布了数据加密标准算法 DES，其有效密钥长度为 56 比特，由于计算技术和密码理论的发展，56 比特密钥的 DES 已远远不能应付当前的攻击，特别是密码的穷举攻击。为了增加密码的安全性，美国国家标准和技术研究所又经过了 5 年的广泛征集和严格筛选，于 2001 年公布了新的高级加密标准算法 AES，其密钥长度可取 128 比特、192 比特和 256 比特。从目前序列密码加密算法来看，其种子密钥长度都在 128 比特以上。因此，可以说经典对称密码的安全性在算法没有安全漏洞的条件下就是靠增加密钥长度保证的。由于 Grover 量子搜索算法实现了对经典算法的二次加速，因此在量子计算机上搜索 n 比特的密钥比在经典计算机搜索 $\sqrt{n}$ 比特的密钥还要快。也就是说，在目前的序列密码和分组密码（如 AES）设计中以增加密钥长度保证密码的安全性，这在量子计算机上也不再安全。因此量子 Grover 攻击对经典对称密码（序列密码和分组密码）可以成功地实施。虽然 Grover 算法并不是指数优于经典算法的，但其搜索速度的加快使其研究仍具有十分重要的意义。

其次，Grover 算法也能应用于全局优化问题（GOP）。全局优化问题是对于一个给定的目标函数，在给定的变量取值范围内找到函数的极值。某些情况下，由于目标函数缺乏足够的信息，因此必须在整个变量取值范围内逐点对函数值进行评价，这就是传统的随机算法。当变量取值为连续时，随机算法是不可能实现的。即使变量取值上离散，如果取值范围很大或变量取值空间是多维的，则随机算法也会带来巨大的时间开销。然而，我们可以利用 Grover 量子搜索算法加速解决 GOP：（1）把变量空间分解成若干个子空间，通过 Grover 算法确定极值所在的子空间，将全局优化问题变成局部优化问题；（2）在确定的子空间中重复步骤（1），逐渐缩小极值范围，最终找到极值。

最后，Grover 算法在人工智能方面也有着巨大的应用前景。其中，结合 Grover 算法与传统的神经网络，Dan Ventura 提出了量子联想记忆模型。该模型可以根据模式的部分信息回忆原有的完整模式。不同于传统的联想记忆，该模型的信息载体为量子比特，其重要特点是具有指数级别的存储容量，即 n 位的量子比特能同时存储 2^n 个模式。由于 Grover 量子搜索算法能实现对经典搜索算法的二次加速，因此近年来的研究热点，如量子机器学习，大多都应用 Grover 算法对传统机器学习算法进行量子加速。基于 Grover 量子搜索算法的量子机器学习算法包括量子 K- 均值算法及量子最近邻算法等。

6.5　量子随机行走

除了 Grover 量子搜索算法以外, 量子随机行走算法也能有效地加速搜索过程。量子随机行走（Quantum Random Walk, QRW）是经典随机游走的量子模拟, 也就是经典随机游走在设计随机化的运算法则时的一种延伸。同时, 量子随机行走具有比经典随机行走更快的扩散特性。量子随机行走自 1993 年被提出以来, 就受到了广泛的关注。近年来, 量子随机行走吸引了许多物理学家、数学家以及工程师的注意, 与经典随机行走一样, 量子随机行走已成为量子算法的一个重要工具, 一系列基于量子随机行走的量子算法被提出, 其中对于一些到达问题具有指数加速作用, 大幅优于经典算法。例如黑盒问题, 量子随机行走可以提供指数加速, 而对于另外一些特定问题, 比如三角搜索问题、元素分离问题、NSND 树判断问题等, 量子随机行走可以提供多项式加速。著名的 Grover 搜索算法也是一种量子随机行走算法。

量子随机行走是 Aharonov 等人于 1993 年最先提出的, 利用量子力学中的态相干叠加推广了经典随机行走。量子随机行走可以分为两种类型: 离散量子随机行走和连续量子随机行走。其中, 连续量子随机行走于 1998 年由 Farhi 和 Gutmann 首次提出, 而离散量子随机行走于 2001 年由 Watrous 首次提出, 离散量子随机行走中的 Hadamard 行走由 Ambainis 等人于 2001 年提出。

6.5.1　经典随机行走

经典随机行走是理论计算科学的基础之一, 作为算法工具, 它在许多计算问题中都有应用, 而量子随机行走是经典随机行走运用量子叠加原理的推广, 因此经典随机行走是量子随机行走的基础。经典随机行走源自于 1905 年爱因斯坦发表的关于布朗运动的研究论文。之后一个世纪, 关于布朗运动及相关随机行走模型的研究有很大进展, 不仅在物理学中, 也在其他学科, 如化学、地理、生物甚至经济学中都被广泛应用。作为马尔科夫过程, 随机行走可以在任意的图上实现。在这里, 我们简单介绍一下经典随机行走。

考虑最简单的一维经典随机行走, 行走者 Alice 手里拿着一枚硬币, 假设 Alice 位于一维坐标轴的零点位置, Alice 在这个位置上首次抛一枚硬币, 这枚硬币正面向上和反面向上的概率均为 1/2。如果这枚硬币正面向上, 那么 Alice 就向右走一步; 如果反面向上, 那么 Alice 就向左走一步。不断重复这个过程, 抛硬币 k 次后, Alice 处在位置 s 的概率为

$$P_k(s) = \frac{1}{2^k} \begin{pmatrix} k \\ \dfrac{k+s}{2} \end{pmatrix} = \frac{1}{2^k} \frac{k!}{\left(\dfrac{k+s}{2}\right)! \left(\dfrac{k-s}{2}\right)!} \tag{6.5.1}$$

当抛硬币的次数 k 足够大时, 该分布为高斯分布, 其标准差为 $\sqrt{k}$, 均值为 0。

下面从图论的角度考虑经典随机行走。可以用图 $G(V, E)$ 表示经典随机行走, 其中 V 是顶点的集合, E 是边的集合。每条边 e 都可以用它所连接的顶点表示, 即 $e = (v_1, v_2)$, 其中 v_1, v_2 表示顶点。在经典行走中,（独立于时间的）变换矩阵 A 是一个很重要的参量,

矩阵元 A_{ij} 表示从顶点 v_i 跃迁到顶点 v_j 的概率，当一对顶点 $\{v_i, v_j\}$ 由一条边连接时，这个概率不为 0，即

$$A_{ij} \neq 0 \quad \text{iff} \quad e = (v_i, v_j) \in E \tag{6.5.2}$$

如果 A 的非零矩阵元 $A_{ij} = \dfrac{1}{d_i}$，那么称这个行走是无偏的，其中 d_i 是顶点 v_i 的度（即与顶点 v_i 相关联的边的数目，如图 6.8 所示，v_1 的度 $d_1 = 3$）。如果图上所有的顶点都有相同的度，那么称这个图是正则的。在图 6.8 中，$d_1 = d_2 = d_3 = d_4 = 3$，因此这是一个正则图。在某一个时刻 t，用 $P(v, t)$ 描述经典随机行走状态中各顶点 $v \in V$ 的概率分布，并且在每次变换矩阵 A 作用后，这个概率分布都会发生相应的变化，即

$$P(v, t) = A^t P(v, 0) \tag{6.5.3}$$

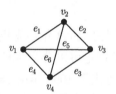

图 6.8　正则图

　　如果 $G(V, E)$ 是连通的，即任意两个顶点之间都有边连接，那么行走会趋于稳定分布 π，并且这个概率分布不依赖于初态 $P(v, 0)$。如果 $G(V, E)$ 是正则的，那么每个顶点的稳定分布是均衡的，因此经典随机行走中稳定分布的收敛性质可以通过混合时间描述，定义为

$$M_\varepsilon^C = \min \{T \quad | \quad \forall t > T : \|P(v, t) - \pi\|_{tV} < \varepsilon\} \tag{6.5.4}$$

式 (6.5.4) 表示某个概率分布达到与稳定分布只差任意小距离 ε 所需要的时间。在这里，用总偏差距离作为距离测度，即

$$\|p_1 - p_2\|_{tV} = \sum_{v_i \in V} |p_1(v_i) - p_2(v_i)| \tag{6.5.5}$$

除了混合时间外，还可以用命中时间描述经典随机行走的收敛性质，即一对顶点 (v_0, v_i) 从 v_0 出发到第一次到达 v_i 所用的时间。这些量决定了以经典随机行走为基础的很多算法的行为特征。

6.5.2　量子随机行走简介

　　由于经典随机行走在物理、化学、数学及经济学的研究中被广泛应用，人们很自然地就会联想到把经典随机行走与量子力学结合起来，因此形成了量子随机行走。量子随机行走和经典随机行走的最大区别是：在经典状态中，硬币有唯一确定的态，也就是硬币正面向上或向下，但是对于量子状态，硬币可能处于正面向上和向下的叠加态。

　　下面介绍离散型量子随机行走，重点介绍一维量子随机行走和 n 维超立方体上的量子随机行走。在离散经典随机行走中，行走者手执硬币，行走的方向依据每次抛硬币之后

的结果决定。离散量子随机行走与经典随机行走的情形相似，只是把抛硬币变为硬币算符作用在硬币态上。

一维量子随机行走是一维经典随机行走的量子推广，即有一个量子粒子处于希尔伯特空间 $\mathcal{H} \equiv \mathcal{H}_C \otimes \mathcal{H}_P$ 上，其中，$\mathcal{H}_C$ 表示二维硬币空间，也就是硬币翻转算子作用的空间，且 $\mathcal{H}_C = \mathrm{span}\{|L\rangle, |R\rangle\}$，$|L\rangle$ 和 $|R\rangle$ 可以是粒子的自旋态 $|\downarrow\rangle$ 和 $|\uparrow\rangle$，$\mathcal{H}_P$ 表示位置空间，由位置矢量 $\{|x\rangle\}$ 确定。总的幺正演化矩阵 U 由独立的两部分组成，即翻转硬币和有条件的置换

$$U = S \cdot (C \otimes I) \tag{6.5.6}$$

量子随机行走的第一步是在硬币空间上执行一个旋转操作 C，也就相当于经典随机行走中的抛硬币，通过这个操作 C 得到一个硬币的叠加态，I 为单位变换，置换算子 S 使粒子朝着由硬币决定的一条边移动到下一个邻近的顶点。

初始时，硬币的状态可以表示为

$$|\varphi_c\rangle = a|L\rangle + b|R\rangle \tag{6.5.7}$$

其中，$|a|^2 + |b|^2 = 1$。将位置空间状态和硬币空间状态合起来，那么系统初态可以表示为

$$|\varphi_0\rangle = (a|L\rangle + b|R\rangle) \otimes |\psi_{x_0}\rangle \tag{6.5.8}$$

量子粒子处于初态 $|\varphi_0\rangle$ 上，而后面的操作是用幺正算符 C 作用于硬币的状态上，量子粒子向右或向左平移的距离 l 可以用置换算子 S_L 或 S_R 描述，即

$$S_L|\psi_{x_0}\rangle = |\psi_{x_0-l}\rangle, \quad S_R|\psi_{x_0}\rangle = |\psi_{x_0+l}\rangle \tag{6.5.9}$$

置换算子作用到基矢 $\{|L,x\rangle, |R,x\rangle\}$ 上可表示为

$$S|L,x\rangle = |L,x-1\rangle, \quad S|R,x\rangle = |R,x+1\rangle \tag{6.5.10}$$

作用于硬币状态空间的幺正算符 C 的选择并不是唯一的，通常要求 C 是无偏的，即向左、向右的概率各为 $1/2$。可采用 Hadamard 变换作为一般量子随机行走的硬币状态空间的幺正算符，因此算符 C 可以表示为

$$H = \frac{1}{\sqrt{2}} \begin{pmatrix} 1 & 1 \\ 1 & -1 \end{pmatrix} \tag{6.5.11}$$

当算符 C 为 Hadamard 算符时，我们称其为 Hadamard 量子随机行走，此时抛硬币的过程可以描述为

$$(H \otimes I_P)|R\rangle \otimes |\psi_{x_0}\rangle = \frac{1}{\sqrt{2}}(|L\rangle - |R\rangle) \otimes |\psi_{x_0}\rangle \tag{6.5.12}$$

$$(H \otimes I_P)|L\rangle \otimes |\psi_{x_0}\rangle = \frac{1}{\sqrt{2}}(|L\rangle + |R\rangle) \otimes |\psi_{x_0}\rangle \tag{6.5.13}$$

即若对初态 $|\downarrow\rangle$ 依次作用 Hadamard 变换和置换算子 S, 得到

$$|\downarrow\rangle \otimes |0\rangle \xrightarrow{H} \frac{1}{\sqrt{2}}(|\downarrow\rangle + |\uparrow\rangle) \otimes |0\rangle \xrightarrow{S} \frac{1}{\sqrt{2}}(|\downarrow\rangle \otimes |-1\rangle + |\uparrow\rangle \otimes |1\rangle) \quad (6.5.14)$$

如果我们在每一步行走（先抛硬币再移动粒子）之后再在 $\mathcal{H}_C \otimes \mathcal{H}_P$ 的基矢上进行测量，则将得到经典无偏的概率分布。但如果我们在行走的过程中不进行测量，保持态的相干叠加性，就会得到与经典情况不一样的结果。

定义 6.1　（超立方）一个无向图 $G(V, E)$ 包含 2^n 个结点，并且每个结点都能用 n 比特表示，如果两个结点之间只差一个比特反转，那么这两个结点相连。此时这个无向图 $G(V, E)$ 称为 n 维超立方。

对于 n 维超立方体上的量子随机行走，它有 2^n 个顶点，每个顶点都可以用一个 n 位二进制字符串标记，$\mathcal{H}_P = \text{span}\{|\vec{x}\rangle : x \in [1, 2^n]\}$。在 n 维超立方体中，每个顶点的度均为 n，因此硬币空间 $\mathcal{H}_C$ 可以用 $|d\rangle$ 标记硬币空间的基矢，其中，$d \in [1, n]$ 指示下一步行走的方向，每个 $d \in [1, n]$ 对应一个 n 维矢量 $|\vec{e}_d\rangle$，即

$$|\vec{e}_d\rangle = |0 \cdots 010 \cdots 0\rangle \quad (6.5.15)$$

$|\vec{e}_d\rangle$ 除了第 d 位为 1 外其他位均为 0。超立方体上行走的置换算子 S 作用到基矢上可以表示为

$$S|d, \vec{x}\rangle = |d, \vec{x} \oplus \vec{e}_d\rangle \quad (6.5.16)$$

它表示两个由 n 位量子位标记的两个点，只有当两个点仅有一个比特不同时，它们才能通过一条边直接相连，如 000101 与 000111 是连通的。图 6.9 表示了维数 $n = 3$ 时超立方体上的经典随机行走。

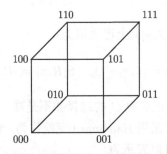

图 6.9　三维超立方体上的经典随机行走，每个顶点对应一个 3 比特二进制串

超立方体上量子随机行走的硬币翻转算符的选取方式有很多种，但是为了保持一定的对称性，一般采取如下形式，即

$$C_{\alpha,\beta} = \begin{pmatrix} \alpha & \beta & \beta & \cdots & \beta & \beta \\ \beta & \alpha & \beta & \cdots & \beta & \beta \\ \beta & \beta & \alpha & \cdots & \beta & \beta \\ \beta & \beta & \beta & \cdots & \alpha & \beta \\ \beta & \beta & \beta & \cdots & \beta & \alpha \end{pmatrix} \quad (6.5.17)$$

这类形式的算符具有在所有方向上置换不变的特点，它能保留超立方体的置换不变性。因此，依照这种要求，我们最常用的一种取法就是利用 Grover 扩散算子，即

$$G = -I_n + 2 \left| s^C \right\rangle \left\langle s^C \right| \tag{6.5.18}$$

其中，$\left| s^c \right\rangle = \dfrac{1}{\sqrt{n}} \sum\limits_{d=1}^{n} \left| d \right\rangle$ 表示各个方向的等权叠加态。Grover 扩散算子是置换不变算符中和单位变换 I 相差最远的，因此 Grover 扩散算子能将任何给定的初态最有效地混合成各个态的叠加。总的随机行走的演化算符可以表示为

$$U = S \cdot (G \otimes I) \tag{6.5.19}$$

连续量子随机行走是由 Farhi 和 Gutmann 于 1998 年首次提出的，而连续量子随机行走只发生在位置空间 $\mathcal{H}_P$ 上，而不需要硬币空间 $\mathcal{H}_C$，也不需要抛硬币。经典的连续随机行走在一个图上，是一个 Markov 过程。由上文可知，一个图 $G(V, E)$ 由顶点集合 V 和边的集合 E 组成。显然，在图 $G(V, E)$ 上的行走只会发生在存在边连接的两个点之间，令 ρ 是跃迁概率，则在图 $G(V, E)$ 上行走的过程为

$$\frac{dp_a(t)}{dt} = -\sum_b M_{ab} p_b(t) \tag{6.5.20}$$

其中，$p_a(t)$ 表示经过时间 t 后处于位置 a 的概率，即

$$M_{ab} = \begin{cases} -\rho, & a \neq b, \text{且} a \text{和} b \text{由一条边连接} \\ 0, & a \neq b, \text{且} a \text{和} b \text{不相连} \\ k\rho, & a = b, k \text{是顶点} a \text{自相连数} \end{cases} \tag{6.5.21}$$

若考虑一个 d 维希尔伯特空间中由哈密顿量 H 演化的量子过程，薛定谔方程在基 $\left| 1 \right\rangle, \left| 2 \right\rangle, \cdots, \left| d \right\rangle$ 上展开时有

$$\mathrm{i} \frac{d}{dt} \left\langle a | \varphi(t) \right\rangle = \sum_{b=1}^{d} \left\langle a | H | b \right\rangle \left\langle b | \varphi(t) \right\rangle \tag{6.5.22}$$

观察式 (6.5.20) 和式 (6.5.22)，可以发现它们具有一定的相似性，式 (6.5.20) 中的 $p_a(t)$ 满足

$$\sum_a p_a(t) = 1 \tag{6.5.23}$$

而式 (6.5.22) 中的 $\left\langle a | \varphi(t) \right\rangle$ 则满足

$$\sum_a \left| \left\langle a | \varphi(t) \right\rangle \right|^2 = 1 \tag{6.5.24}$$

6.5.3　量子随机行走搜索算法

2003 年，Shenvi 提出了一个基于量子随机行走的搜索算法，这个算法与著名的 Grover 搜索算法类似，都是基于 Oracle 调用的量子搜索算法，没有对搜索问题假定任何的特殊结构，同时也可以提供二次加速。

定义 6.2（Hamming 距离）　从任意一点出发到达另外一点经历最少的边数（即所需要的步长），用 $d_H(x_1, x_2)$ 表示。

定义 6.3（Hamming 权重）　超立方体上每个顶点的二进制标记串中"1"的个数，如 011 的 Hamming 权重为 2。

量子随机行走搜索算法是建立在 n 维超立方体随机行走基础上的，因此它有 2^n 个结点，同时也代表着被搜索数据库的大小，用 n 比特的二进制串标记每一个结点，并且当且仅当两个结点的 Hamming 距离（权重）为 1 时，我们称这两个结点是相连的。

量子随机行走处于希尔伯特空间 $\mathcal{H} = \mathcal{H}_C \otimes \mathcal{H}_S$，其中 $\mathcal{H}$ 中的态都可以用一个 n 比特串 $\vec{x} \in \{0,1\}^n$ 确定它所在超立方体中的位置和一个方向 d 指出硬币所处的态。从态 $|d, \vec{x}\rangle$ 到态 $|d, \vec{x} \oplus \vec{e}_d\rangle$ 的置换算符 S 可以表示为

$$S = \sum_{d=0}^{n-1} \sum_{\vec{x}} |d, \vec{x} \oplus \vec{e}_d\rangle\langle d, \vec{x}| \tag{6.5.25}$$

其中，$|\vec{e}_d\rangle$ 为式 (6.5.15) 中的 n 维矢量。

在这个算法中，硬币算符起到了 Oracle 的作用，也就是说用特殊的硬币"标记"一个需要搜索的结点，在原有的置换对称硬币算符中加入一个微扰。不失一般性，我们可以假设标记的态为全 0 串 $\vec{x}_{\text{target}} = \vec{0}$，硬币翻转算符可以表示为

$$C' = C_0 \otimes I + (C_1 - C_0) \otimes |\vec{0}\rangle\langle\vec{0}| \tag{6.5.26}$$

其中，$C_0 = G$，G 为式 (6.5.18) 中 Grover 扩散算子，而 $C_1 = -I_n$。因此，总的演化矩阵 U' 可以表示为

$$\begin{aligned} U' &= S \cdot C' \\ &= S \cdot [G \otimes I - (G+I) \otimes |\vec{0}\rangle\langle\vec{0}|] \\ &= U - 2S \cdot \left(|s^C\rangle\langle s^C| \otimes |\vec{0}\rangle\langle\vec{0}|\right) \end{aligned} \tag{6.5.27}$$

其中，U 是非微扰情况下的超立方体随机行走演化算符，即式 (6.5.19)。

量子随机行走搜索算法的具体实现步骤如下所述。

算法 6.3　量子随机行走搜索算法

（1）将量子计算机的初态制备成结点空间等权叠加态 $|s^s\rangle$ 与硬币空间的等权叠加态 $|s^c\rangle$ 的直积态

$$|\psi_0\rangle = |s^c\rangle \otimes |s^s\rangle = \frac{1}{\sqrt{2^n}}(1, 1, \cdots, 1)^{\text{T}} \tag{6.5.28}$$

$|s^s\rangle$ 能够通过在结点中对 $|\vec{0}\rangle$ 态实施 n 个单比特的 Hadamard 变换实现，同样的硬币空间初态 $|s^c\rangle$ 也可以这样得到。

(2) 给定硬币算符 C'，其中它对标记态应用算符 $C_1 = -I$，而对未标记态则应用算符 $C_0 = G$。将微扰后的演化算符 $U' = S \cdot C'$ 作用 t 次，

$$t = \pi\sqrt{2^{n-1}}/2 \tag{6.5.29}$$

(3) 在 $|d, \vec{x}\rangle$ 的基下测量此时的量子态。

这样，测到结果为标记态的概率为 $1/2 - O(1/n)$。如果将这个算法重复一定的次数，则得到标记态的概率会接近于 1。

习题

1. 简要描述 Grover 量子搜索算法的过程及其算法搜索成功率。

2. 由于 Grover 算法中每次迭代将状态旋转 θ 弧度，在迭代一定的轮数后，将与 $|X_2\rangle$ 相差不到 $\theta/2$ 弧度，然后再进行测量。假设 $M = 1$ 及 $N = 8$，在第一次迭代前，系统的状态为 $|\psi\rangle$，那么在测量前需要多少次 Grover 迭代？获得正确解 x 所对应的测量结果的概率是多少？

3. 假设搜索问题中 $N = 32$，$M = 19$，且搜索空间中所有元素编号分别为 $n = 0, 1, \cdots, 31$，需要搜索的目标编号满足 $n = [(5k + 3)/3]$，其中 $k = 0, 1, \cdots, 18$，"[ ]" 为四舍五入运算。请给出基于 $\pi/2$ 相位旋转的改进算法的搜索过程，并给出搜索成功率。与之相比，原始的 Grover 算法迭代一次的情况又如何，搜索成功率又为多少？

4. 证明对多重解的最优性：若搜索空间有 M 个解，那么寻找到一个解需要调用 $O(\sqrt{N/M})$ 次 Oracle。

5. 简要描述基于 $\pi/2$ 相位旋转的改进算法的过程。

6. 简要描述基于局部扩散算子的量子搜索算法的过程。

7. 对比 Grover 算法的两种改进算法的优劣。

8. 给出因子分解问题的 Grover 算法应用过程，包括 Oracle 的构造。

9. 量子随机行走与经典随机行走有何区别？

10. 简要描述量子随机行走算法的过程。

参考文献

[1] Zalka C. Grover's quantum searching algorithm is optimal[J]. Physical Review A, 1999, 60(4): 2746. 533-546.

[2] Bennett C H, Bernstein E, Brassard G, et al. Strengths and weaknesses of quantum computing[J]. SIAM journal on Computing, 1997, 26(5): 1510-1523.

[3] 李士勇, 李盼池. 量子计算与量子优化算法 [M]. 哈尔滨: 哈尔滨工业大学出版社, 2009.

[4] Li P, Li S. Phase matching in Grover's algorithm[J]. Physics Letters A, 2007, 366(1-2): 42-46.

[5] 杜治国. 量子 Grover 算法及其应用 [J]. 数学的实践与认识, 2006, 36(6):313-317.

[6] 孙力, 须文波. 量子搜索算法体系及其应用 [J]. 计算机工程与应用, 2006, 42(14):55-57.

[7]　Ventura D, Martinez T. Quantum associative memory[J]. Information Sciences, 2000, 124(1-4): 273-296.

[8]　Schuld M, Sinayskiy I, Petruccione F. An introduction to quantum machine learning[J]. Contemporary Physics, 2015, 56(2): 172-185.

[9]　Aïmeur E, Brassard G, Gambs S. Quantum speed-up for unsupervised learning[J]. Machine Learning, 2013, 90(2): 261-287.

第7章

量子傅里叶变换及其应用

随着信息与通信技术的快速发展，信息安全和通信隐私在个人、国家、军事、银行等行业越来越重要。而现实中又存在着各种各样的信息安全威胁，如伪造、欺骗、窃听、篡改、抵赖、拒绝服务等，它们直接影响到信息系统的安全性。为了应对各种安全威胁产生了各式各样的密码技术，密码技术是信息安全技术的核心，并且为信息交流和通信提供各种安全保障。如今，计算机网络环境下信息的保密性、可信性、完整性、可用性以及访问控制等都需要采用密码技术解决。

现在，密码体制多种多样，可以将其分为对称密码体制和公钥密码体制。1976 年，Diffie 和 Hellman 发表的论文奠定了公钥密码体制的基石，被认为是密码学的一个里程碑。如今，公钥密码体制在信息安全中担任着密钥协商、数字签名、消息认证等重要角色，已成为密码体制的核心。

自从公钥密码思想提出以来，国际上已经出现了多种公钥密码体制。公钥密码的安全性是基于数学问题的计算困难性。例如，RSA 公钥密码由 Rivest、Shamir 和 Adleman 三人于 1978 年联合提出，是一种基于大整数因子分解问题的公钥密码系统，RSA 公钥系统也是目前应用最为广泛的公钥密码体制之一。1985 年，Koblitz 和 Miller 基于离散对数的困难性问题提出了椭圆曲线密码体制（ECC）。基于格（Lattice）的公钥密码体制是继 RSA、ECC 之后提出的新型公钥密码体制之一，包括 NTRU 体制、Ajtai-Dwork 体制、GGH 体制等。目前，格公钥密码体制是典型的国际密码学界公认的 4 种抗量子计算的公钥密码体制之一。1996 年，美国布朗大学的 3 位教授 Hoffstein、Pipher 和 Silverman 提出了 NTRU 公钥密码体制。NTRU 是一种基于多项式环的公钥密码体制，它的安全性依赖于格的最短向量问题。在加密过程中使用了一个随机元素，因此一条信息经过加密就能得到多种形式的密文。

区别于以布尔代数为信息单元的经典计算，基于量子态叠加原理的量子计算机具有指数级别的存储能力和并行计算能力。经典计算每比特只有 0、1 两种取值，而量子态可处于 $|0\rangle$ 态与 $|1\rangle$ 态的叠加态。传统计算机中的两比特寄存器在任一时刻只能存储 4 个二进制数（00、01、10、11）

中的一个, 而量子计算机中的两量子比特寄存器可同时存储这 4 种状态的叠加状态。当量子比特数增多时, 量子计算机的指数级存储能力优势将逐渐凸显, 如 20 位量子寄存器就可以同时存储 $2^{20} = 1048576$ 个二进制数。相应地, 对寄存器中存储的叠加态进行计算时, 并行计算即可实现。因此, 基于量子计算机的量子算法以指数级别的速度优于经典计算机, 甚至可以实现在经典计算机上无法实现的计算, 所以人们对于量子计算的关注度越来越高。

本章始于量子傅里叶变换, 阐述基于其的相位估计 (Phase Estimation)、因子分解 (Factorzation Problem)、隐含子群 (Hidden Subgroup Problem, HSP) 等问题的量子算法的指数级加速能力。因子分解 (素因数分解), 特别是大整数分解是一个数学难解问题。分解 n 比特的大整数, 最快的普通数域筛选法的时间复杂度为 $\Theta(\exp((64n/9)^{1/3} (\log n)^{2/3}))$, 比指数数量级时间要快, 比多项式数量级时间要慢。没有已知算法可以在 $\mathcal{O}(n)$ 的时间内分解它, 公钥密码体制的安全性依赖于大整数因子分解问题或者离散对数问题的困难性。而 Shor 在 1994 年提出了一种可以在多项式时间内解决这个问题的算法, 该算法利用量子力学的叠加、坍缩等特性, 只需要在 $\Theta(n)$ 时间、$2n$ 个量子位即可实现。2001 年, 第一个七量子位的量子计算机成功运行此算法分解了 15。Shor 算法可以对 RSA、ECC 等公钥密码进行有效攻击, 如果大规模的量子计算机建立起来, 则将对传统公钥密码体制产生严重的安全威胁。

为了抵抗量子计算的攻击, 抗量子攻击密码应运而生。由于运算具有线性特性, 因此基于格的公钥密码体制比 RSA 等传统公钥密码体制具有更快的实现效率, 且该类密码体制的安全性基于 NP-难问题或者 NP-完全的问题。以上优势使得格密码体制成为抗量子攻击密码体制中最核心的研究领域。最短向量问题 (Shortest Vector Problem, SVP) 是格中重要的 NP-完全问题。2002 年, Regev 率先注意到量子计算与格之间的联系, 提出利用量子算法求解格的唯一最短向量问题 (Unique Shortest Vector Problem, USVP) 的归约方法。隐含子群问题是量子计算在群结构上的推广, 它通过考虑不同的群和函数解决更困难的问题, 以期找到新的指数倍快于其经典对应物的量子算法。有限交换群隐含子群问题的研究已有相对固定的研究框架和方法, 而非交换群隐含子群问题的研究一直很活跃。已有研究表明, 格的唯一最短向量问题可以转化为二面体群隐含子群问题 (Dihedral Hidden Subgroup Problem, DHSP), 图同构问题可以转化为对称群隐含子群问题 (Symmetric Hidden Subgroup Problem, SHSP)。进一步地, 有效地求解 DHSP 可能攻破基于格的唯一最短向量问题的公钥密码体制, 并且 SHSP 的解决将会针对图同构问题产生一种有效的量子算法。因此, HSP 成为量子计算最突出的主题。

本章重点介绍量子傅里叶变换及其作为关键部分的很多有趣的量子算法。7.1 节从经典傅里叶变换出发, 介绍量子傅里叶变换, 并指出其没有加速计算经典数据的傅里叶变换, 而它的主要应用是估计酉算子的特征值。之后介绍量子傅里叶变换的几种基础但重要的应用, 7.2 节描述相位估计算法, 7.3 节介绍 Shor 因子分解算法, 7.4 节介绍离散对数求解算法, 7.5 节介绍隐含子群求解算法。

7.1　量子傅里叶变换

7.1.1　经典傅里叶变换

量子傅里叶变换由经典傅里叶变换衍生而出，所以在介绍量子傅里叶变换之前，我们先回顾经典傅里叶变换。傅里叶变换是信号分析的一种重要手段，它不仅可以分析信号由哪些成分组成，还可以利用这些成分合成信号，很好地达到还原信号的效果，它在信号处理、密码学、统计学等多种领域都有着广泛的应用。信号包括正弦波、锯齿波、方波等各种形式，而傅里叶变换则选用正弦波作为信号的组成部分。

一般来说，信号可以从时域和频域两个角度分析。时域就是随着时间的推移波形产生的变化轨迹，这个轨迹通常是连续的，是我们平时最常用的信号分析方法；而频域是指按信号的频率高低将一个个正弦波信号依次排列，该排列方法形成的图形通常是离散的。从时域来看，傅里叶变换可以看成无数个正弦信号的叠加，最终形成了接近方波的信号。而从频域角度看，则是一个个点或直线，线的高度代表正弦波信号的幅度，点则代表振幅为 0 的正弦波。

如图 7.1 所示，想象一个立体的波形叠加图，那么时域就表示从正面看到的图像，是一条条频率不同的信号波的叠加；而频域则代表从侧面看到的图像，把各个频段的波形区分开，高度为信号波的振幅。

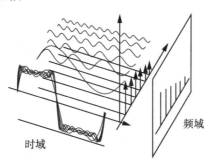

图 7.1　傅里叶变换波形示意

根据时域是连续的还是离散的，经典傅里叶变换主要分为连续傅里叶变换和离散傅里叶变换。具体地，当随时间变化的波函数为 $f(t)$ 时，相应的傅里叶变换定义为 $\mathcal{F}$，变换后的函数为

$$F(\omega) = \mathcal{F}[f(t)] = \int_{-\infty}^{\infty} f(t)\mathrm{e}^{-\mathrm{i}\omega t}\mathrm{d}t \tag{7.1.1}$$

其中，ω 代表频率大小，t 代表时间，$\mathrm{e}^{-\mathrm{i}\omega t}$ 为复变函数。由式 (7.1.1) 看出，我们将原本时域上关于 t 的函数转换成频域上关于 ω 的函数。当函数 $f(t)$ 包含多个频率分量时，傅里叶变换是由多个甚至无数个三角函数（正弦波）叠加而成的。

当时域是离散时，执行的傅里叶变换为离散傅里叶变换（Discrete Fourier Transform，DFT），变换后的频域也为离散的。假设采样得到的模拟信号为 $x(n)$，则 DFT

变换后的数据为

$$X(k) = \frac{1}{\sqrt{N}} \sum_{n=0}^{N-1} x(n)\, \mathrm{e}^{-2\pi \mathrm{i} kn/N} \quad (k = 0, 1, 2, \cdots, N-1) \tag{7.1.2}$$

DFT 的时间复杂度为 $\Theta(N^2)$，当 N 较大时，计算机系统的计算量很大。为简化计算，1965 年，Cooley 和 Tukey 提出了计算 DFT 的快速算法，将 DFT 的运算量减少了几个数量级，此算法称为快速傅里叶变换（Fast Fourier Transform，FFT），它是根据离散傅里叶变换的奇、偶、虚、实等特性，对 DFT 的算法进行改进获得的，改进后的时间复杂度缩短到 $\Theta(N \log N)$。FFT 有很多算法，但是基本思想都是把原始的 N 点序列依次分解成一系列的短序列。充分利用 DFT 算式中的指数因子所具有的对称性质和周期性质，求出这些短序列相应的 DFT 并进行适当组合，达到删除重复计算、减少乘法运算和简化结构的目的。

傅里叶变换的作用在于将时域上的信号转变为频域上的信号，使得信号图示不仅变得简单易读，还可以完成时域信号难以完成的工作——信号分割。如果要求在时域上画出 $\sin t + \sin(3t)$ 的图像，是比较困难的，那么从叠加之后的图像中提取出 $\sin t$，并画出剩下的图形，这更是难上加难。但在频域，这个问题解决起来就容易得多。因为频域图像是将一个个正弦波按频率高低分离开来，如果想要提取出其中某条信号波，那是非常容易的，这就是我们常说的滤波。所以，傅里叶变换可以将叠加在一起的时域信号转换成易于分解的频域信号，这在很大程度上便利了我们对信号的分析与处理。不仅如此，更重要的是，我们还可以利用逆傅里叶变换将这些频域信号再转换回时域信号，而且转换过程也可以非常简单的实现。

7.1.2 量子傅里叶变换原理

量子傅里叶变换（Quantum Fourier Transform，QFT）是经典 DFT 的量子对应，是一种基本的量子逻辑门，也是很多量子算法的关键部分。QFT 不是经典 DFT 或 FFT 的加速，它的主要任务是计算酉算子的特征值，进而求解相位估计、因子分解、离散对数、隐含子群问题等，算法运行速度快，是目前很多量子算法的核心部件，它能够在多种物理体系中得以实现，包括核磁共振体系、量子 QED、光量子、离子阱等体系。同时，QFT 还能应用于量子通信，用于实现多方之间的量子密钥分配。

经典离散傅里叶变换主要有 DFT 和 FFT 算法，DFT 的时间复杂度为 $\Theta(N^2)$，而 FFT 则利用了傅里叶变换的对称性，将时间复杂度缩短到 $\Theta(N \log N)$。虽然有了一定程度的改进，但效果不太理想，当 N 较大时，仍需要耗费大量的时间。而量子傅里叶变换的计算速度很快，时间复杂度为 $\Theta((\log N)^2)$。例如当 $N = 2^{20}$ 时，FFT 的时间复杂度为 $N \log N = 20971520$，而 QFT 的时间复杂度则为 $(\log N)^2 = 400$，相差了 5 万倍。

本节将介绍量子傅里叶变换的基本原理、线路等。QFT 与 DFT 很类似，DFT 的输入为一个固定长度 N 的复向量 $(x_0, x_1, \cdots, x_{N-1})$，输出为一个相同长度的复向量

$(y_0, y_1, \cdots, y_{N-1})$, 其中 [①], $y_k := \dfrac{1}{\sqrt{N}} \displaystyle\sum_{j=0}^{N-1} x_j e^{2\pi i j k / N}$, $k = 0, 1, \cdots, N - 1$。

定义 7.1（量子傅里叶变换） 量子傅里叶变换为作用到由标准正交基 $|0\rangle, \cdots, |N{-}1\rangle$ 张成的线性空间上的线性算子, 具体作用为

$$|j\rangle \rightarrow \frac{1}{\sqrt{N}} \sum_{k=0}^{N-1} e^{2\pi i j k / N} |k\rangle \tag{7.1.3}$$

其中, $|j\rangle$ 为标准正交基任一状态, 且 $0 \leqslant j \leqslant N{-}1$。因此, QFT 可将任意状态的 $\displaystyle\sum_{j=0}^{N-1} x_j |j\rangle$ 映射为 $\displaystyle\sum_{k=0}^{N-1} y_k |k\rangle$, 其中 y_k 是 x_j 的 DFT 值。

不难证明 QFT 是酉变换, 但也可以通过代数运算将其改写为可有效构造量子线路的积形式, 从而通过量子线路说明 QFT 的酉性。若令 $N = 2^n$, 则 n 为整数, 且 $\{|0\rangle, \cdots, |2^n - 1\rangle\}$ 为 n 量子比特计算基。状态 $|j\rangle$ 的二进制表示为 $j = j_1 j_2 \cdots j_n$, 即 $j = j_1 \times 2^{n-1} + j_2 \times 2^{n-2} + \cdots + j_n \times 2^0$。所以, 二进制记号 $0.j_l j_{l+1} \cdots j_m$ 表示 $j_l / 2 + j_{l+1} / 4 + \cdots + j_m / 2^{m-l+1}$。

因此, 式 (7.1.3) 所示的 QFT 等价于以下积形式:

$$
\begin{aligned}
|j\rangle &\rightarrow \frac{1}{2^{n/2}} \sum_{k=0}^{2^n - 1} e^{2\pi i j k / 2^n} |k\rangle = \frac{1}{2^{n/2}} \sum_{k_1=0}^{1} \cdots \sum_{k_n=0}^{1} e^{2\pi i j \left(\sum_{l=1}^{n} k_l 2^{-l} \right)} |k_1 \cdots k_n\rangle \\
&= \frac{1}{2^{n/2}} \sum_{k_1=0}^{1} \cdots \sum_{k_n=0}^{1} \bigotimes_{l=1}^{n} e^{2\pi i j k_l 2^{-l}} |k_l\rangle = \frac{1}{2^{n/2}} \bigotimes_{l=1}^{n} \left[\sum_{k_l=0}^{1} e^{2\pi i j k_l 2^{-l}} |k_l\rangle \right] \\
&= \frac{1}{2^{n/2}} \bigotimes_{l=1}^{n} [|0\rangle + e^{2\pi i j 2^{-l}} |1\rangle] \\
&= \frac{(|0\rangle + e^{2\pi i 0.j_n} |1\rangle)(|0\rangle + e^{2\pi i 0.j_{n-1} j_n} |1\rangle) \cdots (|0\rangle + e^{2\pi i 0.j_1 j_2 \cdots j_n} |1\rangle)}{2^{n/2}}
\end{aligned}
\tag{7.1.4}
$$

其中, 运算 $\bigotimes_{l=1}^{n}$ 表示 n 项相乘, $0.j_1 j_2 \cdots j_n$ 为 $\displaystyle\sum_{l=1}^{n} j_l 2^{-l}$ 的二进制表示。此 QFT 的积形式为构造 QFT 的量子线路提供了灵感, 使构造量子线路变得更容易。通常用 QFT 的积形式代替原始 QFT。

7.1.3 量子傅里叶变换线路

由上节 QFT 的积形式

$$|j\rangle \rightarrow \frac{(|0\rangle + e^{2\pi i 0.j_n} |1\rangle)(|0\rangle + e^{2\pi i 0.j_{n-1} j_n} |1\rangle) \cdots (|0\rangle + e^{2\pi i 0.j_1 j_2 \cdots j_n} |1\rangle)}{2^{n/2}}$$

---

① 此处按照量子计算的惯例, 修改了式 (7.1.2) 中 e 指数的正负号。改变正负号只修改了傅里叶变换和逆变换的形式, 不影响量子傅里叶变换的应用。

考虑构造 QFT 的量子线路。图 7.2 给出了 QFT 的量子线路，其中 H 表示 Hadamard 门，R_k 表示酉变换 $R_k \equiv \begin{pmatrix} 1 & 0 \\ 0 & e^{2\pi i/2^k} \end{pmatrix}$，最后经过交换门交换量子比特的顺序，使第一比特与最后一比特交换，第二比特与倒数第二比特交换，以此类推。最终得到的量子比特态是 $(|0\rangle + e^{2\pi i 0.j_n}|1\rangle)(|0\rangle + e^{2\pi i 0.j_{n-1}j_n}|1\rangle)\cdots(|0\rangle + e^{2\pi i 0.j_1 j_2 \cdots j_n}|1\rangle)/2^{n/2}$，同上式所述。

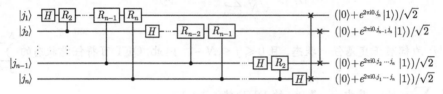

图 7.2　QFT 积形式的量子线路

接下来验证图 7.2 所示的量子线路实现了 QFT 变换。当输入为 $|j_1 j_2 \cdots j_n\rangle$ 时，第一量子比特经过 Hadamard 门后，系统状态变为

$$H \otimes I \otimes \cdots \otimes I |j_1 j_2 \cdots j_n\rangle$$

$$= \frac{1}{\sqrt{2}}[|0\rangle + (-1)^{j_1}|1\rangle]|j_2 \cdots j_n\rangle$$

$$= \frac{1}{2^{1/2}}(|0\rangle + e^{2\pi i 0.j_1}|1\rangle)|j_2 \cdots j_n\rangle \tag{7.1.5}$$

经过受控 R_2 门的状态为

$$\frac{1}{2^{1/2}}(|0\rangle + e^{2\pi i 0.j_1}e^{2\pi i j_2/2^2}|1\rangle)|j_2 \cdots j_n\rangle = \frac{1}{2^{1/2}}(|0\rangle + e^{2\pi i 0.j_1 j_2}|1\rangle)|j_2 \cdots j_n\rangle \tag{7.1.6}$$

观察式 (7.1.6) 可知，运用受控 R_k 门可使第一量子比特的局部相位附加系数 $e^{2\pi i j_k/2^k}$，因此接着经过受控 R_3、R_4，直至 R_n 门，状态为

$$\frac{1}{2^{1/2}}(|0\rangle + e^{2\pi i 0.j_1 j_2 \cdots j_n}|1\rangle)|j_2 \cdots j_n\rangle \tag{7.1.7}$$

类似地，第二量子比特经过 Hadamard 门后，系统状态为

$$\frac{1}{2^{2/2}}(|0\rangle + e^{2\pi i 0.j_1 j_2 \cdots j_n}|1\rangle)(|0\rangle + e^{2\pi i 0.j_2}|1\rangle)|j_3 \cdots j_n\rangle \tag{7.1.8}$$

经过 $n-2$ 个受控 R_k 门后，系统状态为

$$\frac{1}{2^{2/2}}(|0\rangle + e^{2\pi i 0.j_1 j_2 \cdots j_n}|1\rangle)(|0\rangle + e^{2\pi i 0.j_2 \cdots j_n}|1\rangle)|j_3 \cdots j_n\rangle \tag{7.1.9}$$

对接下来的量子比特依次做类似操作，系统状态为

$$\frac{1}{2^{n/2}}(|0\rangle + e^{2\pi i 0.j_1 j_2 \cdots j_n}|1\rangle)(|0\rangle + e^{2\pi i 0.j_2 \cdots j_n}|1\rangle)\cdots(|0\rangle + e^{2\pi i 0.j_n}|1\rangle) \tag{7.1.10}$$

交换门后，线路输出

$$\frac{1}{2^{n/2}}(|0\rangle + e^{2\pi i 0.j_n}|1\rangle)(|0\rangle + e^{2\pi i 0.j_{n-1}j_n}|1\rangle)\cdots(|0\rangle + e^{2\pi i 0.j_1 j_2 \cdots j_n}|1\rangle) \tag{7.1.11}$$

与式 (7.1.3) 右端 QFT 的积形式相比, 可知图 7.2 实现了 QFT 变换。同样, 由线路所应用量子门均为酉的可知, QFT 变换是酉的。

进而由上述量子线路可得 QFT 的通用矩阵表示形式为

$$
F_N = \frac{1}{\sqrt{N}}
\begin{pmatrix}
1 & 1 & 1 & 1 & \cdots & 1 \\
1 & \omega_n & \omega_n^2 & \omega_n^3 & \cdots & \omega_n^{N-1} \\
1 & \omega_n^2 & \omega_n^4 & \omega_n^6 & \cdots & \omega_n^{2(N-1)} \\
1 & \omega_n^3 & \omega_n^6 & \omega_n^9 & \cdots & \omega_n^{3(N-1)} \\
\vdots & \vdots & \vdots & \vdots & & \vdots \\
1 & \omega_n^{N-1} & \omega_n^{2(N-1)} & \omega_n^{3(N-1)} & \cdots & \omega_n^{(N-1)(N-1)}
\end{pmatrix},
\tag{7.1.12}
$$

其中, $N = 2^n$, $\omega_n = \mathrm{e}^{2\pi\mathrm{i}/2^n}$。经过计算, 发现 $F_N F_N^\dagger = I$, 所以 F_N 是一个酉矩阵, 将其也可以看成一个量子门。

在本节的最后, 我们分析图 7.2 所示的量子线路的复杂度。第一量子比特上使用了 1 个 H 门和 $n-1$ 个 R_k 门, 第二量子比特上使用了 1 个 H 门和 $n-2$ 个 R_k 门, 以此类推, 第 n 个量子比特上应用了 1 个门, 共计 $n + (n-1) + (n-2) + \cdots + 1 = n(n+1)/2$ 个量子门。交换门最多应用 $n/2$ 个, 每个交换门可以用 3 个 CNOT 门实现。因此图 7.2 所示的量子线路共应用的量子门数量是 $\Theta(n^2)$。而计算相同数目的离散傅里叶变换**最好**经典算法 FFT 需要 $\Theta(n2^n)$ 个门, 所以在量子计算机上执行 QFT 需要应用的门数量为在经典计算机上执行门数量的对数级。表 7.1 给出了不同 N 时 FFT 与 QFT 的效率比。

表 7.1　不同维度下 FFT 与 QFT 的效率比

$N = 2^n$	FFT/$\Theta(n2^n)$	QFT/$\Theta(n^2)$	效率比/FFT/QFT
4	8	4	2.00
8	24	9	2.67
16	64	16	4.00
32	160	25	6.40
64	384	36	10.67
128	896	49	18.29
256	2.048	64	32.00
512	4.608	81	56.89
1.024	10.240	100	102.40
2.048	22.528	121	186.18
4.096	49.152	144	341.33
8.192	106.496	169	630.15
1.048.576	20.971.520	400	52428.80

但是, 因为 QFT 的结果不能直接读出, 无法确定状态的各个幅度, 因此各数据的傅里叶变换结果均无法直接得到, 所以不能直接应用 QFT 加速傅里叶变换。因此, 可探索 QFT 在很多傅里叶变换的应用场景中的用处, 比如对图像、音频的数据处理。这些应用

与制备有效初始状态相关, 所以进一步的应用还待探索。值得庆幸的是, 我们已经发现 QFT 有很多其他巧妙的应用, 这些应用将在接下来的几节详细介绍。

7.1.4　量子傅里叶变换实例

举个例子, 考虑三量子比特的 QFT。由 QFT 的积形式可知, 若对输入状态 $|x_1, x_2, x_3\rangle$ 执行 QFT, 则输出为

$$\mathrm{QFT}(|x_1, x_2, x_3\rangle) = \frac{1}{\sqrt{2^3}}(|0\rangle + \mathrm{e}^{2\pi\mathrm{i}[0.x_3]}|1\rangle) \otimes (|0\rangle + \mathrm{e}^{2\pi\mathrm{i}[0.x_2x_3]}|1\rangle) \otimes (|0\rangle + \mathrm{e}^{2\pi\mathrm{i}[0.x_1x_2x_3]}|1\rangle)$$

$$(7.1.13)$$

根据式 (7.1.12), 三量子比特的 QFT 通用矩阵表示形式为

$$F_{2^3} = \frac{1}{\sqrt{2^3}}\begin{pmatrix} 1 & 1 & 1 & 1 & 1 & 1 & 1 & 1 \\ 1 & \omega & \omega^2 & \omega^3 & \omega^4 & \omega^5 & \omega^6 & \omega^7 \\ 1 & \omega^2 & \omega^4 & \omega^6 & \omega^8 & \omega^{10} & \omega^{12} & \omega^{14} \\ 1 & \omega^3 & \omega^6 & \omega^9 & \omega^{12} & \omega^{15} & \omega^{18} & \omega^{21} \\ 1 & \omega^4 & \omega^8 & \omega^{12} & \omega^{16} & \omega^{20} & \omega^{24} & \omega^{28} \\ 1 & \omega^5 & \omega^{10} & \omega^{15} & \omega^{20} & \omega^{25} & \omega^{30} & \omega^{35} \\ 1 & \omega^6 & \omega^{12} & \omega^{18} & \omega^{24} & \omega^{30} & \omega^{36} & \omega^{42} \\ 1 & \omega^7 & \omega^{14} & \omega^{21} & \omega^{28} & \omega^{35} & \omega^{42} & \omega^{49} \end{pmatrix}.$$

$$(7.1.14)$$

利用 ω 的复数性质简化矩阵可得三量子比特的 QFT 通用酉矩阵为

$$F_{2^3} = \frac{1}{\sqrt{2^3}}\begin{pmatrix} 1 & 1 & 1 & 1 & 1 & 1 & 1 & 1 \\ 1 & \omega & \omega^2 & \omega^3 & \omega^4 & \omega^5 & \omega^6 & \omega^7 \\ 1 & \omega^2 & \omega^4 & \omega^6 & 1 & \omega^2 & \omega^4 & \omega^6 \\ 1 & \omega^3 & \omega^6 & \omega & \omega^4 & \omega^7 & \omega^2 & \omega^5 \\ 1 & \omega^4 & 1 & \omega^4 & 1 & \omega^4 & 1 & \omega^4 \\ 1 & \omega^5 & \omega^2 & \omega^7 & \omega^4 & \omega & \omega^6 & \omega^3 \\ 1 & \omega^6 & \omega^4 & \omega^2 & 1 & \omega^6 & \omega^4 & \omega^2 \\ 1 & \omega^7 & \omega^6 & \omega^5 & \omega^4 & \omega^3 & \omega^2 & \omega \end{pmatrix}.$$

$$(7.1.15)$$

再由图 7.2 可得, 三量子比特的 QFT 具体线路如图 7.3 所示, 其中 $R_2 \equiv \begin{pmatrix} 1 & 0 \\ 0 & \mathrm{e}^{\pi\mathrm{i}/2} \end{pmatrix}$、$R_3 \equiv \begin{pmatrix} 1 & 0 \\ 0 & \mathrm{e}^{\pi\mathrm{i}/4} \end{pmatrix}$ 分别为相位门 S 和 $\pi/8$ 门 T。

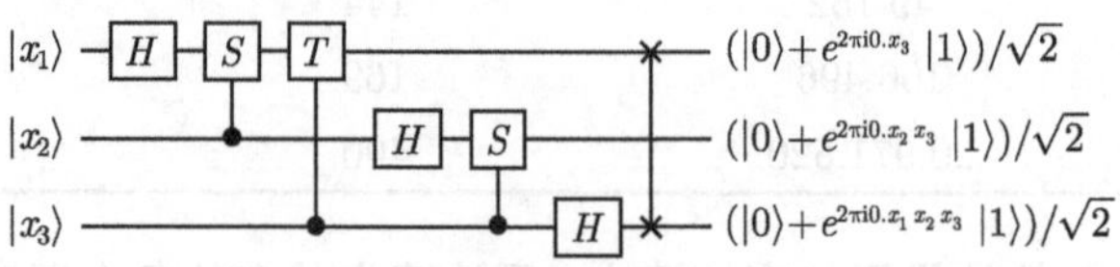

图 7.3　三量子比特的 QFT 线路

按照图 7.3 所示的电路写出酉算子, 即

$$U_{QFT_3} = (SWAP_{1\leftrightarrow3} \otimes I_2)\,(I \otimes I \otimes H)\,[I \otimes (I \otimes |0\rangle\langle0| + S \otimes |1\rangle\langle1|)]\,(I \otimes H \otimes I)$$

$$[I \otimes I \otimes |0\rangle\langle0| + T \otimes I \otimes |1\rangle\langle1|]\,[(I \otimes |0\rangle\langle0| + S \otimes |1\rangle\langle1|) \otimes I]\,(H \otimes I \otimes I)$$

$$(7.1.16)$$

其中，$SWAP_{1\leftrightarrow3}$ 表示交换第一比特和第三比特的顺序，I_2 表示对第二量子比特执行 I 操作。相应的矩阵形式为

$$
\begin{pmatrix}
1 & 1 & 1 & 1 & 1 & 1 & 1 & 1 \\
1 & \omega & \omega^2 & \omega^3 & -1 & -\omega & -\omega^2 & \omega^3 \\
1 & \omega^2 & -1 & -\omega^2 & 1 & \omega^2 & -1 & \omega^2 \\
1 & \omega^3 & -\omega^2 & -\omega^5 & -1 & -\omega^3 & \omega^2 & \omega^5 \\
1 & -1 & 1 & -1 & 1 & -1 & 1 & -1 \\
1 & -\omega & \omega^2 & -\omega^3 & -1 & \omega & -\omega^2 & \omega^3 \\
1 & -\omega^2 & -1 & \omega^2 & 1 & -\omega^2 & -1 & \omega^2 \\
1 & -\omega^3 & -\omega^2 & \omega^5 & -1 & \omega^3 & \omega^2 & -\omega^5
\end{pmatrix}
\tag{7.1.17}
$$

又因为 $\omega^4 = -1$，经代换可得与式 (7.1.15) 相同的表达形式。可见，QFT 的积形式、量子线路、通用矩阵形式都是一致的，应用时可根据实际情况采取合适的表示方式。

7.2　相位估计

傅里叶变换是相位估计的关键，而相位估计又是很多量子算法的关键组成。

定义 7.2（相位估计问题）设酉算子 U 有一个特征值为 $e^{2\pi i\varphi}$ 的特征向量 $|u\rangle$，其中特征值的相位 φ 未知，那么相位估计问题的目的就是估计 φ 的值。

进行相位估计前，先假设可制备特征态 $|u\rangle$，并可进行受控 U^{2^j} 操作的黑盒。具体黑盒运算可根据相位估计在量子算法中的应用设计。量子相位估计过程用到了两个寄存器，主要思想是：先将 U 的特征值存储在第一寄存器中，然后利用逆傅里叶变换将概率幅度中蕴含的相位 φ 提取到第二寄存器中，最后通过测量第二寄存器的基态即可得到相位 φ 的估计值。

相位估计过程的框架如图 7.4 所示，上面的第一寄存器的输入是 t 个 $|0\rangle$ 量子态，用于存储相位 φ 的估计值；下面的第二寄存器存储的是输入矩阵 U 的一个特征向量 $|u\rangle$，经过受控黑箱后，第二寄存器不发生变化。逆傅里叶变换后，对第一寄存器进行测量，就可得到一串二进制数 $\varphi_1\varphi_2\cdots\varphi_n\varphi_{n+1}\cdots\varphi_t$，如 $01\cdots11\cdots0$。这串二进制数除以 2^t 相当于将小数点向左移动 t 位，得 $0.\varphi_1\varphi_2\cdots\varphi_n\varphi_{n+1}\cdots\varphi_t$，即为满足 $U|u\rangle = e^{2\pi i\varphi}|u\rangle$ 的相位 φ 的近似。

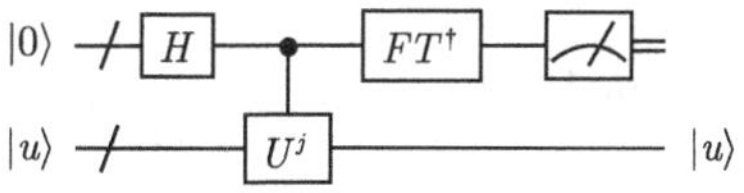

图 7.4　相位估计过程框架

7.2.1　算法过程

相位估计的具体过程分为如下 4 步。

算法 7.1　相位估计算法

(1) 利用 Hadamad 门构建量子叠加态：$|0\rangle^{\otimes t} \to [(|0\rangle + |1\rangle)/\sqrt{2}]^{\otimes t}$。

(2) 第一寄存器的第 i 量子比特为控制位，对第二寄存器应用受控 $U^{2^{t-i}}$ 门，将特征值转移到第一寄存器的局部相位中，如图 7.5 所示。容易验证，状态变化过程为

$$
\begin{aligned}
&\left(\frac{|0\rangle + |1\rangle}{\sqrt{2}}\right)^{\otimes t} \otimes |u\rangle \\
\longrightarrow\ &\frac{1}{2^{t/2}} \sum_{k_1=0}^{1} \cdots \sum_{k_t=0}^{1} |k_1 \cdots k_t\rangle \otimes U^{k_1 2^{t-1} + k_2 2^{t-2} + \cdots + k_t 2^0} |u\rangle \\
=\ &\frac{1}{2^{t/2}} \sum_{k_1=0}^{1} \cdots \sum_{k_t=0}^{1} |k_1 \cdots k_t\rangle \otimes e^{2\pi i \varphi \sum_{l=1}^{t} k_l 2^{t-l}} |u\rangle \\
=\ &\frac{1}{2^{t/2}} \sum_{k_1=0}^{1} \cdots \sum_{k_t=0}^{1} \bigotimes_{l=1}^{t} e^{2\pi i \varphi k_l 2^{t-l}} |k_l\rangle \otimes |u\rangle \\
=\ &\frac{1}{2^{t/2}} \bigotimes_{l=1}^{t} \left[|0\rangle + e^{2\pi i \varphi 2^{t-l}} |1\rangle \right] \otimes |u\rangle
\end{aligned}
\tag{7.2.1}
$$

其中，$U|u\rangle = e^{2\pi i \varphi} |u\rangle$，此时相位 φ 转移到 $|1\rangle$ 的局部相位。

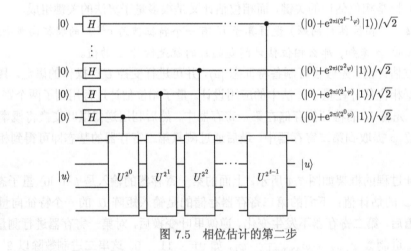

图 7.5　相位估计的第二步

(3) 通过逆傅里叶变换将相位信息 φ 从概率幅提取到量子基态中。如图 7.6 所示，此过程与 QFT 相似：

$$
\frac{1}{\sqrt{2^t}} \bigotimes_{l=1}^{t} \left(|0\rangle + e^{2\pi i (2^{t-l}\varphi)} |1\rangle \right) = \frac{1}{2^{t/2}} \sum_{k=0}^{2^t-1} e^{2\pi i \varphi k} |k\rangle \longrightarrow |2^{\tilde{t}}\varphi\rangle
\tag{7.2.2}
$$

(4) 测量第一寄存器，得到相位 φ 的估计 $2^{\tilde{t}}\varphi$。

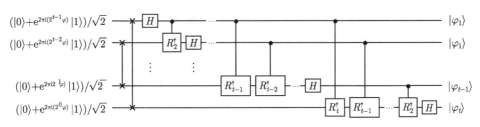

图 7.6 相位估计的第三步

7.2.2 算法分析

本节分析相位估计算法的性能。首先考虑 QFT 的计算复杂度。QFT 的主要计算集中在控制 U 操作，所用的 U 门数量为 $t(t+1)/2$。接着考虑算法的精度。假设 φ 的二进制数恰好为 t 位小数，即 $\varphi = 0.\varphi_1\varphi_2\cdots\varphi_t$，则相位估计第二步中的式 (7.2.1) 可精确表示为

$$\frac{1}{\sqrt{2^{t/2}}} \bigotimes_{l=1}^{t} \left(|0\rangle + e^{2\pi i(2^{t-l}\varphi)} |1\rangle \right) |u\rangle$$

$$= \frac{1}{2^{t/2}}(|0\rangle + e^{2\pi i 0.\varphi_t} |1\rangle)(|0\rangle + e^{2\pi i 0.\varphi_{t-1}\varphi_t} |1\rangle)\cdots(|0\rangle + e^{2\pi i 0.\varphi_1\varphi_2\cdots\varphi_t} |1\rangle) \quad (7.2.3)$$

应用逆傅里叶变换后，第一寄存器存储的状态为 $|\varphi_1\varphi_2\cdots\varphi_t\rangle$，利用计算基测量第一寄存器，即可精确得到相位值 φ。

更一般地，通常 φ 的二进制数不是 t 位小数，而相位估计过程能得到 φ 的一个 t 位很好的近似值。下面分析如何以高概率得到 φ 的一个较好的近似。

假设 b 是一个 t 比特二进制数，$b/2^t$ 作为相位值 φ 的一个最优估计，表示为 $b/2^t = 0.b_1 b_2 \cdots b_n b_{n+1} \cdots b_t$，即 φ 与 $b/2^t$ 的差 $\delta \equiv \varphi - b/2^t$ 满足 $0 \leqslant \delta \leqslant 2^{-t}$。相位估计算法的输出记为 m，因为 m 与 b 一样也是 t 位二进制数，所以取值在 $0 \sim 2^t - 1$ 之间，设 $m = \tilde{\varphi}_1\tilde{\varphi}_2 \cdot \tilde{\varphi}_n\tilde{\varphi}_{n+1}\cdots\tilde{\varphi}_t$。下面证明 m 接近 b，从而以高概率精确估计相位 φ。

对式 (7.2.1) 应用逆傅里叶变换之后，得到状态

$$\frac{1}{2^t} \sum_{k,l=0}^{2^t-1} e^{-2\pi i kl/2^t} e^{2\pi i \varphi k} |l\rangle \quad (7.2.4)$$

令 β_l 为 $|(b+l) \mod 2^t\rangle$ 的幅度，则

$$\beta_l = \frac{1}{2^t} \sum_{k=0}^{2^t-1} (e^{2\pi i(\varphi-(b+l)/2^t)})^k$$

$$= \frac{1}{2^t} \times \frac{1 - e^{2\pi i(2^t\varphi-(b+l))}}{1 - e^{2\pi i(\varphi-(b+l)/2^t)}}$$

$$= \frac{1}{2^t} \times \frac{1 - e^{2\pi i(2^t\delta-l)}}{1 - e^{2\pi i(\delta-l/2^t)}} \quad (7.2.5)$$

相位估计算法的误差为 $|m - b|$，设算法容许误差为一个大于 0 的正整数 e，接下来给出满足 $|m - b| > e$ 的 m 的概率 $p(|m - b| > e)$ 的上界。

$$p(|m - b| > e) = \sum_{l = -2^{t-1}+1}^{-(e+1)} |\beta_l|^2 + \sum_{l = e+1}^{2^{t-1}} |\beta_l|^2 \tag{7.2.6}$$

由高等数学知识可知，当 $-\pi \leqslant \theta \leqslant \pi$，有 $2|\theta|/\pi \leqslant |1 - e^{i\theta}| \leqslant 2$。进而当 $-2^{t-1} < l \leqslant 2^{t-1}$ 时，有 $-\pi \leqslant 2\pi(\delta - l/2^t) \leqslant \pi$，所以

$$|\beta_l| \leqslant \frac{1}{2^{t+1}(\delta - l/2^t)} \tag{7.2.7}$$

因此结合式 (7.2.6) 得

$$p(|m - b| > e) \leqslant \frac{1}{4} \left[\sum_{l = -2^{t-1}+1}^{-(e+1)} \frac{1}{(2^t\delta - l)^2} + \sum_{l = e+1}^{2^{t-1}} \frac{1}{(2^t\delta - l)^2} \right] \tag{7.2.8}$$

又由 $0 \leqslant 2^t\delta \leqslant 1$ 得

$$\begin{aligned} p(|m - b| > e) &\leqslant \frac{1}{4} \left[\sum_{l = -2^{t-1}+1}^{-(e+1)} \frac{1}{l^2} + \sum_{l = e+1}^{2^{t-1}} \frac{1}{(l-1)^2} \right] \\ &\leqslant \frac{1}{2} \sum_{l = e}^{2^{t-1}-1} \frac{1}{l^2} \\ &\leqslant \frac{1}{2} \int_{e-1}^{2^{t-1}-1} \frac{1}{l^2} \, \mathrm{d}l \\ &= \frac{1}{2(e-1)} \end{aligned} \tag{7.2.9}$$

相位估计算法所实际输出的比特数是 t，假设我们希望估计 φ 到精度 2^{-n}（即 n 个比特即可满足精度需求）。如表 7.2 所示，将 m 和 b 都分为两段比较，总长度为 t，前一段有 n 个比特，后一段包含剩下的 $t - n$ 个比特。由于后一段对结果精度的影响较小，因此称之为冗余部分。当精度为 2^{-n} 时，误差为 $e = 2^{t-n} - 1$，那么当 m 和 b 的前 n 个比特值不完全重合时，一定有 $|m - b| > e$。

表 7.2　输出值 m 和最优估计 b 的分段

输出值 m	$\tilde{\varphi}_1\tilde{\varphi}_2\cdots\tilde{\varphi}_n$	$\tilde{\varphi}_{n+1}\cdots\tilde{\varphi}_t$
最优估计 b	$b_1 b_2 \cdots b_n$	$b_{n+1} \cdots b_t$

通过推导可以得到满足 $|m - b| > e$ 的 m 的概率为

$$p(|m - b| > e) = \varepsilon \leqslant \frac{1}{2(e-1)} = \frac{1}{2(2^{t-n} - 2)}. \tag{7.2.10}$$

因此，为了以至少 $1 - \varepsilon$ 的成功概率精确到 n 比特，在估计 φ 的相位估计算法中，要求第一寄存器的比特数为

$$t = n + \left\lceil \log\left(2 + \frac{1}{2\varepsilon}\right) \right\rceil \tag{7.2.11}$$

这里的 t 是相位估计算法所实际输出的比特数，n 是我们需要的精度，另外的 $t-n$ 比特为冗余部分。这 $t-n$ 个冗余比特的作用是什么呢？量子算法虽然在执行过程中能够实现指数级别的加速效果，但在得到最终结果时却是概率性的。因此在算法分析时常常需要分析成功输出结果的概率。冗余比特越多，算法成功输出好的相位估计值的概率就越高。因此，$t-n$ 个冗余比特的作用是提高成功输出好的相位值的概率。

7.3 因子分解

数论里能应用计算机的所有问题中，可能没有比整数因子分解更具影响力的问题了。

——Hugh C.Williams

量子相位估计算法相比传统计算机上运行的算法达到了指数级别的加速。这个效果应如何理解，举个简单的例子，就是传统计算机上要运行 2^{30}（约等于 10 亿）次运算，量子计算机上只要执行 30 次运算即可。凭借这个优势，量子相位估计算法有很广泛的应用，比如求阶问题、大整数分解问题、线性方程组求解等。本节重点介绍量子典型算法——Shor 因子分解算法。大整数因子分解问题在传统计算机上是困难问题，该问题在代数学、密码学、计算复杂性理论等领域具有重要意义。

定义 7.3（大整数因子分解问题） 已知大整数 N，求 p 和 q，使得 $pq = N$，其中 p 和 q 均为小于 N 的正整数。

若已知两个大素数 p 和 q，求 $N = pq$ 是容易的，只需要一次乘法运算，而由 N 求 p 和 q 则是困难的。国际上存在的基于大整数因子分解问题的公钥密码体制包括 RSA 体制、Rabin 体制以及 BlumBlumShub 随机数发生器。RSA 公钥加密方案分为密钥生成、加密、解密三部分。在密钥生成阶段，选取两个保密的大素数 p 和 q，计算 $N = pq$ 以及 N 的欧拉函数值 $\varphi(N) = (p-1)(q-1)$，接着随机选取整数 e，满足 $1 < e < \varphi(N)$ 且 $\gcd(e, \varphi(N)) = 1$，计算 d 满足 $de \equiv 1 \mod \varphi(N)$，那么公钥为 (e, N)，私钥为 (d, N)。在加密阶段，首先对明文进行比特串分组，使得每个分组对应的十进制数小于 N，然后依次对每个分组 $m\,(0 \leqslant m \leqslant N)$ 做一次加密，相应的密文 c 为 $c = m^e \mod N$，所有分组的密文构成的序列即是原始消息的加密结果。解密时，对于密文 $0 \leqslant c < N$，解密算法为 $m = c^d \mod N$。

一般认为，RSA 需要 1024 比特以上的模长才有安全保障，而 RSA 公钥加密方案的破译难度不超过大整数 N 的分解难度。如果能找到解决大整数因子分解问题的快速方法，那么这几个重要的密码体制将会被攻破。在经典计算机上，目前最好的渐近线运行时间是普通数域筛选法，若大整数的比特数为 n，则时间为 $\Theta(\exp((64n/9)^{1/3} (\log n)^{2/3}))$，其中，没有已知算法可以在 $\Theta(n)$ 的时间内分解它。Shor 在 Simon 算法求解周期的基础上于 1994 年提出一种大数因子分解的量子算法，可以在多项式时间内分解大整数。该算法的提出给传统公钥体制带来了威胁，给金融、计算机通信、网络空间安全等行业带来了挑战。

7.3.1　Shor 算法

Shor 算法综合利用经典计算机和量子计算机分解大整数，量子计算机实现一个查找函数周期的量子子程序，经典计算机负责整个算法流程的控制以及调用量子子程序，其核心是利用数论中的一些定理将大整数的因子分解转化为函数周期的求解问题。量子算法的基本思想是利用量子并行性一次性地计算得到所有函数值，通过测量得到相应叠加态，再进行 QFT，即可得到函数周期。

Shor 算法主要步骤如下。

算法 7.2　Shor 算法

（1）随机选择一个与 N 互素且小于 N 的自然数 a，通常可通过辗转相除法得到。若选择的自然数不与 N 互素，则可得 N 的一个非平凡因子，从而分解 N。若自然数与 N 互素，则进行下一步。

（2）定义一个关于自然数 x 的函数 $f(x) = a^x \mod N$，可看出 $f(x)$ 为周期函数。若周期为 r，则 $f(x+r) = f(x)$，即 $a^{x+r} \equiv a^x \mod N$，那么 $a^r - 1 \equiv 0 \mod N$。如果 r 是奇数，则重新选择 a 和计算函数 $f(x)$ 的周期 r，直到 r 为偶数为止。

（3）如果 r 是偶数，而且 $a^{r/2} \neq -1$，那么 $(a^{r/2}+1)(a^{r/2}-1) \equiv 0 \mod N$。所以，$(a^{r/2}+1)(a^{r/2}-1)$ 和 N 存在不是 1 的公约数，即 $(a^{r/2}+1)$ 或 $(a^{r/2}-1)$ 与 N 有非 1 的公约数。通过辗转相除法即可计算出最大公约数，进而可得 N 的分解。

整个算法的关键在于第一、三步的辗转相除法以及第二步计算 $f(x)$ 和求函数 $f(x)$ 的周期。分解一个 n 比特长的大整数 N，Shor 算法的时间复杂度为 $\Theta(n^2 (\log n)(\log(\log n)))$，这是关于 n 的多项式，所以 Shor 算法将分解大整数问题从 NP 问题变为 P 问题。Shor 算法的最关键之处是利用 QFT 求 $f(x)$ 的周期，所以只要求得 $f(x)$ 的周期就可以分解 N。函数 $f(x)$ 周期的信息是通过 QFT 提取的，具体线路如图 7.7 所示。周期的精度 2^{-n} 由相位估计的精度决定，由相位估计算法可知，存储相位的寄存器需要包含的量子比特数为 $m = n + \left\lceil \log \left(2 + 1/(2\varepsilon) \right) \right\rceil$。因此，求周期子程序的输入为一个黑箱 U 操作以及两个寄存器，黑箱 U 执行的运算为 $U|x\rangle|0\rangle = |x\rangle|f(x)\rangle$，第一寄存器包含的量子比特数为 $m = n + \left\lceil \log \left(2 + 1/(2\varepsilon) \right) \right\rceil$，存储函数值的第二寄存器应包含 $\lceil \log N \rceil$ 个量子比特。运行时间为执行黑箱 U 一次，以及求相位估计所需 $O(n^2)$ 个运算。

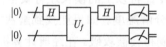

图 7.7　Shor 算法求函数周期子程序的线路

具体求周期子程序如下所示。

算法 7.3　求周期

（1）两个寄存器的初始状态都为 $|0\rangle$，即 $|\Psi_0\rangle = |0\cdots0\rangle|0\cdots0\rangle$。

（2）对第一寄存器中的每一比特做 Hadamard 变换，即

$$H: |\Psi_0\rangle \to |\Psi_1\rangle = \frac{1}{\sqrt{2^m}} \sum_{x=0}^{2^m-1} |x\rangle|0\rangle \tag{7.3.1}$$

（3）对第一寄存器做酉变换 U_f，将结果存入第二寄存器。

$$U_f: |\Psi_1\rangle \to |\Psi_2\rangle = \frac{1}{\sqrt{2^m}} \sum_{x=0}^{2^m-1} |x\rangle \otimes |f(x)\rangle \tag{7.3.2}$$

其中，$f(x) = a^x \bmod N$。此时，两个寄存器处于纠缠态。

（4）测量第二寄存器。假设第二寄存器的状态塌缩为 $|z = a^l \bmod N\rangle$，其中 $l \leqslant r$。因为 $f(x)$ 的周期为 r，所以有 $a^l \bmod N = a^{l+jr} \bmod N$，其中 $j = 0, 1, \cdots, A$，$A = \lfloor (2^m - 1)/r \rfloor$。此时，第一寄存器是以 r 为周期的一组态的叠加，整个寄存器的状态为

$$|\Psi_3\rangle = \frac{1}{\sqrt{A+1}} \sum_{j=0}^{A} |l + jr\rangle |a^l \bmod N\rangle \tag{7.3.3}$$

若 2^m 是 r 的整数倍，设 $A = 2^m/r - 1$，则有

$$|\Psi_3\rangle = \sqrt{\frac{r}{2^m}} \sum_{j=0}^{2^m/r-1} |l + jr\rangle |a^l \bmod N\rangle = \sum_{x=0}^{2^m-1} g(x)|x\rangle|a^l \bmod N\rangle \tag{7.3.4}$$

其中，

$$g(x) = \begin{cases} \sqrt{r/2^m}, & \text{若 } x - l \text{ 为 } r \text{ 的整数倍} \\ 0, & \text{除以上情况} \end{cases} \tag{7.3.5}$$

（5）对第一寄存器做 QFT，得

$$|\Psi_4\rangle = \sum_{x=0}^{2^m-1} g(x)|x\rangle \, |a^l \bmod N\rangle = \sum_c \tilde{g}(c)|c\rangle \, |a^l \bmod N\rangle \tag{7.3.6}$$

其中，

$$\tilde{g}(c) = \frac{\sqrt{r}}{2^m} \sum_{j=0}^{2^m/r-1} e^{2\pi i(l+jr)c/2^m} = \frac{\sqrt{r}}{2^m} e^{2\pi ilc/2^m} \sum_{j=0}^{2^m/r-1} e^{2\pi ijrc/2^m} \tag{7.3.7}$$

由于

$$\sum_{j=0}^{2^m/r-1} e^{2\pi ijrc/2^m} = \begin{cases} 2^m/r, & \text{假如 } c \text{ 为 } 2^m/r \text{ 的整数倍} \\ 0, & \text{除以上情况} \end{cases} \tag{7.3.8}$$

所以

$$\tilde{g}(c) = \begin{cases} \dfrac{1}{\sqrt{r}} e^{2\pi ilc/2^m}, & \text{若 } c \text{ 为 } 2^m/r \text{ 的整数倍} \\ 0, & \text{除以上情况} \end{cases} \tag{7.3.9}$$

（6）测量第一寄存器，得到 $c' = k2^m/r$，故 $k/r = c'/2^m$。因 c' 和 2^m 均已知，若 $\gcd(k, r) = 1$，则可求出 r。最大的 r 即为所求 $f(x)$ 的周期。

由于 2^m 一般不是 r 的整数倍，所以第（4）步中的等式需要近似。第（5）步应用 QFT 后，第（6）步测量得到的为 k/l 的估计，r 可通过连分式展开计算得到。

7.3.2　Shor 算法实例

2001 年，量子计算领域的开拓者之一 Chuang 使用核磁共振的量子计算机展示了 Shor 算法的实例，以 7 个量子位元将 15 分解成 3×5。这是第一次以实验的方式实现 Shor 算法。不过这个系统是无法扩展的，随着加入的原子数量的增多，控制这个系统变得越来越难。在 IBM 的实验后，MIT 和奥地利 Innsbruck 大学的研究者第一次以可扩展的量子计算机实现了 Shor 算法，他们设计并搭建了一台在离子陷阱中只有 5 个原子的量子计算机，可利用 Shor 算法分解数字 15，实验结果发表在 *Science* 上。下面给出 Shor 算法分解整数的实例，通过对 $N = 15$ 的分解说明利用求周期、相位估计、连分式展开的具体过程。

（1）取 $a = 7$，a 与 N 互素。

（2）定义函数 $f(x) = a^x \mod 15$。计算函数值

$$\begin{cases} f(0) = 1, & f(1) = 7, & f(2) = 4 \\ f(3) = 3, & f(4) = 1, \cdots, & f(15) = 3 \end{cases} \tag{7.3.10}$$

则系统状态为

$$|\Psi_2\rangle = \frac{1}{\sqrt{2^4}}(|0, 1\rangle + |1, 7\rangle + |2, 4\rangle + |3, 3\rangle + |4, 1\rangle + \cdots |15, 3\rangle)$$

$$= \frac{1}{\sqrt{2^4}}(|0\rangle + |4\rangle + |8\rangle + |12\rangle) \otimes |1\rangle + \cdots \tag{7.3.11}$$

（3）假设用测量算子 $P_{|1\rangle} = |1\rangle\langle 1|$ 对第二寄存器进行测量，那么系统状态塌缩为 $|\Phi_3\rangle = \frac{1}{\sqrt{4}}(|0\rangle + |4\rangle + |8\rangle + |12\rangle)$。

（4）对第一寄存器执行 QFT 后，由于

$$|0\rangle \xrightarrow{\text{QFT}} \frac{1}{\sqrt{2^4}} \left(e^{2\pi i 0 \cdot 0/16}|0\rangle + e^{2\pi i 0 \cdot 1/16}|1\rangle + \cdots + e^{2\pi i 0 \cdot 15/16}|15\rangle \right)$$

$$= \frac{1}{\sqrt{2^4}}(|0\rangle + |1\rangle + |2\rangle + \cdots + |15\rangle) \tag{7.3.12}$$

$$|4\rangle \xrightarrow{\text{QFT}} \frac{1}{\sqrt{2^4}} \left(e^{2\pi i 4 \cdot 0/16}|0\rangle + e^{2\pi i 4 \cdot 1/16}|1\rangle + \cdots + e^{2\pi i 4 \cdot 15/16}|15\rangle \right)$$

$$= \frac{1}{\sqrt{2^4}}(|0\rangle + i|1\rangle - |2\rangle - \cdots - i|15\rangle) \tag{7.3.13}$$

$$|8\rangle \xrightarrow{\text{QFT}} \frac{1}{\sqrt{2^4}} \left(e^{2\pi i 8 \cdot 0/16}|0\rangle + e^{2\pi i 8 \cdot 1/16}|1\rangle + \cdots + e^{2\pi i 8 \cdot 15/16}|15\rangle \right)$$

$$= \frac{1}{\sqrt{2^4}}(|0\rangle - |1\rangle + |2\rangle - \cdots - |15\rangle) \tag{7.3.14}$$

$$|12\rangle \xrightarrow{\text{QFT}} \frac{1}{\sqrt{2^4}} \left(e^{2\pi i 12 \cdot 0/16}|0\rangle + e^{2\pi i 12 \cdot 1/16}|1\rangle + \cdots + e^{2\pi i 12 \cdot 15/16}|15\rangle \right)$$

$$= \frac{1}{\sqrt{2^4}}(|0\rangle - i|1\rangle - |2\rangle + \cdots + i|15\rangle) \tag{7.3.15}$$

将上面的 4 个式子相加得

$$|\Phi_4\rangle = \frac{1}{\sqrt{4}}(|0\rangle + |4\rangle + |8\rangle + |12\rangle)) = \frac{1}{\sqrt{4}}(|0\rangle + |4\rangle + |8\rangle + |12\rangle)) \tag{7.3.16}$$

（5）测量第一寄存器，可得 $r = 4$。

（6）因为 $\gcd(7^{r/2} + 1, 15) = 5$，$\gcd(7^{r/2} - 1, 15) = 3$，进而可得 $15 = 3 \times 5$。

以 15 的因子分解为例，Shor 算法的过程可表示为如图 7.8 所示的量子线路。

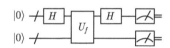

图 7.8　利用 Shor 算法分解 15 的量子线路

7.3.3　Shor 算法分析

Shor 算法的时间复杂度为 $\Theta(n^2 (\log n)(\log(\log n)))$，而分解结果与测量结果相关，并不是每次都能得到正确的分解方法，因此得到结果后需要验证。首先，验证结果因子是否为质因数，接着验证因子是否都能整除 N。虽然不能保证百分之百的正确率，但有方法可以提高成功率，那就是重复多次实验。因为若每次估计成功的概率均只有 $1 - k$，那么重复 n 次实验，将有 $1 - k^n$ 的概率至少成功一次，因此重复多次实验可使得算法的成功概率为 $O(1)$。

目前，Shor 算法被很多学者认为是量子算法中最有影响力的算法，它极大地推进了量子计算机的发展，也对创造出实体量子计算机提供了重要作用。因为整数的质因子分解是唯一的，所以一旦可以成功分解大位数整数，那么攻破 RSA 密码系统等重要密码系统就得以实现。因量子计算具有惊人的潜力，已经成为众多学者关注的研究领域，其在物理学、数学、密码学界等方面都将大有作为，意义非凡。

7.4　离散对数问题

Shor 不仅提出可求解大整数因子分解的算法，还解决了离散对数问题。离散对数问题在公钥密码体制中占据着重要的角色，目前有基于有限域上的离散对数问题和椭圆曲线上的离散对数问题，椭圆曲线上的离散对数的计算要比有限域上的离散对数的计算更困难。

定义 7.4（离散对数问题）　群 $\mathbb{Z}_p^*$ 的阶为 N，$g \in \mathbb{Z}_p^*$ 是生成元，有 $g^p = 1$，则对于任意 $y \in \mathbb{Z}_p^*$，都存在元素 $x \in \mathbb{Z}_{p-1}$ 使得 $y = g^x$。已知 g 和 x，可在多项式时间内可以求出 y，而从 g 和 y 求 x 的问题为 $\mathbb{Z}_p^*$ 上的离散对数问题，记为 $y = \log_g x$。

Shor 将离散对数转化为求解函数的周期。定义函数 $f(a, b) = g^a y^b \bmod p, (a, b) \in \mathbb{Z}_{p-1} \times \mathbb{Z}_{p-1}$，函数的复杂度为 $\mathrm{poly}(\log(p))$。根据离散函数的定义 $f(a, b) = g^{a+xb} \bmod p$，显然函数 $f(a, b)$ 是周期函数。若 $(a_1, b_1) \equiv (a_2, b_2) + \lambda(x, -1) \bmod (p-1)$，那么 $f(a_1, b_1) = $

$f(a_2, b_2)$，则 $a_2 - a_1 \equiv x(b_1 - b_2) \mod (p-1)$，所以周期为 $(x, -1)$。具体的求解离散对数问题的 Shor 算法量子线路图，如图 7.9 所示，算法步骤如下。

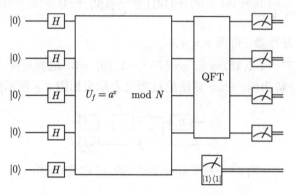

图 7.9　求解离散对数问题的量子算法线路

算法 7.4　求解离散对数问题

（1）3 个寄存器初始状态都为 $|0\rangle$，前两个寄存器的位数都为 $\lceil \log p - 1 \rceil$，第三寄存器的位数为 $\lceil \log p \rceil$。因此，系统初始态为 $|\Psi_0\rangle = |0\rangle^{\otimes \lceil \log(p-1) \rceil} |0\rangle^{\otimes \lceil \log(p-1) \rceil} |0\rangle^{\otimes \lceil \log(p) \rceil}$。

（2）对第一和第二寄存器分别作用 H 门后，系统状态为

$$|\Psi_1\rangle = \left(\frac{1}{\sqrt{p-1}} \sum_{a=0}^{p-2} |a\rangle \right) \left(\frac{1}{\sqrt{p-1}} \sum_{b=0}^{p-2} |b\rangle \right) |0\rangle = \frac{1}{p-1} \sum_{a,b=0}^{p-2} |a\rangle |b\rangle |0\rangle \tag{7.4.1}$$

（3）对 3 个寄存器作用酉变换 U_f，得到量子态

$$|\Psi_2\rangle = U_f |\Psi_1\rangle = \frac{1}{p-1} \sum_{a,b=0}^{p-2} |a\rangle |b\rangle |f(a,b)\rangle \tag{7.4.2}$$

（4）测量第三寄存器，设测量结果为 $f(a_0, b_0)$。相应地，第一、第二寄存器坍缩为

$$|\Psi_3\rangle = \frac{1}{\sqrt{p-1}} \sum_{\lambda=0}^{p-2} |a_0 + \lambda x\rangle |b_0 - \lambda\rangle \otimes |f(a_0, b_0)\rangle \tag{7.4.3}$$

（5）对第一和第二寄存器应用 H 门后，得到量子态

$$
\begin{aligned}
|\Psi_4\rangle &= \frac{1}{\sqrt{p-1}} \sum_{\lambda=0}^{p-2} F_{p-1}|a_0 + \lambda x\rangle \, F_{p-1}|b_0 - \lambda\rangle \otimes |f(a_0, b_0)\rangle \\
&= \frac{1}{\sqrt{(p-1)^3}} \sum_{\lambda=0}^{p-2} \left(\sum_{\alpha=0}^{p-2} e^{2\pi i (a_0 + \lambda x)\alpha/(p-1)} |\alpha\rangle \right) \left(\sum_{\beta=0}^{p-2} e^{2\pi i (b_0 - \lambda)\beta/(p-1)} |\beta\rangle \right) \otimes |f(a_0, b_0)\rangle \\
&= \frac{1}{\sqrt{(p-1)^3}} \sum_{\alpha,\beta=0}^{p-2} \left(\sum_{\lambda=0}^{p-2} e^{2\pi i [(a_0 + \lambda x)\alpha + (b_0 - \lambda)\beta]/(p-1)} \right) |\alpha\rangle |\beta\rangle \otimes |f(a_0, b_0)\rangle \\
&= \frac{1}{\sqrt{(p-1)^3}} \sum_{\alpha,\beta=0}^{p-2} e^{2\pi i (a_0\alpha + b_0\beta)/(p-1)} \left(\sum_{\lambda=0}^{p-2} e^{2\pi i (x\alpha - \beta)\lambda/(p-1)} \right) |\alpha\rangle |\beta\rangle \otimes |f(a_0, b_0)\rangle
\end{aligned}
$$

$$\tag{7.4.4}$$

由于几何级数

$$\sum_{\lambda=0}^{p-2} e^{2\pi i(x\alpha-\beta)\lambda/(p-1)} = \begin{cases} p-1, & \text{当 } x\alpha-\beta=0 \text{ 时} \\ 0, & \text{当 } x\alpha-\beta \neq 0 \text{ 时} \end{cases} \tag{7.4.5}$$

所以第一寄存器和第二寄存器的量子态为

$$\frac{1}{\sqrt{p-1}} \sum_{\alpha=0}^{p-2} e^{2\pi i(a_0+b_0x)\alpha/(p-1)} |\alpha\rangle |x\alpha\rangle \tag{7.4.6}$$

（6）测量第一和第二寄存器，设测量结果分别为 $|\alpha'\rangle$、$|x\alpha'\rangle$。只有当 α' 与 $p-1$ 互素时，利用扩展欧几里得算法才可以求出 α' 的乘法逆元 $(\alpha')^{-1}$。那么 $x = x\alpha'(\alpha')^{-1}$ mod $(p-1)$，且 α' 与 $p-1$ 互素的概率是 $\frac{\varphi(p-1)}{p}$，其中 $\varphi(x)$ 是欧拉函数。因此，此算法以 $O(1)$ 的概率给出 y 的离散对数 x。

此求解离散对数问题的量子算法需要 3 个量子寄存器，第一、第二量子寄存器的位数都是 $\lceil \log p-1 \rceil$，所以算法的空间复杂度是 $O(\log p)$。对第一、第二寄存器共做两次循环群的 QFT，即 F_{p-1} 和 F_{p-1}，而循环群的 QFT 的查询复杂度是 $O((\log p)^2)$，因此量子算法的总查询复杂度是 $O((\log p)^2)$。对第一、第二量子寄存器做的两次 QFT 可以并行计算，循环群的时间复杂度是 $O((\log p)^2)$，因此总的时间复杂度还是 $O((\log p)^2)$，且量子算法的成功概率是 $O(1)$。

7.5　隐含子群问题

隐含子群问题（Hidden Subgroup Problem, HSP）是现今密码体制的一个研究热点。RSA 公钥密码体制、Diffie-Hellman 密钥分配协议等密码体制基于大整数分解和离散对数等困难问题，这两类问题可归结为循环群的 HSP。利用经典计算机求解这些问题的最好算法的复杂度仍然是指数级别的，而由 Shor 算法可知，利用量子计算机可在多项式时间内求解这类循环群的 HSP。本节将构建 HSP 求解模型，主要集中在循环群、Abel 群这两类 HSP 问题的算法模型上。

定义 7.5（隐含子群问题）　令函数 f 为一个从有限生成群 G 到有限集合 X 的函数，满足该函数 f 在子群 $H \leqslant G$ 的（左）陪集上是固定常数，且在每个不同的陪集上取不同的值，称 f 为严格的 H 周期函数。给定一个 $g \in G, h \in X$ 和适当选取的 X 上的二元运算 $\oplus$，执行酉变换 $U|g\rangle|h\rangle = |g\rangle|h\oplus f(g)\rangle$ 的量子黑箱，求子群 H 的一个生成集就是隐含子群问题。

定义 7.6（陪集）　设 G 是群，H 是 G 的子群。对任意的 $g \in G$，群 G 的子集为

$$aH = \{ah|h \in H\}, \quad Ha = \{ha|h \in H\} \tag{7.5.1}$$

分别称为 H 在 G 中的左陪集和右陪集。

例 $G = \mathbb{Z}_{12}$，$H = \{[0], [3], [6], [9]\}$，则 H 的陪集有

$$[0] + H = \{[0], [3], [6], [9]\}，[1] + H = \{[1], [4], [7], [10]\}，[2] + H = \{[2], [5], [8], [11]\}$$

7.5.1 循环群的 HSP

从大整数因子分解和离散对数问题的量子算法可以看出，这两个算法拥有相同的算法框架：先做 QFT，再做酉变换，测量第二或第三量子寄存器，再做 QFT，最后测量第一或第二量子寄存器。从群的角度看函数 $f(x)$，可以看出函数 f 的实际作用是将群 $\mathbb{Z}_N$ 进行划分，每个子群的元素都可用其中一个代表元和生成元 r 表示 $f(x_0) = f(x_0 + rl), l \in \{0, 1, \cdots, r-1\}$，用群表示即为 $\{x_0 h | h \in H\}$，这就是群 $\mathbb{Z}_N$ 的一个陪集，因此以上两个算法可以看成是为了求出群 H 的生成元 r 进而求出子群 H 的过程。

将群上的陪集特性与量子并行性相结合，使得在经典计算机中难以解决的问题，如求阶、求周期、求离散对数等可以在量子计算机上通过多项式时间解决。表 7.3 给出了 Shor 算法解决大整数分解问题和离散对数问题在 HSP 下的描述。

表 7.3　Shor 算法的 HSP 描述

算法	群 G	隐含子群 K	群 X	函数 f
大整数分解问题	$\mathbb{Z}_N$	$r\mathbb{Z}_N$	$\mathbb{Z}_N$	$f(x) = a^x \bmod N$
离散对数问题	$\mathbb{Z}_{p-1} \otimes \mathbb{Z}_{p-1}$	$(y, -1)\mathbb{Z}_{p-1}$	$\mathbb{Z}_p^*$	$f(a, b) = g^{a+xb} \bmod p$

这里我们只考虑有限循环群，根据上面的两个 Shor 算法，可以描述出循环群的 HSP 量子模型，如图 7.10 所示。

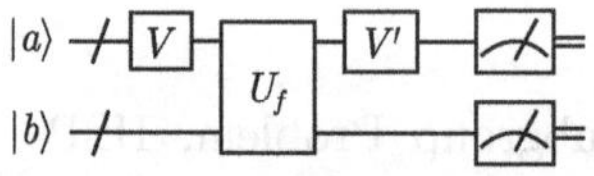

图 7.10　循环群的 HSP 量子模型

具体的算法步骤如下。

算法 7.5　循环群的 HSP

（1）将第一个 n 位量子寄存器 $|a\rangle$ 和第二个 m 位量子寄存器 $|b\rangle$ 都初始化为 $|0\rangle$，对第一寄存器 $|a\rangle$ 做酉变换 V 生成群 G 中的所有元素，$V|0\rangle^{\otimes n}|0\rangle^{\otimes m} = \dfrac{1}{|G|} \sum\limits_{a \in G} |a\rangle|0\rangle^{\otimes m}$，不同的群 G 有不同的酉变换 V。大整数因子分解和离散对数的 Shor 算法的酉变换就是 QST。

（2）对量子寄存器 $|a\rangle$ 和 $|b\rangle$ 做酉变换 U_f，得到量子态 $\dfrac{1}{|G|} \sum\limits_{a \in G} |a\rangle|f(a)\rangle$。

（3）测量第二寄存器，则第一寄存器坍缩为隐含子群 H 的陪集态，即 $\dfrac{1}{|H|} \sum\limits_{h \in H} |a_0 h\rangle$。

（4）对第一寄存器做酉变换 V' 并测量。

7.5.2　Abel 群的 HSP

如果群 G 与任意有限交换群可交换，则说群 G 与素幂循环群的积同构。也就是说，群 $G = \mathbb{Z}_{p_1^{m_1}} \times \mathbb{Z}_{p_2^{m_2}} \times \cdots \mathbb{Z}_{p_l^{m_l}}$，其中 p_i 是素数，m_i 是正整数，$\mathbb{Z}_{p_i^{m_i}}$ 是整数集 $\{0, 1, \cdots, p_i^{m_i} - 1\}$ 上以模 $p_i^{m_i}$ 加为运算的群。考虑可交换的隐含子群，函数 f 在子群 H 上是唯一的且是一个定常数。隐含子群

$$H = \{(h_1, h_2, \cdots, h_l) \,|\, f(x) = f(x + h), \forall x \in G\} \tag{7.5.2}$$

根据图 7.10，可得到与隐含子群 H 中元素相关的值，通过这些值可以精确地得到隐含子群 H。

群 $G = \mathbb{Z}_{p_1^{m_1}} \times \mathbb{Z}_{p_2^{m_2}} \times \cdots \mathbb{Z}_{p_l^{m_l}}$，$m_1 \leqslant m_2 \leqslant \cdots \leqslant m_l = m$ 上的隐含子群问题。交换群隐含子群问题的量子模型如图 7.11 所示。

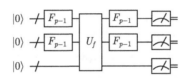

图 7.11　交换群的 HSP 量子模型

共需要 $l + 1$ 个量子寄存器，前 l 个寄存器中，每个寄存器有 $\lceil \log(p^{m_i}) \rceil$ 个量子比特。U_f 是酉变换：$|x\rangle|0\rangle \rightarrow |x\rangle|f(x)\rangle$。定义群 G 中的元素：$e_1 = (1, 0, \cdots, 0)$，$e_2 = (0, 1, \cdots, 0)$，$\cdots$，$e_l = (0, 0, \cdots, 1)$ 和算符 $U_{f(xe_j)}$：$|x\rangle|f(y)\rangle \rightarrow |x\rangle U_{f(xe_j)}|f(y)\rangle = |x\rangle|f(y + xe_j)\rangle$。

定义

$$\begin{cases} |\Psi_t\rangle = \sum_{a \in G/H} \mathrm{e}^{-2\pi\mathrm{i} \sum_{j=1}^{l} p^{m-m_j} t_j a_j / p^m} |f(a)\rangle \\ |f(0)\rangle = \sum_{t \in T} |\Psi_t\rangle \end{cases} \tag{7.5.3}$$

对任意的 $t = (t_1, t_2, \cdots, t_l)$，$0 \leqslant t_j \leqslant p^{m_j}$ 有

$$\sum_{j=1}^{l} p^{m-m_j} h_j t_j = 0 \bmod p^m, \quad \forall h \in H \tag{7.5.4}$$

具体算法如下。

算法 7.6　交换群的 HSP

(1) 制备初态

$$|0\rangle^{\otimes \lceil \log(p^{m_1}) \rceil} |0\rangle^{\otimes \lceil \log(p^{m_2}) \rceil} \cdots |0\rangle^{\otimes \lceil \log(p^{m_l}) \rceil} |f(0)\rangle$$

$$= \sum_{t \in T} |0\rangle^{\otimes \lceil \log(p^{m_1}) \rceil} |0\rangle^{\otimes \lceil \log(p^{m_2}) \rceil} \cdots |0\rangle^{\otimes \lceil \log(p^{m_l}) \rceil} |\Psi_t\rangle \tag{7.5.5}$$

(2) 对前 l 个寄存器执行 QFT，即 $F_G = \mathbb{Z}_{p^{m_1}} \times \mathbb{Z}_{p^{m_2}} \times \cdots \mathbb{Z}_{p^{m_l}}$，得量子态

$$\sum_{t \in T} \left(\sum_{x_1=0}^{p^{m_1}-1} |x_1\rangle \right) \cdots \left(\sum_{x_l=0}^{p^{m_l}-1} |x_l\rangle \right) |\Psi_t\rangle \tag{7.5.6}$$

(3) 对前 l 个和最后一个量子寄存器执行酉变换 $U_{f(xe_j)}$，得量子态

$$\sum_{t \in T} \left(\sum_{x_1=0}^{p^{m_1}-1} \mathrm{e}^{2\pi \mathrm{i} x_1 t_1 / p^{m_1}} |x_1\rangle \right) \cdots \left(\sum_{x_l=0}^{p^{m_l}-1} \mathrm{e}^{2\pi \mathrm{i} x_l t_l / p^{m_l}} |x_l\rangle \right) |\Psi_t\rangle \tag{7.5.7}$$

(4) 再对前 l 个寄存器执行 $F_G = F_{p^{m_1}} \otimes F_{p^{m_2}} \otimes \cdots \otimes F_{p^{m_l}}$，得 $\sum_{t \in T} |t\rangle |\Psi_t\rangle$。

(5) 测量前 l 个寄存器，若得 t_j，则根据式 (7.5.4) 可得生成集 H 的元，进而可得隐含子群 H。

此量子算法的框架适用于与循环群直积同构的有限交换群。循环群一定是交换群，但交换群不一定是循环群，这是隐含子群问题的重要推广。

交换群隐含子群问题已经形成了固定的模式，因此隐含子群问题的研究已经从交换群的研究转向非交换群的研究。目前的研究重点在于二面体群、对称群等非交换群隐含子群问题，而且研究范围呈不断扩展的趋势。隐含子群问题是今后量子计算领域中的一个重要的研究难点。

习题

1. 给出量子傅里叶变换是酉变换的直接证明。
2. 计算 $|0\rangle^{\otimes n}$ 的量子傅里叶变换。
3. 给出逆 QFT 变换的量子线路。
4. 证明 Shor 算法的时间复杂度为 $\Theta(n^2 (\log n) (\log(\log n)))$。
5. 证明 Shor 算法求周期子程序的第二步的正确性。
6. 证明下列式子成立：

$$\sum_{j=0}^{2^m/r-1} \mathrm{e}^{2\pi \mathrm{i} jrc/2^m} = \begin{cases} 2^m/r, & \text{假如 } c \text{ 为 } 2^m/r \text{ 的整数倍} \\ 0, & \text{除以上情况} \end{cases}$$

7. 给出 21 的因子分解过程及相应的量子线路。

参考文献

[1] Lo H K, Spiller T, Popescu S. Introduction to quantum computation and information[M]. World Scientific, 1998.

[2] 冷建华. 傅里叶变换 [M]. 北京：清华大学出版社, 2004.

[3] 戴文静, 袁家斌. 隐含子群问题的研究现状 [J]. 计算机科学, 2018, 45(6): 1-8.

[4] Hallgren S, Moore C, Rotteler M, et al. Limitations of quantum coset states for graph isomorphism[J]. Journal of the ACM (JACM), 2010, 57(6): 1-33.

[5] Childs A M, Van Dam W. Quantum algorithms for algebraic problems[J]. Reviews of Modern Physics, 2010, 82(1): 1.

[6] 付向群, 鲍皖苏, 周淳. Shor 整数分解量子算法的加速实现 [J]. 科学通报, 2010 (4): 322-327.

[7] Rivest R L, Shamir A, Adleman L. A method for obtaining digital signatures and public-key cryptosystems[J]. Communications of the ACM, 1978, 21(2): 120-126.

[8] Shor P W. Algorithms for quantum computation: discrete logarithms and factoring[C]. Proceedings 35th annual symposium on foundations of computer science. Ieee, 1994: 124-134.

[9] Kuperberg G. A subexponential-time quantum algorithm for the dihedral hidden subgroup problem[J]. SIAM Journal on Computing, 2005, 35(1): 170-188.

量子机器学习

量子机器学习（Quantum Machine Learning，QML）领域探索了如何设计和实现量子算法，相比经典机器学习算法拥有更高效的性能。以深度神经网络为代表的经典机器学习算法具有以下特征：（1）可以识别数据中的统计模型；（2）可以产生具有相同统计模型的数据。通过这种观察，我们产生了以下设想：当小型量子信息处理器可以生成传统计算机难以计算的统计模型时，那么同时也可以识别出难以用经典计算机识别的模型，这取决于是否可以找到比经典机器学习更有效的量子算法。

量子算法是一组解决问题的指令，例如在量子计算机上确定两个图形是否相同。通过分析量子算法的规定步骤可以清楚地看到它们在特定问题上的求解优于经典算法（即减少所需步骤的次数），这种潜力被称为量子加速。

量子加速的概念取决于人们是否采用正式的计算机科学观点——数学理论，或者基于目前有限的设备完成工作的观点——可靠的统计证明在一定范围内的问题上具有扩展优势。对于量子机器学习，经典算法的最佳性能并不总是已知的，这类似于用于大数分解的多项式时间的 Shor 量子算法，即使没有发现次指数时间的经典算法，但这种可能性目前仍不能排除。

本章从量子计算与人工智能的基础内容开始，然后逐步引入经典机器学习，最后详细介绍几种典型的量子机器学习算法。

8.1　量子计算与人工智能

量子计算已被视为科技行业中的前沿领域，目前广泛应用于各个领域，如当前最热门的人工智能领域。人工智能发展的三大基石分别为大数据、算法以及计算能力。随着数据信息的暴发式增长，计算能力或将成为未来人工智能发展的最大障碍。随着全球数据总量的飞速增长，互联网时代下的大数据高速积累，每天产生的数据与现有的计算能力已经严重不匹配。

基于目前的计算能力，在庞大的数据面前，人工智能的训练学习过程将变得相当漫长，甚至可能出现无法实现人工智能的方案。由于数据量已经超出了内存和处理器的承载上限，这就需要量子计算机帮助我们处理海量的数据。

20 世纪 90 年代初，威奇托州立大学的物理学教授伊丽莎白·贝尔曼（Elizabeth Behrman）就已经开始着手将量子物理和人工智能这两大领域结合起来。但那时无论是量子还是人工智能都发展不完全，神经网络技术在当时更是被认为是无稽之谈。时至今日，随着人工智能与量子计算的快速发展，这两个理论的先进性已经锋芒毕露。如今，这两个高科技领域的结合是水到渠成的，无疑能创造出更高效、更具先进性的技术。

目前，量子计算被主要应用于机器学习的加速，如基于量子硬件的机器学习算法，用于加速优化算法和改善效果。量子计算机的计算能力将为人工智能发展提供革命性的变化，使人工智能的学习能力和处理速度实现指数级加速，可轻松应对大数据时代的挑战。

然而，与建立在两种状态"0"和"1"物理实现上的传统计算机不同，量子计算机可以利用两种量子状态的叠加态 $|0\rangle$ 和 $|1\rangle$，以便同时遵循许多不同的计算方法。但是这一量子力学的定律也限制了我们对存储在量子系统中的信息的访问，因此要创造出比经典算法更好的量子算法是非常困难的。很多学者已经着力于研究利用量子计算的优势改进机器学习算法，所以将现有比较成熟的理论应用于实际机器上进行测试并运作只是时间问题。

8.2　机器学习

8.2.1　机器学习的发展与分类

机器学习最早的发展可以追溯到托马斯·贝叶斯（Thomas Bayes）在 1783 年发表的同名理论——贝叶斯定理，该定理发现了在给定有关类似事件的历史数据时事件发生的可能性，这是机器学习在贝叶斯分支的基础，它根据历史的信息寻找最可能发生的事件。换句话说，贝叶斯定理是一个从经验中学习的数学方法，是机器学习的基本思想。

在接近两个世纪后的 1950 年，计算机科学家艾伦·图灵（Alan Turing）发明了图灵测试，计算机必须通过文字与一个人对话。图灵认为只有通过这个测试，机器才能被认为是"智能的"。1952 年，亚瑟·塞缪尔（Arthur Samuel）创建了第一个真正的机器学习程序，这是一个简单的棋盘游戏。计算机能够从以前的游戏中"学习"策略，从而提高性能以完成接下来的棋局。接着唐纳德·米基（Donald Michie）在 1963 年推出强化学习的 tic-tac-toe 三子棋游戏程序，是早期较为成熟的人工智能程序。

在接下来的几十年里，机器学习的进步遵循着同样的更新模式，一项技术突破出现的更复杂的计算机，通常是通过与专业的人类玩家玩战略游戏完成测试的。1997 年，IBM 国际象棋计算机"深蓝"在一场国际象棋比赛中击败了世界冠军加里·卡斯帕罗夫（Garry Kasparov）。2016 年，围棋人工智能机器人 AlphaGo 在一场比赛中击败了职业围棋世界冠军李世石，可见人工智能的先进性不容小觑。

　　机器学习的最大突破是 2006 年提出的深度学习。深度学习是一类机器学习，目的是通过模仿人脑的思维过程处理图像和语音识别等问题。深度学习的出现为我们今天使用的许多技术奠定了基础，如上传到社交软件上的图片，平台会自动识别图像中的面孔，并给其贴上标签或进行分类，这使用的是神经网络识别技术；抑或是智能手机上的语音助手，用户的话语会被一种复杂的语音解析算法进行分析，从而使手机读懂用户的意思，这也是深度学习的功劳。

　　机器学习的核心是"使用算法解析数据，然后对世界上的某件事情做出决定或预测"。这意味着与其显式地编写程序执行某些任务，不如教计算机如何开发一个算法完成任务。有 3 种主要类型的机器学习：监督学习、非监督学习和强化学习，所有这些都有其特定的优点和缺点。

　　监督学习涉及一组标记数据。计算机可以使用特定的模式识别每种标记类型的新样本。监督学习的两种主要类型是分类和回归。在分类中，机器被训练成将一个组划分为特定的类。分类的一个简单例子是电子邮件账户上的垃圾邮件过滤器，过滤器会分析用户以前标记为垃圾邮件的电子邮件，并将它们与新邮件进行比较，如果它们匹配一定的百分比，则这些新邮件将被标记为垃圾邮件并放到适当的文件夹，那些比较不相似的电子邮件会被归类为正常邮件并发送到用户的邮箱。第二种监督学习类型是回归。在回归中，机器使用先前的（标记的）数据预测未来事件可能发生的概率。例如使用气象事件的历史数据（即平均气温、湿度和降水量）进行学习，并在未来的时间内对天气进行预测。

　　在无监督学习中，数据是无标签的，分为聚类和降维。聚类用于根据属性和行为对象进行分组。这与分类不同，因为这些组不是用户提供的。聚类的一个例子是将一个组划分成不同的子组（如基于年龄和婚姻状况），然后应用到有针对性的营销方案中。降维则是通过找到共同点来减少数据集的变量。大多数大数据可视化都使用降维识别趋势和规则。

　　最后，强化学习使用机器的个人历史和经验做出决定。强化学习最经典的应用是玩游戏。与监督学习和非监督学习不同，强化学习不涉及提供"正确的"答案或输出；相反，它只关注性能，这反映了人类是如何根据积极和消极的结果进行学习的。同理，一台会下棋的计算机可以学会不把它的国王移到对手的棋子可能进入的空间。然后，国际象棋的这一基本规则就可以被扩展和推断出来，直到机器能够击败人类顶级玩家为止。

8.2.2　机器学习的实现

　　机器学习的实现流程图如 8.1 所示。首先将问题进行抽象化和数据收集，其次对数据进行预处理，然后建立模型并完成训练和参数优化，最后对训练好的模型进行整合。

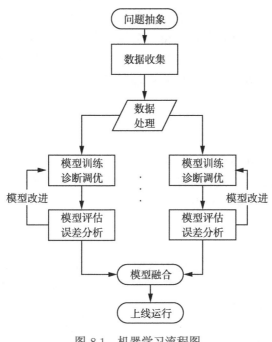

图 8.1　机器学习流程图

8.2.3　机器学习中的算法

1. 回归算法

回归算法是最常用的机器学习算法，线性回归算法是基于连续变量预测特定结果的监督学习算法。另一种是逻辑（Logistic）回归算法，它专门用来预测离散值。回归算法以速度闻名，是最快速的机器学习算法之一。

当预测点都在回归线的附近时，就是一个较好的拟合状态。如果距离回归线太远，则称为欠拟合（Under-fitting）。所谓欠拟合是指对象被提取的特征比较少，导致训练出来的模型不能很好地匹配，表现得很差以至于可能无法识别目标对象。但若全部点都坐落在回归线上，则称之为过拟合（Over-fitting）。过拟合并不是好现象，因为它表示所建立的机器学习模型或深度学习模型在训练样本中表现得过于优越，这样会导致其在验证数据集和测试数据集中表现不佳。

2. 基于实例的算法

基于实例的分析使用提供数据的特定实例预测结果。最著名的基于实例的算法是 k-近邻法（k-Nearest Neighbor，kNN）。kNN 用于分类，通过比较数据点的距离将每个点分配给与它最接近的组。

3. 决策树算法

决策树算法将一组"弱"学习器集合在一起，形成一种"强算法"，这些学习器组织在树状结构中相互分支。一种流行的决策树算法是随机森林算法。在该算法中，弱学习器是随机选择的，这往往可以获得一个强预测器。我们可以发现许多共同的特征，如眼睛是否是蓝色的，但每个单独的特征都不足以识别出动物的品种。然而，当我们把所有的观察特征结合在一起时，我们就能形成一个更完整的画面，并做出更准确的预测。

4. 贝叶斯算法

贝叶斯算法基于贝叶斯理论，最流行的算法是朴素贝叶斯，它经常用于文本分析与分类。例如，大多数垃圾邮件过滤器都使用了贝叶斯算法，它们使用用户输入的类标记数据比较新数据并对其进行适当分类。

5. 聚类算法

聚类算法的重点是发现元素之间的共性，并对它们进行相应的分组，常用的聚类算法是 k-means 聚类算法。在 k-means 中，分析人员选择簇数（以变量 k 表示），并根据物理距离将元素分组为适当的聚类。

6. 神经网络算法

神经网络算法基于生物神经网络的结构，深度学习采用神经网络模型并对其进行更新，是大且较为复杂的神经网络，使用少量的标记数据和更多的未标记数据。神经网络和深度学习有许多输入，它们经过几个隐藏层后才产生一个或多个输出。这些连接形成一个特定的循环，模仿人脑处理信息和建立逻辑连接的方式。此外，随着算法的运行，隐藏层往往会变得更小、更细微。

8.3 量子机器学习概述

众所周知，机器学习现已成为人工智能的一个重要领域。时至今日，这一颠覆性的技术正在给我们带来越来越多的便利。而将量子计算与机器学习相结合，必将迸发出更大的火花。量子神经网络利用态叠加原理，比经典神经网络处理数据的速度更快，这将是一个重大的进步。因为量子神经网络将提升处理海量数据的能力，从而提升人工智能的能力，这也是量子计算的重要应用之一。如果能够在当前支持深度学习的神经网络技术中加入量子元素，这可能会带来机器学习效率的大幅提升。

量子机器学习的基本流程如图 8.2 所示。

图 8.2　量子机器学习的基本流程

量子机器学习有关文献中的大量方法都是基于线性代数的快速量子算法。本节首先介绍线性代数的两个主要量子子程序：用于矩阵求逆的量子算法（也就是 HHL 算法）和用于奇异值分解的量子算法。本节介绍这些算法的实现过程，总结这些技术在机器学习问题中的主要应用。

从计算的角度来看，基于正则化的方法利用优化技术可找到学习问题的解决方案，并且通常需要一系列标准以完成线性代数运算，例如矩阵乘法和反演。特别地，大多数经典算法需要与矩阵反演所需操作数相当的多个操作。若训练集中的示例的数量为 N，则矩阵反演会导致 $O(N^3)$ 的时间复杂度增加，可以根据稀疏性和特定优化问题的调节进行改进。然而，随着现代数据集的增加，上述方法正在接近其实际适用性的极限。于是，我们将反演矩阵与量子算法结合，从而降低时间复杂度。HHL 算法就是快速矩阵求逆的量子线性系统算法。

8.3.1　HHL 算法

HHL 算法是由 Harrow、Hassidim 和 Lloyd 在 2008 年提出，并以 3 位作者名字的首字母命名。HHL 算法解决的是经典的求解线性方程组的问题：输入一个 $n \times n$ 的矩阵 A 和一个 n 维向量 b，输出 n 维向量 x，满足

$$Ax = b \tag{8.3.1}$$

则 $x = A^{-1}b$，此时便要对矩阵 A 求逆。这个看似简单的线性方程，加入量子算法则有一定的限制条件。

（1）对输入 A 和 b 的要求：首先要求 $n \times n$ 的矩阵 A 是一个 Hermite 矩阵（即 A 的共轭转置矩阵等于它本身），其次输入 b 是一个单位向量。当 A 不是 Hermite 阵时，我们也可以自己构造 Hermite 矩阵，构造方法在下文中也会叙述。输入 b 存放在底部寄存器中，输入 A 作为相位估计中酉算子的一个组成部分。

（2）输出 x 的形式：算法的输出存放在底部寄存器中（即输出 x 和输入 b 是在同一个寄存器中）。底部寄存器存放的是一个蕴含向量 x 的量子态。这里的"蕴含"是指我们并不能读出这个 x 的确切值是什么，不过我们能够得到一个关于 x 的整体特性，比如我们能够通过一个酉算子 M 得到一个关于 x 期望值的评估：$x^{\mathrm{T}}Mx$，这也是 HHL 算法的一个局限性。然而对于很多应用来说，也许 x 的确切值并不是非要提取出来，在这种情况下，HHL 算法还是相当高效的。

如图 8.3 所示，HHL 算法以及很多类 HHL 算法都可以分为 3 个步骤：相位估计（第 7 章中有介绍）、受控旋转和逆相位估计。逆相位估计就是相位估计的逆运算，如果把相位估计的整个过程看成一个矩阵 U，那么逆相位估计就相当于求矩阵 U 的逆。

相位估计中有一个技巧，就是在相位估计的第二阶段把存储在概率幅上的值提取到基态上。在 HHL 算法的第二个阶段用到了类似的技巧，不过是反向的，即通过受控旋转操作，将基态中的值提取到概率幅上。这样一来，便可以轻松获取矩阵 A。

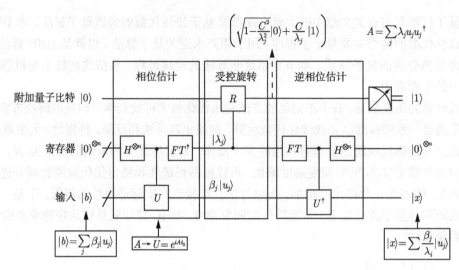

图 8.3　HHL 算法线路

算法 8.1　HHL 算法

(1) 首先准备基态 $|b\rangle = \sum_i b_i|i\rangle$。其中，$b = (b_1, b_2, \cdots, b_n)$，且 $\sum_i |b_i|^2 = 1$，即所有取值的概率之和为 1。

(2) 因为任何矩阵都可以转换成酉矩阵，所以可以将 Hermite 矩阵 A 转换成酉操作 e^{iAt}。此时，若 A 不是 Hermite 矩阵，则需要将矩阵 A 构造成一个 Hermite 矩阵。定义矩阵

$$C = \begin{pmatrix} 0 & A \\ A^\dagger & 0 \end{pmatrix} \tag{8.3.2}$$

通过求解

$$C\vec{y} = \begin{pmatrix} \vec{b} \\ 0 \end{pmatrix} \tag{8.3.3}$$

得到

$$\vec{y} = \begin{pmatrix} 0 \\ \vec{x} \end{pmatrix} \tag{8.3.4}$$

这样既构造了 Hermite 矩阵，最后又可以得到 x。

(3) 通过相位估计在 A 的特征空间上分解 $|b\rangle = \sum_j \beta_j|u_j\rangle$。如图 8.3 所示，此时我们已完成相位估计并得到 $\sum_j \beta_j|u_j\rangle|\lambda_j\rangle$。以 $|\lambda_j\rangle$ 作为控制比特对附加量子比特进行旋转，设计一个关于基态 $|\lambda_j\rangle$ 的函数 $f(\lambda_j)$。在 HHL 算法中，我们令

$$f(\lambda_j) = \frac{C}{\lambda_j} \tag{8.3.5}$$

其中，C 为任意常数。

（4）受控旋转之后，得到

$$\sum_{j=1}^{N}(\sqrt{1-\frac{C^2}{\lambda_j^2}}|0\rangle + \frac{C}{\lambda_j}|1\rangle)\beta_j|\lambda_j\rangle|u_j\rangle \tag{8.3.6}$$

此时，附加量子态由 $|0\rangle$ 态变成 $|0\rangle$ 和 $|1\rangle$ 的叠加态。

（5）执行逆相位估计，可将 $|\lambda_j\rangle$ 转换成 $|0\rangle$。测量附加量子比特，若测量结果为 $|1\rangle$，则测量后第 3 寄存器的量子态为 $|x'\rangle$。由式 $|x\rangle = \lambda_j^{-1}\beta_j|u_j\rangle$ 得

$$|x'\rangle = \frac{1}{\sqrt{N_{x'}}}\sum_{j=1}^{N}C\lambda_j^{-1}\beta_j|u_j\rangle \propto |x\rangle \tag{8.3.7}$$

从而最终得到 $|x\rangle$。其中第（4）步受控旋转可以看作是一个映射 $R(f)$，将附加量子比特由基态 $|0\rangle$ 映射到 $|0\rangle$ 和 $|1\rangle$ 的叠加态上，同时将函数值 $f(\lambda_j)$ 提取到基态 $|1\rangle$ 的概率幅上。

HHL 算法中的指数加速主要基于第（3）步。对矩阵 A 的相位估计算法达到指数级别的加速。HHL 算法是一个用量子计算机解决线性问题 $Ax = b$ 最优解的算法，被广泛应用于许多量子机器学习算法中，如支持向量机、主成分分析等。

8.3.2 量子奇异值分解算法

奇异值分解是许多计算问题和应用的基本工具，从线性回归的矩阵求逆到矩阵近似。对于降低维数的问题也起到了特别的作用，例如主成分分析。

1. 特征值与特征向量

如果一个向量 v 是矩阵 A 的特征向量，则它一定可以表示为

$$Av = \lambda v \tag{8.3.8}$$

其中，λ 是特征向量 v 对应的特征值，且矩阵的一组特征向量是一组正交向量。

2. 特征值分解矩阵

对于矩阵 A，有一组特征向量 v，将这组向量进行正交化单位化，就能得到一组正交单位向量。特征值分解就是将矩阵 A 分解为

$$A = Q\Sigma Q^{-1} \tag{8.3.9}$$

其中，Q 是由矩阵 A 的特征向量组成的矩阵，Σ 是一个对角阵。这个对角阵非常重要，对角线上的元素就是特征值。

3. 奇异值分解

奇异值分解（Singular Value Decomposition，SVD）也是对矩阵进行分解，但是和特征分解不同，SVD 并不要要分解的矩阵为方阵。假设矩阵 A 是一个 $m \times n$ 的矩阵，那

么定义矩阵 A 的 SVD 为

$$A = U\Sigma V^\dagger \tag{8.3.10}$$

其中，U 是一个 $m \times m$ 的矩阵，Σ 是一个 $m \times n$ 的对角矩阵，对角线上的每个元素都称为奇异值，V 是一个 $n \times n$ 的矩阵。U 和 V 都是酉矩阵，即满足 $U^\dagger U = I, V^\dagger V = I$。图 8.4 可以很形象地说明 SVD 的矩阵表示。

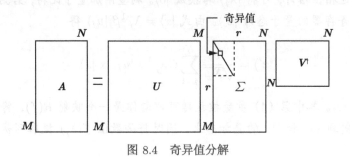

图 8.4   奇异值分解

接下来，我们看看如何求解 SVD 分解后的 U, Σ, V 这 3 个矩阵。如果将 A 的共轭转置和 A 做矩阵乘法，那么会得到 $n \times n$ 的一个方阵 $A^\dagger A$。既然 $A^\dagger A$ 是方阵，那么就可以进行特征分解，得到的特征值和特征向量满足：

$$\left(A^\dagger A\right) v_i = \lambda_i v_i \tag{8.3.11}$$

这样就可以得到矩阵 $A^\dagger A$ 的 n 个特征值和对应的 n 个特征向量 v 了。将 $A^\dagger A$ 的所有特征向量张成一个 $n \times n$ 的矩阵 V，就是 SVD 公式中的 V 矩阵了。一般将 V 中的每个特征向量称为矩阵 A 的右奇异向量。

如果将 A 和 $A^\dagger$ 做矩阵乘法，那么会得到 $m \times m$ 的一个方阵 $AA^\dagger$。既然 $AA^\dagger$ 是方阵，那么就可以进行特征分解，得到的特征值和特征向量满足

$$\left(AA^\dagger\right) u_i = \lambda_i u_i \tag{8.3.12}$$

这样就可以得到矩阵 $AA^\dagger$ 的 m 个特征值和对应的 m 个特征向量 u。将 $AA^\dagger$ 的所有特征向量张成一个 $m \times m$ 的矩阵 U，就是 SVD 公式中的 U 矩阵了。一般将 U 中的每个特征向量称为 A 的左奇异向量。

现在，U 和 V 已被求解出来。由于奇异值矩阵 Σ 除了对角线上是奇异值以外其他位置都是 0，则只需要求出每个奇异值 σ 即可。注意：

$$A = U\Sigma V^\dagger \Rightarrow AV = U\Sigma V^\dagger V \Rightarrow AV = U\Sigma \Rightarrow Av_i = \sigma_i u_i \Rightarrow \sigma_i = v_i^\dagger A v_i \tag{8.3.13}$$

式 (8.3.14) 的证明使用了：$V^\dagger V = I, \Sigma^\dagger \Sigma = \Sigma^2$。可以看出，$A^\dagger A$ 组成的特征向量就是 SVD 中的 V 矩阵。使用类似的方法可以得到 $AA^\dagger$ 的特征向量，就是 SVD 中的 U 矩阵。

进一步地，还可以看出特征值和奇异值满足

$$\sigma_i = \sqrt{\lambda_i} \tag{8.3.14}$$

换句话说，可以不用 $\sigma_i = u_i^\dagger A v_i$ 方法计算奇异值，即可以通过求出 $A^\dagger A$ 的特征值取平方根求奇异值。

例题：对 $A = \begin{pmatrix} 0 & 1 \\ 1 & 1 \\ 1 & 0 \end{pmatrix}$ 进行奇异值分解。

解：首先求出 $A^{\mathrm{T}}A$ 和 AA^{T}，过程如下。

$$A^{\mathrm{T}}A = \begin{pmatrix} 0 & 1 & 1 \\ 1 & 1 & 0 \end{pmatrix} \begin{pmatrix} 0 & 1 \\ 1 & 1 \\ 1 & 0 \end{pmatrix} = \begin{pmatrix} 2 & 1 \\ 1 & 2 \end{pmatrix} \tag{8.3.15}$$

$$AA^{\mathrm{T}} = \begin{pmatrix} 0 & 1 \\ 1 & 1 \\ 1 & 0 \end{pmatrix} \begin{pmatrix} 0 & 1 & 1 \\ 1 & 1 & 0 \end{pmatrix} = \begin{pmatrix} 1 & 1 & 0 \\ 1 & 2 & 1 \\ 0 & 1 & 1 \end{pmatrix} \tag{8.3.16}$$

再求出 $A^{\mathrm{T}}A$ 的特征值和特征向量：

$$\lambda_1 = 3; \ v_1 = \begin{pmatrix} 1/\sqrt{2} \\ 1/\sqrt{2} \end{pmatrix}; \ \lambda_2 = 1; \ v_2 = \begin{pmatrix} -1/\sqrt{2} \\ 1/\sqrt{2} \end{pmatrix} \tag{8.3.17}$$

接着求 AA^{T} 的特征值和特征向量：

$$\lambda_1 = 3; \ u_1 = \begin{pmatrix} 1/\sqrt{6} \\ 2/\sqrt{6} \\ 1/\sqrt{6} \end{pmatrix}; \ \lambda_2 = 1; \ u_2 = \begin{pmatrix} 1/\sqrt{2} \\ 0 \\ -1/\sqrt{2} \end{pmatrix}; \ \lambda_3 = 0; \ u_3 = \begin{pmatrix} 1/\sqrt{3} \\ -1/\sqrt{3} \\ 1/\sqrt{3} \end{pmatrix} \tag{8.3.18}$$

利用 $Av_i = \sigma_i u_i, i = 1, 2$ 求奇异值：

$$\begin{cases} \begin{pmatrix} 0 & 1 \\ 1 & 1 \\ 1 & 0 \end{pmatrix} \begin{pmatrix} 1/\sqrt{2} \\ 1/\sqrt{2} \end{pmatrix} = \sigma_1 \begin{pmatrix} 1/\sqrt{6} \\ 2/\sqrt{6} \\ 1/\sqrt{6} \end{pmatrix} \Rightarrow \sigma_1 = \sqrt{3} \\[4mm] \begin{pmatrix} 0 & 1 \\ 1 & 1 \\ 1 & 0 \end{pmatrix} \begin{pmatrix} -1/\sqrt{2} \\ 1/\sqrt{2} \end{pmatrix} = \sigma_2 \begin{pmatrix} 1/\sqrt{2} \\ 0 \\ -1/\sqrt{2} \end{pmatrix} \Rightarrow \sigma_2 = 1 \end{cases} \tag{8.3.19}$$

也可以用 $\sigma_i = \sqrt{\lambda_i}$ 直接求出奇异值为 $\sqrt{3}$ 和 1。

最终得到 A 的奇异值分解为

$$A = U\Sigma V^{\mathrm{T}} = \begin{pmatrix} 1/\sqrt{6} & 1/\sqrt{2} & 1/\sqrt{3} \\ 2/\sqrt{6} & 0 & -1/\sqrt{3} \\ 1/\sqrt{6} & -1/\sqrt{2} & 1/\sqrt{3} \end{pmatrix} \begin{pmatrix} \sqrt{3} & 0 \\ 0 & 1 \\ 0 & 0 \end{pmatrix} \begin{pmatrix} 1/\sqrt{2} & 1/\sqrt{2} \\ -1/\sqrt{2} & 1/\sqrt{2} \end{pmatrix} \tag{8.3.20}$$

4. 量子奇异值阈值算法

奇异值阈值（Singular Value Thresholding, SVT）是以奇异值分解为基础的。设输入矩阵为 Y，其左奇异向量矩阵为 U，右奇异向量矩阵为 V，奇异值为 σ_j，其中 $\sigma_1 > \sigma_2 > \cdots > \sigma_r$。设奇异值阈值 SVT 算子表示为 D_τ，其中 τ 为阈值参数。通过 SVT 的作用，原始矩阵 Y 的左右奇异向量矩阵不变，奇异值同时减去值 τ，若结果大于 0，则将其作为新的奇异值；否则将新的奇异值置为 0。

奇异值阈值主要分为 3 步。首先对矩阵做奇异值分解，得到左右奇异向量和奇异值；接着把奇异值根据参数 τ 进行收缩，如原来的奇异值分别为 30、18、9、4、2，参数 $\tau = 5$，则所有的奇异值均减去 5，减去 5 之后的值若大于 0，则直接作为新的矩阵的奇异值；若减去 5 之后的值小于 0，则将奇异值设置为 0。那么收缩奇异值变为 25、13、4、0、0。最后将左右奇异向量和新的奇异值相作用，得到新的矩阵即为 SVT 作用在矩阵之后的输出。

量子奇异值分解（Quantum Singular Value Decomposition, QSVD）算法实现了对经典 SVD 的指数加速，这里我们拓展 QSVD 的应用场景，引入了量子奇异值阈值（Quantum Singular Value Thresholding, QSVT）算法，SVT 和 QSVT 的输入和输出之间存在一种对应关系，如图 8.5 所示（图中表达式均省略了归一化因子）。

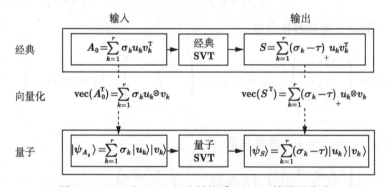

图 8.5   SVT 和 QSVT 映射关系 QVST 的量子线路

经典和量子 SVT 的最大区别就在于中间的向量化过程，它将一个 $m \times n$ 维矩阵转换成一个 $mn \times 1$ 的列向量。输入 $\vec{A}_0^T$ 可以表示为 A_0 的各个左奇异向量和右奇异向量的张量积乘以奇异值之后的和，即

$$\vec{A}_0^T = \sum_{k=1}^{r} \sigma_k u_k \otimes v_k \tag{8.3.21}$$

输出 $\vec{S}^T$ 的形式也类似

$$\vec{S}_0^T = \sum_{k=1}^{r} (\sigma_k - \tau)_+ \, u_k \otimes v_k \tag{8.3.22}$$

而量子的输入具有 Schmidt 分解

$$|\psi_{A_0}\rangle = \sum_{k=1}^{r} \sigma_k |u_k\rangle |v_k\rangle \tag{8.3.23}$$

然后，输出的量子态为

$$|\psi_s\rangle = \sum_{k=1}^{r} (\sigma_k - \tau)_+ |u_k\rangle|v_k\rangle \tag{8.3.24}$$

可以看出，量子态输入 $|\psi_{A_0}\rangle$ 与 $\vec{A}_0^{\mathrm{T}}$ 相等，量子态输出 $|\psi_S\rangle$ 与 $\vec{S}^{\mathrm{T}}$ 相等。

综上所述，QSVT 求解的问题为

$$\vec{S}^{\mathrm{T}} = D_\tau \left(\vec{A}_0^{\mathrm{T}}\right) \tag{8.3.25}$$

其中，D_τ 为奇异值阈值算子。QVST 量子线路如图 8.6 所示，QVST 的实现步骤如后所述。

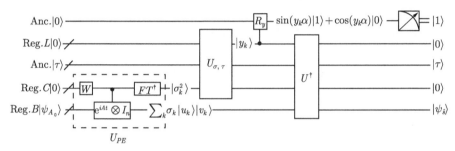

图 8.6　QVST 的量子线路

算法 8.2　QVST 算法

（1）制备初始态

$$|\psi_1\rangle = |0\rangle|0\rangle^L|0\rangle^C|\psi_{A_0}\rangle^B \tag{8.3.26}$$

（2）通过相位估计，得到

$$|\psi_2\rangle = \frac{1}{\sqrt{N_1}}|0\rangle|0\rangle^L \sum_{k=1}^{r} \sigma_k|\sigma_k^2\rangle^C|u_k\rangle|v_k\rangle^B \tag{8.3.27}$$

QSVT 算法与 HHL 算法类似，但又有所不同。HHL 解决的是 $Ax = b$ 的问题，其中，A 作为相位估计中受控酉算子的输入源，b 作为相位估计中量子态的输入源。而 QSVT 的输入变量只有 A_0，所以 QSVT 算法要求相位估计的输入量子态和受控酉算子均由输入 A_0 产生，这一点与 HHL 算法不同。

输入向量：输入矩阵 A_0 为 $m \times n$ 维，展开成维度为 $mn \times 1$ 的向量，即图 8.6 中 $Reg.B$ 的维度为 mn。

受控酉算子：相位估计中受控酉算子的矩阵 $A = A_0 A_0^\dagger$ 为 $m \times m$ 维。

此时，$m \times m$ 维的矩阵无法直接作用在 mn 维的向量上。因此，在受控酉算子的设计上需要将算子 e^{iAt} 张量乘以一个 n 维的单位矩阵并扩展到 $mn \times mn$ 维之上，即

$$\mathrm{e}^{iAt} \otimes I_n \tag{8.3.28}$$

（3）若 $\sqrt{z} > \tau$，则执行执行受控旋转操作

$$|0\rangle|z\rangle \rightarrow \left(\frac{r(\sqrt{z}-\tau)}{\sqrt{z}}|1\rangle + \sqrt{1 - \frac{r^2(\sqrt{z}-\tau)^2}{z}}|0\rangle\right)|z\rangle \tag{8.3.29}$$

其中，第 1 比特是附加量子比特，第 2 比特是 $Reg.C$ 中输出的值。此时 $|0\rangle$ 态变成 $|0\rangle$ 和 $|1\rangle$ 的叠加态。这一步骤在量子线路设计中被分为以下两步。

首先，计算

$$y_k = \left(1 - \frac{\tau}{\sigma_k}\right)_+ \in [0,1) \tag{8.3.30}$$

并将值 y_k 存储在寄存器的基态中（N_1 表示归一化因子）：

$$|\psi_3\rangle = \frac{1}{\sqrt{N_1}}|0\rangle \sum_{k=1}^r \sigma_k |y_k\rangle^L |\sigma_k^2\rangle^C |u_k\rangle|v_k\rangle^B \tag{8.3.31}$$

接着，将 y_k 从基态 $|y_k\rangle$ 中提取到附加量子比特基态 $|1\rangle$ 前面的系数中：

$$|\psi_4\rangle = \frac{1}{\sqrt{N_1}} \sum_{k=1}^r \sigma_k \left[\sin\left(y_k\alpha\right)|1\rangle + \cos\left(y_k\alpha\right)|0\rangle\right]|y_k\rangle^L |\sigma_k^2\rangle^C |u_k\rangle|v_k\rangle^B \tag{8.3.32}$$

（4）进行逆相位估计

$$|\psi_5\rangle = \frac{1}{\sqrt{N_1}} \sum_{k=1}^r \sigma_k \left[\sin\left(y_k\alpha\right)|1\rangle + \cos\left(y_k\alpha\right)|0\rangle\right]|u_k\rangle|v_k\rangle^B \tag{8.3.33}$$

（5）测量，最终得到

$$|\psi_{\hat{S}}\rangle = \frac{1}{\sqrt{N_\alpha}} \sum_{k=1}^r \sigma_k \sin\left(y_k\alpha\right)|u_k\rangle|v_k\rangle^B \tag{8.3.34}$$

$|\psi_{\hat{S}}\rangle$ 即为 QSVT 算法的输出。与 HHL 算法类似，QVST 也是通过将矩阵 A 转换成 e^{iAt} 达到指数加速的。

8.3.3　量子主成分分析算法

主成分分析（Principal Component Analysis，PCA）顾名思义就是找出原始数据中最主要的成分，用组成数据最主要的成分代替原始数据，从而减小数据尺度。具体地，假如我们的数据集是 n 维的，共有 m 个数据 $(x^{(1)}, x^{(2)}, \cdots, x^{(m)})$，我们希望将这 m 个数据的维度从 n 维降到 n' 维，并希望这 m 个 n' 维的数据集尽可能地代表原始数据集。我们知道数据从 n 维降到 n' 维会有损失，但是我们希望损失尽可能的小。那么如何让这 n' 维的数据尽可能地表示原来的数据呢？

我们先看看最简单的情况 $n = 2, n' = 1$，也就是将数据从二维降到一维，数据如图 8.7 所示。我们希望找到某一个维度方向，它可以代表这两个维度的数据。图 8.7 中列出了两个向量方向 u_1 和 u_2，那么哪个向量可以更好地代表原始数据集呢？

从直观上可知 u_1 比 u_2 好。u_1 比 u_2 好可以有两种解释：第一种解释是样本点到这个直线的距离足够近，第二种解释是样本点在这个直线上的投影能尽可能的分开。

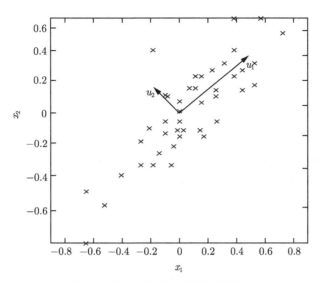

图 8.7　对 m 个数据进行主成分分析

假如我们把 n' 从 1 维推广到任意维，则我们希望的降维标准为：样本点到这个超平面的距离足够近，或者说样本点在这个超平面上的投影能尽可能的分开。基于上面的两种标准，我们可以得到 PCA 的两种等价推导。

1. 基于最小投影距离

首先看第一种解释的推导，即样本点到这个超平面的距离足够近。

假设 m 个 n 维数据 $(x^{(1)}, x^{(2)}, \cdots, x^{(m)})$ 都已经中心化，即 $\sum\limits_{i} x^{(i)} = 0$。经过投影变换后得到的新坐标系为 $\{w_1, w_2, \cdots, w_n\}$，其中 w 是标准正交基，即 $\|w\|_2 = 1$，$w_i^{\mathrm{T}} w_j = 0$。

将数据从 n 维降到 n' 维，即丢弃新坐标系中的部分坐标，则新的坐标系为 $\{w_1, w_2, \cdots, w_{n'}\}$，样本点 $x^{(i)}$ 在 n' 维坐标系中的投影为 $z^{(i)} = (z_1^{(i)}, z_2^{(i)}, \cdots, z_{n'}^{(i)})^{\mathrm{T}}$。其中，$z_j^{(i)} = w_j^{\mathrm{T}} x^{(i)}$ 是 $x^{(i)}$ 在低维坐标系中第 j 维的坐标。

如果用 $z^{(i)}$ 恢复原始数据 $x^{(i)}$，则得到的恢复数据 $\overline{x}^{(i)} = \sum\limits_{j=1}^{n'} z_j^{(i)} w_j = W z^{(i)}$。其中，$W$ 为标准正交基组成的矩阵。

考虑整个样本集，我们希望所有的样本到这个超平面的距离均足够近，即最小化：

$$
\begin{aligned}
\sum_{i=1}^{m} \left\| \overline{x}^{(i)} - x^{(i)} \right\|_2^2 &= \sum_{i=1}^{m} \left\| W z^{(i)} - x^{(i)} \right\|_2^2 \\
&= \sum_{i=1}^{m} \left(W z^{(i)} \right)^{\mathrm{T}} \left(W z^{(i)} \right) - 2 \sum_{i=1}^{m} \left(W z^{(i)} \right)^{\mathrm{T}} x^{(i)} + \sum_{i=1}^{m} x^{(i)\mathrm{T}} x^{(i)} \\
&= \sum_{i=1}^{m} z^{(i)\mathrm{T}} z^{(i)} - 2 \sum_{i=1}^{m} z^{(i)T} W^{\mathrm{T}} x^{(i)} + \sum_{i=1}^{m} x^{(i)\mathrm{T}} x^{(i)} \\
&= \sum_{i=1}^{m} z^{(i)\mathrm{T}} z^{(i)} - 2 \sum_{i=1}^{m} z^{(i)\mathrm{T}} z^{(i)} + \sum_{i=1}^{m} x^{(i)\mathrm{T}} x^{(i)}
\end{aligned}
$$

$$
\begin{aligned}
&= -\sum_{i=1}^{m} z^{(i)\mathrm{T}} z^{(i)} + \sum_{i=1}^{m} x^{(i)\mathrm{T}} x^{(i)} \\
&= -tr\left(W^{\mathrm{T}}\left(\sum_{i=1}^{m} x^{(i)} x^{(i)\mathrm{T}}\right) W\right) + \sum_{i=1}^{m} x^{(i)\mathrm{T}} x^{(i)} \\
&= -tr\left(W^{\mathrm{T}} X X^{\mathrm{T}} W\right) + \sum_{i=1}^{m} x^{(i)\mathrm{T}} x^{(i)}
\end{aligned} \tag{8.3.35}
$$

其中，第 1 步用到了 $\bar{x}^{(i)} = W z^{(i)}$；第 2 步用到了平方和展开；第 3 步用到了矩阵转置公式 $(AB)^{\mathrm{T}} = B^{\mathrm{T}} A^{\mathrm{T}}$ 和 $W^{\mathrm{T}} W = I$；第 4 步用到了 $z^{(i)} = W^{\mathrm{T}} x^{(i)}$；第 5 步用到了合并同类项；第 6 步用到了 $z^{(i)} = W^{\mathrm{T}} x^{(i)}$ 和矩阵的迹；第 7 步将代数和表达为矩阵形式。

注意到 $\sum_{i=1}^{m} x^{(i)} x^{(i)\mathrm{T}}$ 是数据集的协方差矩阵 $X X^{\mathrm{T}}$，W 的每一个向量 w_j 均是标准正交基，而且 $\sum_{i=1}^{m} x^{(i)\mathrm{T}} x^{(i)}$ 是一个常量。最小化上式等价于

$$
\arg\min \ -tr(W^{\mathrm{T}} X X^{\mathrm{T}} W) \quad s.t. W^{\mathrm{T}} W = I \tag{8.3.36}
$$

这个最小化并不难，直接观察也可以发现最小值对应的 W 由协方差矩阵 $X X^{\mathrm{T}}$ 的 n' 个最大的特征值对应的特征向量组成。用数学推导如下，利用拉格朗日函数可以得到

$$
J(W) = -tr(W^{\mathrm{T}} X X^{\mathrm{T}} W + \lambda(W^{\mathrm{T}} W - I)) \tag{8.3.37}
$$

对 W 求导有 $-X X^{\mathrm{T}} W + \lambda W = 0$，整理后即为

$$
X X^{\mathrm{T}} W = \lambda W \tag{8.3.38}
$$

这样可以更清楚地看出 W 为 $X X^{\mathrm{T}}$ 的 n' 个特征向量组成的矩阵，而 λ 为 $X X^{\mathrm{T}}$ 的若干特征值组成的矩阵，特征值在主对角线上，其余位置为 0。当我们将数据集从 n 维降到 n' 维时，需要找到 n' 个最大的特征值对应的特征向量。这 n' 个特征向量组成的矩阵 W 即为我们需要的矩阵。对于原始数据集，我们只需要用 $z^{(i)} = W^{\mathrm{T}} x^{(i)}$ 就可以把原始数据集降维到最小投影距离的 n' 维数据集。

PCA 与机器学习中的谱聚类算法非常类似，只不过谱聚类是求前 k 个最小的特征值对应的特征向量，而 PCA 是求前 k 个最大特征值对应的特征向量。

2. 基于最大投影方差

接下来，我们来看基于最大投影方差的推导方式。

假设 m 个 n 维数据 $(x^{(1)}, x^{(2)}, \cdots, x^{(m)})$ 都已经进行了中心化，即 $\sum_{i=1}^{m} x^{(i)} = 0$。经过投影变换后得到的新坐标系为 $\{w_1, w_2, \cdots, w_n\}$，其中，$w$ 是标准正交基，即 $||w||_2 = 1, w_i^{\mathrm{T}} w_j = 0$。

如果将数据从 n 维降到 n' 维，即丢弃新坐标系中的部分坐标，则新的坐标系为 $\{w_1, w_2, \cdots, w_{n'}\}$，样本点 $x^{(i)}$ 在 n' 维坐标系中的投影为 $z^{(i)} = (z_1^{(i)}, z_2^{(i)}, \cdots, z_{n'}^{(i)})^{\mathrm{T}}$，其中，$z_j^{(i)} = w_j^{\mathrm{T}} x^{(i)}$ 是 $x^{(i)}$ 在低维坐标系中第 j 维的坐标。

对于任意一个样本 $x^{(i)}$，在新的坐标系中的投影为 $W^{\mathrm{T}}x^{(i)}$，在新坐标系中的投影方差为 $W^{\mathrm{T}}x^{(i)}x^{(i)\mathrm{T}}W$，要使所有样本的投影方差和最大，也就是最大化 $\sum\limits_{i=1}^{m}W^{\mathrm{T}}x^{(i)}x^{(i)\mathrm{T}}W$，即

$$\arg\max\ tr(W^{\mathrm{T}}XX^{\mathrm{T}}W)\ \mathrm{s.t.}W^{\mathrm{T}}W = I \tag{8.3.39}$$

与基于最小投影距离的优化目标相比，前者是加负号的最小化。利用拉格朗日函数可以得到

$$J(W) = tr\left(W^{\mathrm{T}}XX^{\mathrm{T}}W + \lambda\left(W^{\mathrm{T}}W - I\right)\right) \tag{8.3.40}$$

对 W 求导有 $XX^{\mathrm{T}}W + \lambda W = 0$，整理如下：

$$XX^{\mathrm{T}}W = (-\lambda)W \tag{8.3.41}$$

同理，W 为由 XX^{T} 的 n' 个特征向量组成的矩阵，而 $-\lambda$ 为由 XX^{T} 的若干特征值组成的矩阵，特征值在主对角线上，其余位置为 0。当我们将数据集从 n 维降到 n' 维时，需要找到最大的 n' 个特征值对应的特征向量。这 n' 个特征向量组成的矩阵 W 即为我们需要的矩阵。对于原始数据集，只需要用 $z^{(i)} = W^{\mathrm{T}}x^{(i)}$ 就可以把原始数据集降维到最小投影距离的 n' 维数据集。

如前所述，求样本 $x^{(i)}$ 的 n' 维的主成分其实就是求样本集的协方差矩阵 XX^{T} 的前 n' 个特征值对应的特征向量矩阵 W，然后对于每个样本 $x^{(i)}$ 做变换 $z^{(i)} = W^{\mathrm{T}}x^{(i)}$，即可达到降维的目的。下面给出 PCA 算法的具体流程。

算法 8.3　PCA 算法

输入：n 维样本集 $D = (x^{(1)}, x^{(2)}, \cdots, x^{(m)})$，要降维到维数 n'。

输出：降维后的样本集 D'。

(1) 对所有样本进行中心化：$x^{(i)} = x^{(i)} - \dfrac{1}{m}\sum\limits_{j=1}^{m}x^{(j)}$。

(2) 计算样本的协方差矩阵 XX^{T}。

(3) 对矩阵 XX^{T} 进行特征值分解。

(4) 取出最大的 n' 个特征值对应的特征向量 $(w_1, w_2, \cdots, w_{n'})$，将所有特征向量进行标准化后，组成特征向量矩阵 W。

(5) 将样本集中的每一个样本 $x^{(i)}$ 转换为新的样本 $z^{(i)} = W^{\mathrm{T}}x^{(i)}$。

(6) 得到输出样本集 $D' = (z^{(1)}, z^{(2)}, \cdots, z^{(m)})$。

有时候，我们不指定降维后的 n' 的值，而是换一种方式，指定一个降维到的主成分比重阈值 t，t 在 $(0,1]$ 之间。假如我们的 n 个特征值为 $\lambda_1 \geqslant \lambda_2 \geqslant \cdots \geqslant \lambda_n$，则 n' 可以通过下式得到。

$$\frac{\sum\limits_{i=1}^{n'}\lambda_i}{\sum\limits_{i=1}^{n}\lambda_i} \geqslant t \tag{8.3.42}$$

下面举一个简单的例子以说明 PCA 的过程。假设数据集有 10 个二维数据 $(2.5, 2.4)$, $(0.5, 0.7), (2.2, 2.9), (1.9, 2.2), (3.1, 3.0), (2.3, 2.7), (2, 1.6), (1, 1.1), (1.5, 1.6), (1.1, 0.9)$，需要用 PCA 降到 1 维特征。

首先我们对样本进行中心化，这里样本的均值为 $(1.81, 1.91)$，所有的样本减去这个均值后，即中心化后的数据集为 $(0.69, 0.49), (-1.31, -1.21), (0.39, 0.99), (0.09, 0.29), (1.29, 1.09), (0.49, 0.79), (0.19, -0.31), (-0.81, -0.81), (-0.31, -0.31), (-0.71, -1.01)$。

现在开始求样本的协方差矩阵，由于矩阵是二维的，则协方差矩阵为

$$XX^{\mathrm{T}} = \left(\begin{array}{cc} \mathrm{cov}(x_1, x_1) & \mathrm{cov}(x_1, x_2) \\ \mathrm{cov}(x_2, x_1) & \mathrm{cov}(x_2, x_2) \end{array} \right) \tag{8.3.43}$$

对于我们的数据，求出协方差矩阵为

$$XX^{\mathrm{T}} = \left(\begin{array}{cc} 0.616555556 & 0.615444444 \\ 0.615444444 & 0.716555556 \end{array} \right) \tag{8.3.44}$$

求出特征值为 $(0.0490833989, 1.28402771)$，对应的特征向量分别为 $(0.735178656, 0.677873399)^{\mathrm{T}}$, $(-0.677873399, -0.735178656)^{\mathrm{T}}$，由于最大的 -1 个特征值为 1.28402771，对应的特征向量为 $(-0.677873399, -0.735178656)^{\mathrm{T}}$，则我们的 $W = (-0.677873399, -0.735178656)^{\mathrm{T}}$。对所有的数据集进行投影 $z^{(i)} = W^{\mathrm{T}} x^{(i)}$，得到 PCA 降维后的 10 个一维数据集为 $(-0.827970186, 1.77758033, -0.992197494, -0.274210416, -1.67580142, -0.912949103, 0.0991094375, 1.14457216, 0.438046137, 1.22382056)$。

PCA 算法作为一种非监督学习的降维方法，它只需要分解特征值就可以对数据进行压缩和去噪，因此在实际场景中的应用很广泛。

PCA 算法的主要优点如下。

（1）仅仅需要以方差衡量信息量，不受数据集以外的因素影响。

（2）各主成分之间正交，可消除原始数据成分之间相互影响的因素。

（3）计算方法简单，主要运算是特征值分解，易于实现。

PCA 算法的主要缺点如下。

（1）主成分各个特征维度的含义具有一定的模糊性，不如原始样本特征的解释性强。

（2）方差小的非主成分也可能含有区分样本的重要信息，降维丢弃可能对后续数据处理有影响。

接下来，我们介绍量子主成分分析（Quantum Principal Component Analysis，QPCA）算法。QPCA 本质上并不是一个简单对应经典 PCA 的量子版本，而是用来揭示未知量子态的特性。这个特性在 QPCA 中体现为密度算子的特征向量和特征值。假设我们拥有一些未知的量子态，通过测量和统计分析获取这些量子态的性质。经典算法执行该任务需要系统维度的超线性复杂度。为了提高运算效率，QPCA 可以通过对密度算子 ρ 进行指数函数运算。通过借助相位估计，以量子的形式揭示 ρ 的特征向量和特征值，这个过程实现了经典运算的指数加速。QPCA 除了可以用于经典 PCA 降维的加速以外，还可用于

量子态层析、态区分等方面。阮越等人在 2014 年提出了将 QPCA 应用于人脸识别。虽然因为新特征及相似性判定方法"简化"了人脸特征使用欧式距离时的判定条件，但这种简化导致的检索正确率的下降可以通过算法部分的修正补回来。这种简化的判定条件可以使我们获得一些新的性质，从而进一步压缩人脸图像特征，减少识别阶段的时间开销。

QPCA 的目标可以理解为矩阵的特征分解问题。在量子算法中，相位估计能够有效地求解矩阵的特征分解问题，因此可以基于相位估计设计 QPCA。相位估计作为 QPCA 算法的核心，涉及以下两个部分的构造。

（1）制备量子态。密度算子 ρ 在其特征空间上有分解

$$\rho = \sum_i r_i |\chi_i\rangle\langle\chi_i| \tag{8.3.45}$$

其中，r_i 为密度算子的特征值，$|\chi_i\rangle$ 为其相应的特征向量。

（2）制备受控 U 算子 $e^{-i\rho t}$。假设我们有 n 个密度算子 ρ，借助于一个稀疏的交换矩阵 S，通过偏迹运算可以实现对非稀疏对称或厄米矩阵的有效模拟。

$$tr_P(e^{-iS\Delta t}\rho \otimes \sigma e^{iS\Delta t}) = (\cos^2 \Delta t)\sigma + (\sin^2 \Delta t)\rho - i\sin \Delta t \cos \Delta t[\rho, \sigma]$$
$$= \sigma - i\Delta t[\rho, \sigma] + O(\Delta t^2) \tag{8.3.46}$$

其中，tr_P 是对第一个变量的偏迹运算，σ 是任意的密度矩阵。重复应用式 (8.3.46) 的 n 个副本可以构建酉算子 $e^{-i\rho t}$。

在相位估计中，我们需要执行的是受控酉算子。此时，我们只获得了执行一个未知酉算子 $e^{-i\rho t}$ 的能力。为了解决这个问题，在上述推导中，QPCA 提出了用受控 SWAP 代替原始 SWAP 的操作，即令 $t = n\Delta t$，将酉算子 $\Sigma_n |n\Delta t\rangle\langle n\Delta t| \otimes \prod_{j=1}^{n} e^{-iS_j \Delta t}$ 作用到量子态

$$|n\Delta t\rangle\langle n\Delta t| \otimes \sigma \otimes \rho \otimes \cdots \otimes \rho \tag{8.3.47}$$

其中，$\sigma = |\chi\rangle\langle\chi|$，$S_j$ 与 ρ 的第 j 个副本交换。上式求偏迹运算得 $|t\rangle|\chi\rangle \rightarrow |t\rangle e^{-i\rho t}|\chi\rangle$，最终能够构造受控的酉算子 $e^{-i\rho t}$。

当 ρ 的所有特征值中仅有一小部分特征值比较大，其余的特征值都非常小时，密度算子仅由少量大特征值对应的空间所构成，即密度算子能够由主成分构成。这也可以理解为原始矩阵的一个低秩近似，即通过 QPCA，原始的密度算子 ρ 可以通过映射 P 由 d 维降低到 R 维，即

$$\rho : ||\rho - P\rho P||_1 \leqslant \varepsilon \tag{8.3.48}$$

QPCA 的主要作用是给我们提供一个工具，即将一个非稀疏且低秩的密度矩阵转换成一个可以作用于其他矩阵的酉算子（通过对原密度算子进行指数函数运算得到）。QPCA 不仅提供了转换为酉算子的方法，同时还提供了转换为受控酉算子的策略。

8.3.4　量子支持向量机算法

支持向量机（Support Vector Machine，SVM）利用了少数的支持向量，通过一个分类超平面将数据分为两类，使这两类之间的间隔最大化，因此它也被称为最大间隔分类

器。SVM 的目标是找到一个能够最好地区分两类数据的超平面，并且提供一个决策边界用于后续的分类任务。一个简单的例子是一维的线性数据，在点 x 两边的数据分别属于类 1 和类 2。在多维的情况下，一个超平面作为边界，在超平面一侧的数据属于一类，在超平面另一侧的数据属于另一类。

虽然 SVM 只利用了少量的支持向量，但在计算上还是遍历了所有的样本及特性，因此其时间复杂度是特征数量 N 以及样本数量 M 的多项式。当样本数量很大，比如达到 TB（2^{40}）和 PB（2^{50}）级时，计算量是相当大的。在大数据的背景下，量子算法能够提供一个指数级别的加速，就像经典算法中处理 1TB 的数量，在量子算法中只要 40 个量子比特的数量级即可。

1. 最小二乘支持向量机

最小二乘支持向量机（Least Squares Support Veotor Machine，LSSVM）是一种遵循结构风险最小化（Structural Risk Minimization，SRM）原则的核函数学习机器。引入松弛变量 e_j，用等式约束代替不等式约束：

$$\arg\min_{w,b,e} J(w,e) = \frac{1}{2}w^T w + \frac{1}{2}\gamma \sum_{k=1}^{N} e_k^2 \tag{8.3.49}$$

$$s.t. \ y_k = w^T \varphi(x_k) + b + e_k, \ k = 1, 2, \cdots, N$$

采用拉格朗日乘数法可得

$$L(w, b, e, \alpha) = J(w, e) - \sum_{k=1}^{N} \alpha_k (w^T \varphi(x_k) - b + e_k - y_k) \tag{8.3.50}$$

分别对 w、b、e_k、α_k 求偏导为零可得

$$\frac{\partial L}{\partial w} = 0 \rightarrow w = \sum_{k=1}^{N} \alpha_k \varphi(x_k) \tag{8.3.51}$$

$$\frac{\partial L}{\partial b} = 0 \rightarrow \sum_{k=1}^{N} \alpha_k = 0 \tag{8.3.52}$$

$$\frac{\partial L}{\partial e_k} = 0 \rightarrow \alpha_k = \gamma e_k, \ k = 1, 2, \cdots, N \tag{8.3.53}$$

$$\frac{\partial L}{\partial \alpha_k} = 0 \rightarrow w^T \varphi(x_k) + b + e_k - y_k = 0, \ k = 1, 2, \cdots, N \tag{8.3.54}$$

其中，γ 表示训练错误和 SVM 目标之间的相关权重。LSSVM 通过引入松弛变量 e_j，将原来 SVM 的不等式约束转换为等式约束 $y_j^2 = 1$，大大方便了拉格朗日参数 α 的求解，将原来的二次规划（Quadratic Programming）问题转换为求解线性方程组的问题。量子算法在求解线性方程组时能够达到指数级的加速，因此可以用于对 LSSVM 的求解。

2. 量子支持向量机

量子支持向量机（Quantum Support Vector Machine，QSVM）是一种优化的二项分类器，可以在量子计算机上实现，其算法复杂度是训练样本大小的对数。相对于经典 SVM 算法的多项式时间复杂度，该算法可以获得指数加速。量子支持向量机算法的核心是一种非稀疏矩阵幂运算技术（Nonsparse Matrix Exponentiation Technique），可有效地对训练数据内积（内核）矩阵进行矩阵求逆。对式 (8.3.51) 至式 (8.3.54) 整理可得，

$$F \begin{pmatrix} b \\ \vec{\alpha} \end{pmatrix} \equiv \begin{pmatrix} 0 & \vec{1}^{\mathrm{T}} \\ \vec{1} & K + \gamma^{-1}I \end{pmatrix} \begin{pmatrix} b \\ \vec{\alpha} \end{pmatrix} = \begin{pmatrix} 0 \\ \vec{y} \end{pmatrix} \tag{8.3.55}$$

其中，K 为核矩阵，且 $K_{ij} = x_i^{\mathrm{T}} x_j$，$\vec{y} = (y_1, y_2, \cdots, y_M)^{\mathrm{T}}$，等价于求逆矩阵

$$\begin{pmatrix} b \\ \vec{\alpha} \end{pmatrix} = F^{-1} \begin{pmatrix} 0 \\ \vec{y} \end{pmatrix} \tag{8.3.56}$$

QSVM 的量子线路与 HHL 算法的相似，这里不再赘述。最重要的一个部分是矩阵 F 的模拟，用于构造 $e^{-i\hat{F}\Delta t}$。我们将矩阵 F 拆分为线性叠加，即

$$F = \begin{pmatrix} 0 & \vec{1}^{\mathrm{T}} \\ \vec{1} & 0 \end{pmatrix} + \begin{pmatrix} 0 & 0 \\ 0 & \gamma^{-1}I \end{pmatrix} + \begin{pmatrix} 0 & 0 \\ 0 & K \end{pmatrix} = J + \gamma^{-1}I + K \tag{8.3.57}$$

则有

$$\hat{F} = \frac{(J + \gamma^{-1}I + K)}{trF} \tag{8.3.58}$$

代入需要构造的酉算子 $e^{-i\hat{F}\Delta t}$ 可得

$$\begin{aligned} e^{-i\hat{F}\Delta t} &= e^{-iJ\Delta t/trF} e^{-i\gamma^{-1}I\Delta t/trF} e^{-iK\Delta t/trF} + O(\Delta t^2) \\ &= e^{-iJ\Delta t'/trK} e^{-i\gamma^{-1}I\Delta t'/trK} e^{-iK\Delta t'/trK} + O(\Delta t^2) \end{aligned} \tag{8.3.59}$$

对上式进行分析：

（1）对于 J 项，直接计算出特征值 $\lambda_{\pm}^{\mathrm{star}} = \pm\sqrt{M}$ 和本征态 $|\lambda_{\pm}^{\mathrm{star}}\rangle = \frac{1}{\sqrt{2}}(|0\rangle \pm \frac{1}{\sqrt{M}} \sum_{k=1}^{M} |k\rangle)$；

（2）对于 $\gamma^{-1}I$ 项，其是微不足道的，可忽略；

（3）对于 K/trK 项，其是一个密度算子，我们可以通过对密度算子求偏迹运算进行求解吗，即

$$tr|\chi\rangle\langle\chi| = \frac{1}{N_\chi} \sum_{i,j=1}^{M} \langle x_i|x_j\rangle |x_i||x_j||i\rangle\langle j| = \frac{K}{trk} = \hat{K} \tag{8.3.60}$$

综上，构造的酉算子 $e^{-i\hat{F}\Delta t}$ 的核心在于有效模拟 $e^{-i\hat{K}\Delta t'}$。如果 $\hat{K}$ 是稀疏的，则采用 HHL 的方法可以有效进行模拟。如果 $\hat{K}$ 是非稀疏的，则可以采用式 (8.3.46) 进行非稀疏对称或厄米矩阵的有效模拟。

8.3.5   量子神经网络

量子神经网络（Quantum Neural Network，QNN）可以表示经典或量子标记的数据，并通过监督学习进行训练。量子线路由作用在输入量子态上的一系列依赖于参数的酉变换组成。对于二进制分类，在指定的量子位上测量单个 Pauli 运算符，测得的输出是 QNN 对输入状态的二进制标签的预测因子。QNN 的示意图如图 8.8 所示。首先制备输入量子态 $|\psi_1\rangle$，然后通过依赖于参数 θ_i 的多个量子酉算子 $U_i(\theta_i)$ 的序列进行转换。在学习过程中对它们进行调整，使得执行测量的 Y_{n+1} 趋向于生成所需的标签。

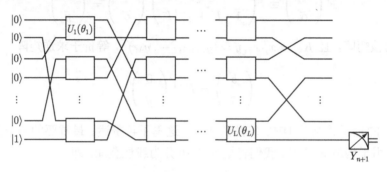

图 8.8   量子神经网络的量子线路

在这里，我们想象一个由字符串组成的大型数据集，其中每个字符串都带有一个二进制标签。为简单起见，我们假设标签没有噪声，因此我们可以确信每个字符串上的标签都是正确的。我们得到了一个训练集，它是一组带有标签的字符串样本，目的是使用此信息正确预测测试字符串的标签。显然，只有在标签函数具有基础结构的情况下才可以这样做。如果标签函数是随机的，则我们也许可以从训练集中学习标签，但是我们不能对测试字符串的标签进行人为干预。

具体来说，假设数据集由字符串 $z = z_1 z_2 \cdots z_n$ 组成，其中每个 z_i 点取值为 $+1$ 或 -1。二进制标签函数 $l(z)$ 取值为 $+1$ 或 -1。为了简单起见，假设数据集由所有 2^n 字符串组成。我们有一个作用于 $n+1$ 量子位的量子处理器，忽略辅助量子位的可能需求。最后一个量子位将用作读数（测量）。量子处理器对输入状态执行酉变换。因此，我们有一组酉算子

$$\{U_a(\theta_a)\} \tag{8.3.61}$$

每个酉算子都作用于量子位的子集，并取决于连续参数 θ_a。为简单起见，每个酉算子只有一个控制参数。现在，我们选择一组取决于参数 $\vec{\theta} = \theta_L, \theta_{L-1}, \cdots \theta_1$ 的含 L 个参数的酉算子

$$U(\vec{\theta}) = U_L(\theta_L) U_{L-1}(\theta_{L-1}) \cdots U_1(\theta_1) \tag{8.3.62}$$

对于每个 z，构建计算基态

$$|z, 1\rangle = |z_1 z_2 \cdots z_n, 1\rangle \tag{8.3.63}$$

其中，读出寄存器设置为 1 的量子比特。将 $U(\vec{\theta})$ 作用在输入量子态上，可以得到

$$U(\vec{\theta})|z,1\rangle \tag{8.3.64}$$

然后，我们在读出的量子位上测量 Pauli 运算符，例如 σ_y，设其为 Y_{n+1}，这给出了 +1 或 −1 的结果。我们的目标是使测量结果与输入字符串的正确标签相对应，即 $l(z)$。通常情况下测量结果是不确定的。我们的预测标签值是 −1 和 1 之间的实数，用下式表示：

$$\langle z,1|U^{\dagger}(\vec{\theta})Y_{n+1}U(\vec{\theta})|z,1\rangle \tag{8.3.65}$$

如果多次在式 (8.3.64) 中进行测量 Y_{n+1}，则会观察到预测结果的平均值。我们的目标是找到参数 $\vec{\theta}$，以使预测标签接近真实标签。我们将解决这样的参数是否存在的问题，以及是否可以有效地找到（学习）这样的最佳参数的问题。对于给定的线路，即选择一组参数 $\vec{\theta}$ 和输入字符串 z，考虑到采样损失

$$\text{loss}(\vec{\theta},z) = 1 - l(z)\langle z,1|U^{\dagger}(\vec{\theta})Y_{n+1}U(\vec{\theta})|z,1\rangle \tag{8.3.66}$$

我们使用的样本损失在边际上是线性的（标签与预测标签值的乘积），并且其最小值为 0（不是负无穷大），这是因为预测标签值会自动限制在 −1 和 1 之间。假设 QNN 运行良好且对于每个输入 z 的测量始终能给出正确的标签，这将意味着存在参数 $\vec{\theta}$，并且已找到所有样本 z 的样本损失为 0。

接下来，我们介绍两种策略以实现梯度计算。利用参数 $\vec{\theta}$ 和给定的训练示例 z，我们首先估计式 (8.3.66) 给出的样本损失。为此，在式 (8.3.64) 状态下重复测量 Y_{n+1}。为了以大于 99% 的概率实现在真实样本损失 δ 之内的样本损失估计，我们需要进行至少 $2/\delta^2$ 次测量。一旦样本损失得到了很好的估计，就需要计算样本损失相对于 $\vec{\theta}$ 的梯度。

一种直接的方法是每运行一次就更改 $\vec{\theta}$ 的组成部分。对于每个更改的分量，我们需要重新计算 $\text{loss}(\vec{\theta'},z)$，其中 $\vec{\theta'}$ 为 $\vec{\theta}$ 每次计算的差值。通过取对称差可以得到函数导数的二阶精确估计，得到

$$\frac{\mathrm{d}f}{\mathrm{d}x}(x) = \big(f(x+\epsilon) - f(x-\epsilon)\big)/(2\epsilon) + O(\epsilon^2) \tag{8.3.67}$$

为此，每个 x 的 f 估计中的误差不能小于 $O(\epsilon^3)$。因为估计 $\text{loss}(\vec{\theta},z)$ 需要执行 ϵ^3 次，所以需要执行 $1/\epsilon^6$ 次测量。

当单个酉算子的形式均为 $e^{(i\theta\Sigma)}$ 时，另一种替代策略可用于计算梯度的每个分量。考虑关于 θ_k 的样本损失，即 (8.3.66) 的导数，它与具有广义 Pauli 算符 Σ_k 的酉算子 $U_k(\theta_k)$ 相关。

$$\frac{\mathrm{d}\text{loss}(\vec{\theta},z)}{\mathrm{d}\theta_k} = 2\,\text{Im}\left(\langle z,1|U_1^{\dagger}...U_L^{\dagger}Y_{n+1}U_L...U_{k+1}\Sigma_k U_k...U_1|z,1\rangle\right) \tag{8.3.68}$$

其中，Y_{n+1} 和 Σ_k 都是酉算子。定义一个酉算子如下：

$$\mathcal{U}(\vec{\theta}) = U_1^{\dagger}...U_L^{\dagger}Y_{n+1}U_L...U_{k+1}\Sigma_k U_k...U_1 \tag{8.3.69}$$

则我们可以将式 (8.3.66) 重新表达为

$$\frac{\mathrm{dloss}(\vec{\theta}, z)}{\mathrm{d}\theta_k} = 2\,\mathrm{Im}\left(\langle z, 1|\mathcal{U}|z, 1\rangle\right) \tag{8.3.70}$$

其中, $\mathcal{U}(\vec{\theta})$ 可以看作是由 $2L+2$ 酉算子组成的量子线路, 每个酉算子仅取决于少量的量子比特。给定一个准确的梯度估计值, 我们需要一个策略更新 $\vec{\theta}$, 令 $\vec{g}$ 为 $\mathrm{loss}(\vec{\theta}, z)$ 相对于 $\vec{\theta}$ 的梯度。现在我们要朝 $\vec{g}$ 的方向更改 $\vec{\theta}$, 以 γ 的最低顺序, 有

$$\mathrm{loss}(\vec{\theta} + \gamma\vec{g}, z) = \mathrm{loss}(\vec{\theta}, z) + \gamma\vec{g}^2 + \mathcal{O}(\gamma^2) \tag{8.3.71}$$

我们想将损失移动到最小的 0, 所以首先想到的是

$$\gamma = -\frac{\mathrm{loss}(\vec{\theta}, z)}{\vec{g}^2} \tag{8.3.72}$$

虽然这样做可能会使当前训练示例的损失接近于 0, 但是可能会产生使其他示例的损失更加严重的不良后果。通常, 经典机器学习的方法是引入学习率 r, 然后将其设置为

$$\vec{\theta} \to \vec{\theta} - \left(\frac{\mathrm{loss}(\vec{\theta}, z)}{\vec{g}^2}\right)\vec{g} \tag{8.3.73}$$

因此, 我们需要初始化学习率, 并可能会在训练的过程中随着学习的进行而变化。虽然我们还没有量子计算机可以使用, 但是我们可以使用常规计算机模拟量子过程。当然, 因为希尔伯特空间的维数是 2^{n+1}, 所以这仅在少量的位上是可行的。该模拟具有一个不错的功能, 即一旦计算了量子状态, 即式 (8.3.64), 我们就可以直接评估 Y_{n+1} 的期望值而无须进行任何测量。同样, 对于我们模拟的系统, 当单个酉算子的形式为 $e^{\mathrm{i}\theta\Sigma}$ 时, 我们可以直接计算式 (8.3.68)。因此, 在我们的仿真中无须借助有限差分法即可准确评估梯度。

至今, 机器学习的强度和否认特性 (即学习过程) 在量子系统中进行实际模拟仍尚未成熟, 特别是参数优化的学习方法还没有从量子角度很好的实现。QML 是一个非常有发展前景的新兴研究领域, 具有许多潜在的应用和巨大的理论多样性, 现已逐渐兴起并将受到越来越多的学者的关注。

习题

1. 数据降维算法的目的是什么? 请列举常见的数据降维算法。
2. 如何判断一个矩阵是否为正定矩阵?
3. 证明图的拉普拉斯矩阵是半正定矩阵。
4. 请解释等距映射的原理。
5. 请推导 sigmoid 函数的导数计算公式。
6. 什么是分类问题?

7. 什么是回归问题？

8. 请简述强化学习的原理。

9. 什么是过拟合？什么是欠拟合？

10. SwapTest 方法广泛应用于量子机器学习算法中，例如 k-means 和 k-medians 算法。假设量子系统处于

$$|\varphi\rangle = \frac{1}{\sqrt{2}}|0\rangle(|a,b\rangle + |b,a\rangle) + \frac{1}{\sqrt{2}}|1\rangle(|a,b\rangle - |b,a\rangle)$$

请计算第一个量子比特进行测量后的概率 $P(|0\rangle)$，并分析概率对 a,b 量子态之间距离的影响。

11. 给定以下两个量子态：

$$|\varphi\rangle = \frac{1}{\sqrt{2}}(|0,a\rangle + |1,b\rangle)$$

$$|\phi\rangle = \frac{1}{\sqrt{Z}}(|a||0\rangle - |b||1\rangle)$$

式中，$Z = |a|^2 + |b|^2$。证明其欧几里得距离为 $|a-b|^2 = 2Z|\langle\phi|\varphi\rangle|$。

参考文献

[1] Biamonte J, Wittek P, Pancotti N, Rebentrost P, Wiebe N, Lloyd S. Quantum Machine Learning[J]. Nature, 2017, 549: 195-202.

[2] Harrow A W, Hassidim A, Lloyd S. Quantum Algorithm for Linear Systems of Equations[J]. Physical Review Letter, 2009, 103(15): 150502.

[3] Rebentrost P, Steffens A, Marvian I, Lloyd S. Quantum Singular-value Decomposition of Nonsparse Low-rank Matrices[J]. Physical Review A, 2018, 97(1): 012327.

[4] Duan B, Yuan J, Liu Y, Li D. Efficient Quantum Circuit for Singular-value Thresholding[J]. Physical Review A, 2018, 98(1): 012308.

[5] 陆思聪, 郑昱, 王晓霆, 等. 量子机器学习 [J]. 控制理论与应用, 2017, 34(11): 1429-1436.

[6] Lloyd S, Mohseni M, Rebentrost P. Quantum Principal Component Analysis[J]. Nature Physics, 2014, 10: 631-633.

[7] 阮越, 陈汉武, 刘志昊, 等. 量子主成分分析算法 [J]. 计算机学报, 2014, 37(3): 666-676.

[8] Rebentrost P, Mohseni M, Lloyd S. Quantum Support Vector Machine for Big Data Classification[J]. Physical Review Letter, 2014, 113(13): 130503.

[9] Farhi E, Neven H. Classification with Quantum Neural Networks on Near Term Processors[OL]. 2018, https://arxiv.org/abs/1802.06002.

量子噪声和容错

一个开放的系统和一个封闭的系统到底有什么区别呢？迄今为止，我们所涉及的都是封闭量子系统的动力学过程，封闭的量子系统指不与外界环境发生任何相互作用的量子系统。但是，现实世界中不存在完全封闭的系统（除非将整个宇宙看作一个整体）。实际的系统都会与外界的环境发生相互作用，而这其中有一些相互作用不是我们所期望的，我们将这一部分相互作用称作噪声。量子计算的数学化形式对于描述开放的动力学系统过程是一种有效的表达工具，这种工具可以同时提供范围广泛的物理图形。量子计算不仅可以用来描述与其环境弱耦合的近似封闭系统，也可以描述与其环境强耦合的复合系统，以及接受测量的封闭系统。本章将介绍如何在有噪声的条件下安全地进行量子计算处理。

本章主要涉及 4 个理论：量子噪声、量子纠错码的基本理论、容错量子计算以及量子阈值定理。量子纠错码可以抵抗噪声，进而保护量子信息，其工作原理是先利用特殊的编码方式将量子态编码为能抵抗噪声的状态，然后对经过噪声干扰的量子态进行解码，将其恢复原来的状态。9.1 节主要介绍量子噪声，9.2 节介绍量子纠错理论，9.3 节介绍容错量子计算，9.4 节将在量子噪声条件下提出量子计算阈值定理。

9.1 量子噪声

噪声是信息处理的一大障碍，只要有可能，我们构造的系统就需要是完全无噪系统，然而这是不现实的，我们可以抵消噪声的影响，但是不能完全去除噪声。例如，现在的计算元器件是非常可靠的，典型的故障率低于 $10^{-9}/h$。对于大部分实际应用，我们完全可以认为是无噪声的系统。然而，另一方面，我们在许多系统中又确实面临噪声问题。在实际生活中，对噪声的去除技术相当复杂，但是其基本原理也很容易理解，关键的思想是消除噪声的影响以保护信息。加入一些冗余编码信息，即使编码信息中的某些信息被噪声影响，在编码中仍有冗余空间可以恢复或者解码信息，最终恢复原来的信息。

举例来说，我们想要通过带噪声的经典信道把比特从一个位置发送到另一个位置。信道以概率 $p > 0$ 将正在被传输的比特翻转，而以概率

$1-p$ 使得比特无差错地传输。这时的信道称为二元对称信道，如图 9.1 所示，通常规定比特翻转的概率 p 不高。对于这种信道中噪声的影响，一般采用将所保护的比特编码为原来的 3 份：$0 \rightarrow 000, 1 \rightarrow 111$，这时比特串 000 和 111 称为逻辑 0 和逻辑 1，因为它们分别扮演了 0 和 1 的角色。我们现在通过信道发送 3 个比特，接收方接收到 3 个比特后，就能根据比特串的值确定原来的比特值。例如，假设接收到的是 001，那么第 3 个比特非常有可能被翻转，那么所发送的比特应该为 0。

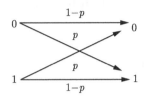

图 9.1　二元对称信道

这种类型的解码方式称为多数判决，因为信道的解码输出无论是 0 还是 1，在实际信道输出都是占大多数的。如果通过信道发送的比特中有两个或者多个被翻转，那么多数判决失败，否则多数判决成功。所有比特中两个或者多个被翻转的概率为 $3p^2(1-p)+p^3$，所以出错的概率为 $p_e = 3p^2 - 2p^3$。如果不进行编码，则出错的概率为 p。只要保证 $p_e < p$，这种编码就会使传输更加可靠。因为此编码方式是通过将所发送的消息重复多次进行编码的，所以这类码称为重复码。

9.1.1　三量子比特的比特翻转码

为抵抗量子噪声对量子状态的影响，类似于经典纠错码的原理，我们引入量子纠错码。假设我们通过量子信道发送量子比特，信道以 $1-p$ 的概率保持量子比特不变，以 p 的概率使得量子比特发生翻转，也就是说以概率 p 使得单量子比特态 $|\varphi\rangle$ 变为 $X|\varphi\rangle$，其中 X 为 Pauli 算子中的 X 算子，也称比特翻转算子。这种信道被称为比特翻转信道，比特翻转码就是用来解决来自这种信道的噪声影响从而保护量子比特。

假设我们将单量子比特 $a|0\rangle + b|1\rangle$ 用三量子比特编码为 $a|000\rangle + b|111\rangle$，也可以写作

$$|0\rangle \rightarrow |0_L\rangle \equiv |000\rangle, \ |1\rangle \rightarrow |1_L\rangle \equiv |111\rangle \tag{9.1.1}$$

说明基态的叠加被取为对应编码态的叠加。符号 $|0_L\rangle$ 和 $|1_L\rangle$ 表示为逻辑 $|0\rangle$ 和 $|1\rangle$ 状态，不再是物理 0 和 1 状态，这种编码的线路如图 9.2 所示。

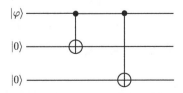

图 9.2　3 量子比特上比特翻转码的编码线路

初始状态 $a|0\rangle + b|1\rangle$ 被编码为 $a|000\rangle + b|111\rangle$，这三个量子比特中每一个都通过比特

翻转信道，若发生比特翻转的量子比特数至多为 1，则可以用一种简单的方法纠正错误。

1. 差错检测（Error-Detection）或者症状诊断（Syndrome Diagnosis）

当我们执行一次测量时，如果出现差错，则这个差错会出现在量子态上，测量结果被称为差错症状。对于比特翻转信道，对应 4 个投影算子，有 4 种差错症状。

（1）没有差错：

$$P_0 \equiv |000\rangle\langle 000| + |111\rangle\langle 111| \tag{9.1.2}$$

（2）第一量子比特上比特翻转：

$$P_1 \equiv |100\rangle\langle 100| + |011\rangle\langle 011| \tag{9.1.3}$$

（3）第二量子比特上比特翻转：

$$P_2 \equiv |010\rangle\langle 010| + |101\rangle\langle 101| \tag{9.1.4}$$

（4）第三量子比特上比特翻转：

$$P_3 \equiv |001\rangle\langle 001| + |110\rangle\langle 110| \tag{9.1.5}$$

举例假设差错症状出现在第一量子比特上，则破坏后的状态为 $|\varphi_1\rangle \equiv a|100\rangle + b|011\rangle$，注意：对于这种情况 $\langle\varphi_1|P_1|\varphi_1\rangle = 1$，测量结果的输出肯定是 1。也就是说，差错症状测量不会引起状态的任何改变，在差错症状测量之前和之后的状态都为 $a|100\rangle + b|011\rangle$，通过测量只得到了 $|\varphi_1\rangle$ 的差错信息，并不会得知 a 和 b 的值。

2. 恢复（Recovery）

根据差错症状的值分析如何恢复初始态。例如，如果差错症状为 1，也就是说在第一个量子比特上发生翻转，则只需要对第一个量子比特进行翻转即可恢复到初始状态。也就是说，这 4 种差错症状的恢复办法是：0（没有差错）——什么也不需要做；1（第一量子比特上比特翻转）——再次翻转第一个量子比特；2（第二量子比特上比特翻转）——再次翻转第二个量子比特；3（第三量子比特上比特翻转）——再次翻转第三个量子比特。对于差错症状的每个值，在给定相应出现的差错后，很容易看出原状态是什么，就可以准确地恢复到原来的量子态。

这种纠错方法是指三个量子比特中不超过一个量子比特出错，可以很容易实现，这种情况出现的概率是 $(1-p)^3 + 3p(1-p)^2 = 1 - 3p^2 + 2p^3$。而差错没有被纠正的概率为 $3p^2 - 2p^3$，这正如我们前面所研究的经典重复码。同样地，当 $p < \dfrac{1}{2}$ 时，编码和解码可以改善量子态的存储可靠性。

存在另外一种理解差错症状测量的方法，我们可以通过将两个可观测量 Z_1Z_2（即 $Z \otimes Z \otimes I$）与 Z_2Z_3 代替 4 个投影算子 P_0、P_1、P_2、P_3。这些可观测量中的每一个都具有特征值 ± 1，所以每个测量都提供一个单量子比特信息，总共两个量子比特信息，也就是 4 个可能的差错症状。对 Z_1Z_2 的测量，可想象为比较第一量子比特和第二量子比特是否相同；对 Z_2Z_3 的测量，可想象为比较第二量子比特和第三量子比特是否相同。我们注意到 Z_1Z_2 具有谱分解

$$Z_1Z_2 = (|00\rangle\langle00| + |11\rangle\langle11|) \otimes I - (|01\rangle\langle01| + |10\rangle\langle10|) \otimes I \tag{9.1.6}$$

它对应的投影算子为 $(|00\rangle\langle00| + |11\rangle\langle11|) \otimes I$ 和 $(|01\rangle\langle01| + |10\rangle\langle10|) \otimes I$。因此，$Z_1Z_2$ 的测量目的是比较第一量子比特和第二量子比特是否相同，若相同，则给出 $+1$，否则给出 -1。类似地，Z_2Z_3 的测量目的是比较第二量子比特和第三量子比特是否相同，若相同，则给出 $+1$，否则给出 -1。结合这两个测量结果，我们就可以判断是否在某个量子比特上存在比特翻转，如果有，还可以确定是哪一种。如果两个测量都给出结果 $+1$，那么没有发生比特翻转的概率很高；如果测量 Z_1Z_2 给出 $+1$，测量 Z_2Z_3 给出 -1，那么说明以高概率在第三个量子比特上出现比特翻转；如果测量 Z_1Z_2 给出 -1，测量 Z_2Z_3 给出 $+1$，那么说明以高概率在第一个量子比特上出现比特翻转；如果测量 Z_1Z_2 和测量 Z_2Z_3 都给出 -1，那么说明以高概率在第二个量子比特上出现比特翻转。这些测量成功的关键是两个测量都不会给出有关编码后的量子态的幅值 a 和 b 的任何信息。因此，这两个测量均不会破坏原始的量子态的叠加。

9.1.2　三量子比特的相位翻转码

相对于比特翻转，还存在另外一种带噪声的量子信道，即单量子比特相位翻转。在这种差错模型中，量子比特以概率 $1-p$ 保持不变，而状态 $|0\rangle$ 和 $|1\rangle$ 的相对相位以概率 p 被翻转。更准确地说，相位翻转算子 Z 以概率 $p > 0$ 作用于量子比特，所以在相位翻转下状态 $a|0\rangle + b|1\rangle$ 变为状态 $a|0\rangle - b|1\rangle$。因为相位翻转信道没有经典的等价物，所以可以考虑一种简单的方法，即将相位翻转信道转换为比特翻转信道。我们考虑另一组基：$|+\rangle \equiv (|0\rangle + |1\rangle)/\sqrt{2}$ 和 $|-\rangle \equiv (|0\rangle - |1\rangle)/\sqrt{2}$。在这组基下，算子 Z 将 $|+\rangle$ 变为 $|-\rangle$，反之亦然，即对标志"+"和"−"只是起到类似比特翻转的作用。因此，如果我们将状态 $|0_L\rangle = |+++\rangle$ 和 $|1_L\rangle = |---\rangle$ 作为逻辑 0 态和逻辑 1 态纠正相位翻转，则纠错需要的运算有编码、差错检测、恢复，这些过程和比特翻转信道类似，只是将 $|0\rangle$ 和 $|1\rangle$ 基变为 $|+\rangle$ 和 $|-\rangle$ 基。利用 Hadamard 门可以实现 X 基和 Z 基的转换，我们在纠错过程中只要在适当的位置应用 Hadamard 门就可以实现转换。

更具体地说，相位翻转信道的编码可以分为两步：第一步是完全按照比特翻转信道那样进行编码，第二步是对每个量子比特作用一个 Hadamard 门，如图 9.3 所示。

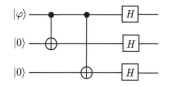

图 9.3　相位翻转码的编码线路

差错检测可以通过与前面所述相同的投影测量完成，但是要由 Hadamard 门取共轭，即 $P_j \rightarrow P_j' \equiv H^{\otimes 3} P_j H^{\otimes 3}$。等价地，差错症状测量可以通过测量观测量 $H^{\otimes 3} Z_1 Z_2 H^{\otimes 3} = X_1 X_2$ 和 $H^{\otimes 3} Z_2 Z_3 H^{\otimes 3} = X_2 X_3$ 执行。类似比特翻转的 $Z_1 Z_2$ 和 $Z_2 Z_3$ 的测量方法，对于观测量 $X_1 X_2$ 和 $X_2 X_3$ 的测量分别对应于比较第一和第二量子比特以及第二和第三量子比特的正负号。例如，执行 $X_1 X_2$ 的测量对形如 $|+\rangle|+\rangle \otimes (\cdot)$ 或者是 $|-\rangle|-\rangle \otimes (\cdot)$ 的状态给出的结果是 $+1$，对形如 $|+\rangle|-\rangle \otimes (\cdot)$ 和 $|-\rangle|+\rangle \otimes (\cdot)$ 的状态给出的结果是 -1。最后利用恢复运算完成纠错，例如在第一量子比特的符号中检测到了从 $|+\rangle$ 到 $|-\rangle$ 的翻转，那么可以通过对第一量子比特作用 $H X_1 H = Z_1$ 恢复。对其他的差错症状也可应用类似的方法。

显然，这种相位翻转码具有与比特翻转码类似的特性。特别地，相位翻转码的最小保真度等于比特翻转码的最小保真度。同时称这两个信道是酉等价的，因为存在一个酉算子 U（对于这个情况是 Hadamard 门），使得一个信道的作用等价于另一个信道的作用。

9.1.3　Shor 码

Shor 码是一类简单的、能对单量子比特上任意差错的影响进行保护的量子码。这种码是 Shor 发明的，因此被命名为 Shor 码，它是三量子比特翻转码和三量子比特相位翻转码的结合，对量子态 $|0\rangle$ 和 $|1\rangle$ 首先用相位翻转码进行编码：$|0\rangle \rightarrow |+++\rangle$，$|1\rangle \rightarrow |---\rangle$，然后用三量子比特翻转码编码这些量子态：$|+\rangle$ 编码为 $(|000\rangle + |111\rangle)/\sqrt{2}$，$|-\rangle$ 编码为 $(|000\rangle - |111\rangle)/\sqrt{2}$。因此，这个结果为 9 量子比特码，其码字为

$$|0\rangle \rightarrow |0_L\rangle = ((|000\rangle + |111\rangle)(|000\rangle + |111\rangle)(|000\rangle + |111\rangle))/2\sqrt{2} \tag{9.1.7}$$

$$|1\rangle \rightarrow |1_L\rangle = ((|000\rangle - |111\rangle)(|000\rangle - |111\rangle)(|000\rangle - |111\rangle))/2\sqrt{2} \tag{9.1.8}$$

Shor 码的量子线路如图 9.4 所示。第一部分是用三量子比特相位翻转码对量子比特进行编码，与图 9.3 相同；第二部分是用比特翻转码编码这 3 个量子比特的每一个。Shor 码是这两种编码的串联形式。

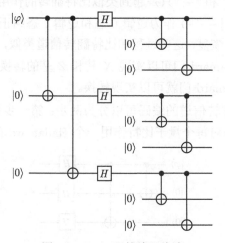

图 9.4　Shor 码的编码线路

Shor 码能抵抗任意一量子比特上的相位翻转差错和比特翻转差错。例如，假设比特翻转出现在第一量子比特上，就比特翻转码来说，我们执行对 Z_1Z_2 的一次测量，并且比较前两个量子比特，会发现它们不同，因此可以得出结论，比特翻转差错出现在第一或第二量子比特上；然后执行对 Z_2Z_3 的一次测量，比较第二和第三量子比特，会发现它们相同，则说明比特翻转出现在第一量子比特上，只要再对第一量子比特执行翻转就可以恢复原来的状态。按照类似的方法，我们可以从这个码中检测并恢复出 9 个量子比特中任意一个受到比特翻转差错影响的比特。

同样，对于量子比特上的相位翻转差错，假设相位翻转出现在第一量子比特上，这个相位翻转使得第一量子比特块中的符号改变，由 $(|000\rangle + |111\rangle)$ 变为 $(|000\rangle - |111\rangle)$。实际上，前三个量子比特中任意一个上的相位翻转都会导致这种情况，所以我们所描述的纠错方法对这三种可能差错中的任意一种都是有效的。差错症状测量开始于比较第一和第二个三量子比特块的符号，就像相位翻转码的差错症状测量开始于比较第一和第二量子比特一样。例如，$(|000\rangle - |111\rangle)(|000\rangle - |111\rangle)$ 的两个量子比特块的符号相同，而 $(|000\rangle - |111\rangle)(|000\rangle + |111\rangle)$ 的两个量子比特块的符号不同。当相位翻转出现在前三个量子比特的任意一个量子比特上时，我们发现第一和第二量子比特块的符号不同，接着比较第二和第三量子比特块的符号，发现相同，则可以得出在第一个三量子比特块中必定有翻转，那么就可以通过翻转第一个三量子比特块中的符号恢复到原来的状态。用这样的方式可以恢复其他 8 个量子比特中任意一个比特的相位翻转。

9.2　量子纠错码理论

1995—1996 年，Galderbank、Shor 以及 Steane 等在经典纠错码理论的基础上建立了量子纠错码理论。量子纠错码（Quantum Error-Correcting Code, QECC）是把经典纠错码的码字看作量子计算机 Hilbert 空间的量子态，用这些态的适当叠加构造量子纠错码的码字，这些码字可以有效地保持编码信息，当发生错误时，允许借助不破坏量子信息的测量诊断并纠正错误信息，使用这类码的方法称为主动纠错方法。已经证明的量子计算的阈值定理表明了物理量子比特出错是独立的，当计算机系统消相干低于某一阈值时，使用这类码实现容错量子计算是可行的。

如何构造量子纠错理论？本节将讨论量子纠错的基本思想，并给出两种量子纠错码。量子纠错码的基本思想是由 Shor 码推广而来的，量子态通过酉运算被编码为量子纠错码，其形式定义为某个较大的 Hilbert 空间中的一个子空间 C。书中为了简单起见，将符号 P 表示为到码空间 C 上的投影算子，例如对三量子比特翻转码，$P = |000\rangle\langle000| + |111\rangle\langle111|$。在编码后，这个码会受到噪声的影响，接着执行差错症状测量以检测出现的错误类型，并通过恢复运算使得这个码恢复到原来的状态，图 9.5 展示了不同的差错症状对应于整个 Hilbert 空间中保形的和正交的子空间。这些子空间必须是正交的，否则它们就不能通过差错症状测量进行有效的区分。

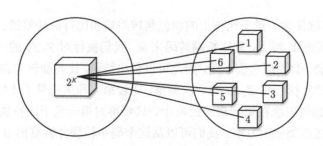

图 9.5　量子编码中具有正交、保形的空间

发展量子纠错码理论需要对噪声的本质和用于处理纠错的程序做尽可能少的假设。也就是说，我们没有必要假定纠错是通过差错检测和恢复这两个过程完成的，也无须对量子系统的噪声做任何的假定。我们只需要做两个宽泛的假设：噪声由量子运算 ε 描述，整个纠错方法由称为纠错运算的一个保迹量子运算 ζ 实现。这个纠错运算包含差错检测和恢复两个过程。

尽管和经典纠错相比量子计算存在各种困难，但是量子计算仍然发展出了一套量子纠错码理论。量子纠错存在一定的条件，通过检验此条件可以确定量子纠错码是否能抵抗某种特殊的噪声。

定理 9.1　（量子纠错条件）令 C 为一个量子码，P 为到 C 上的投影算子，设 ε 为具有运算元 $\{E_i\}$ 的量子运算，纠正 C 上 ε 的纠错运算 ζ 存在的充分必要条件为：存在一个复数域上的 Hermite 矩阵 α，使得

$$PE_i^\dagger E_j P = \alpha_{ij} P \tag{9.2.1}$$

称运算元 $\{E_i\}$ 为噪声 ε 的差错，且如果存在这样的 ζ，就称 $\{E_i\}$ 组成一个可纠正的差错集合。

量子纠错条件的直接验证是一件容易但是费时的事，采用量子纠错条件可以构造很多有趣码类，并且可以避免直接验证中的许多困难。

9.2.1　量子纠错编码的基本方法

在发展量子纠错码理论和方法的过程中，人们注意到由于编码量子信息的物理量子比特和周围环境的耦合会导致物理量子比特与周围环境纠缠，使得编码的量子信息出现退相干现象，然而如果能得到由物理量子比特和周围环境构成的复合系统，就可能对这些量子比特和周围环境的复合系统加上一个逆变换，从而恢复物理量子比特中的信息。但是我们不能控制环境，如何发生退相干现象也无从探索。由于物理量子比特和环境可以发生相互作用，物理量子比特和辅助物理量子比特也可以通过相互作用纠缠在一起，那么我们就可以把带有量子信息的物理量子比特和辅助物理量子比特纠缠起来，把量子信息编码到多个量子比特的纠缠中，根据辅助量子比特与周围环境的不同把所需的信息提取出来，重新恢复编码的量子信息，即可以通过量子纠缠实现纠错。量子纠错编码成为解决这一问题的有效手段，在量子纠错编码技术下，有限的量子比特错误的容错处理可以

确保量子信息的正确传输，并且有限量子门错误的容错处理可以避免量子门错误对量子计算的影响。量子纠错编码和信息论中的纠错编码思想基本相同，然而由于量子态的物理特性，其相较经典编码方案有以下几点困难。

（1）不可克隆：在量子力学中，量子态不可克隆定理禁止了量子态的复制。

（2）量子测量：量子信息是通过量子测量获取的，然而测量会导致量子态中的信息缺失，现在的纠错编码方法通过测量信道的输出结果得到错误集，然后根据错误集进行错误纠正，然而当对量子态进行测量时，量子态会发生坍缩，破坏量子态之间的相干性，因此一般不能通过常规的测量方案得到量子态的错误集。

（3）错误是连续的：经典比特 0 和 1 的错误只有 1 种，也就是 0 和 1 之间的比特反转，而量子态的错误包括比特翻转错误、相位翻转错误和比特与相位同时翻转错误，而且相位错误的种类是一个连续集。所以对于一个确定的输入量子态，从量子信道得到的输出态可以是 2 维空间中的任意态。

因为存在上述这些问题，量子纠错编码更加复杂，直到 1996 年，Shor 和 Steane 才独立提出克服了上述问题的量子纠错码方案，量子纠错码理论才开始真正发展，其具体方案如下。

为了不违背量子态不可克隆定理，在量子编码时，单量子比特态不是被复制为多量子比特的直积态，而是被编码为一个较为复杂的纠缠态，如通过量子线路将 1 个量子比特扩充为 9 个量子比特的纠缠态，完成单个量子比特到多个量子比特的扩充过程。通过编码为纠缠态，既引入了信息冗余，也没有违背量子力学原理。

量子纠错在确定错误集时只进行部分测量，以克服测量引起的量子态坍缩。通过前面的编码，使不同的量子错误对应不同的正交子空间，当进行部分测量时（对冗余的量子比特进行测量），量子态能够投影到某一个正交子空间内。在这个正交子空间中，信息位之间的量子相干性仍然保持，而每次测量的结果给出了错误集。

单量子比特的错误种类虽然是连续集，但是所有的错误均可以表示为 3 种基本量子错误（对应于 Pauli 算子 X、Y 和 Z）的线性组合。只要纠正了这 3 种基本量子错误，所有的量子错误都可以被纠正。

随着这 3 个问题的解决，各种量子纠错编码方案相继提出，量子纠错编码方案的基本步骤如下。

（1）引入初态为 $|0\rangle$ 的 $n-k$ 个冗余，将量子态编码为更大空间中的量子态，记扩充后的系统为 Q，执行的编码操作 C 为

$$C(|\phi\rangle|0\rangle^{\otimes n-k}) = |\phi_E\rangle \tag{9.2.2}$$

（2）量子态与环境的基本相互作用表现为 Pauli 算子 (I, X, Z, Y) 作用到编码态的形式，其中 I 表示没有错误，X 表示比特翻转错误，Z 表示相位翻转错误，Y 表示比特相位翻转错误。假设编码态的出错是所有出错算子作用的和，如某一出错算子 $E_a = I_1 X_2 I_3 Z_4 \cdots I_n$。由于系统 Q 与环境耦合，因此复合系统的出错态将是纠缠态 $\sum_a |e_a\rangle E_a |\phi_E\rangle$，其中 $|e_a\rangle$ 是环境态。

（3）为了进行差错诊断，引入适当数目的量子比特作为辅助量子比特，并制备为某个标准态，如 $|0_{fz}\rangle$ 态。对于任一纠错码，存在伴随式算子（称为指错子）$\hat{A}$，使得 $\hat{A}(E_a|\phi_E\rangle|0_{fz}\rangle) = E_a|\phi_E\rangle|a_{fz}\rangle$。对任意的 $E_a \in \epsilon$，ϵ 为纠错码可纠正的错误集，它取决于所用的纠错码。在记法中，$|a\rangle$ 中的 a 是一个二进制数，表示不同的错误，不同的 $|a\rangle$ 是互相正交的。当 E_a 全部在可纠正的错误集内时，环境、系统 Q 和辅助系统在伴随式算子作用后是 $\hat{A}\left(\sum_a |e_a\rangle E_a|\phi_E\rangle|0_{fz}\rangle\right) = \sum_a |e_a\rangle E_a|\phi_E\rangle|a_{fz}\rangle$。

（4）测量辅助态。如果测量结果是 $|a_{fz}\rangle$，则整个出错态将坍缩到以 a 为标志的一个特殊量子态上，如 $|e_a\rangle E_a|\phi_E\rangle$。

（5）将 E_a^{-1} 作用到系统 Q 上，纠正 E_a 的错误，恢复出编码在系统 Q 上的正确态 $|\phi_E\rangle$，即

$$E_a^{-1}(|e_a\rangle E_a|\phi_E\rangle) = |e_a\rangle|\phi_E\rangle \tag{9.2.3}$$

最后的环境态可以不用考虑。

（6）回溯辅助态 $|a_{fz}\rangle \to |0_{fz}\rangle$，并用于下次纠错，而这个信息的擦除通常意味着一个不可逆的耗能过程。

下面考虑前面所提到的三量子比特重复码：$|0\rangle \to |000\rangle$，$|1\rangle \to |111\rangle$，它可以纠正一个比特翻转，可纠正的错误集为 $\epsilon : \{I_1I_2I_3, X_1I_2I_3, I_1X_2I_3, I_1I_2X_3\}$，伴随式算子为 $\hat{A} : |a_1a_2a_300\rangle \to |a_1a_2a_3, a_2 \oplus a_3, a_1 \oplus a_3\rangle$。重复码的编码线路如图 9.2 所示。

对某一量子态 $|\phi\rangle = \frac{1}{\sqrt{2}}(|0\rangle + |1\rangle)$，编码后可得

$$C(|\phi\rangle|00\rangle) = |\phi_E\rangle = \frac{1}{\sqrt{2}}(|000\rangle + |111\rangle) \tag{9.2.4}$$

假设传输时第二位和第三位分别以概率 p_2 和概率 p_3 出错，则出错算子可表示为

$$E_1 = \sqrt{p_2}I_1X_2I_3, \ E_2 = \sqrt{p_3}I_1I_2X_3 \tag{9.2.5}$$

出错态为

$$\sum_a E_a|\phi_E\rangle = (\sqrt{p_2}I_1X_2I_3 + \sqrt{p_3}I_1I_2X_3)\frac{1}{\sqrt{2}}(|000\rangle + |111\rangle)$$

$$= \frac{\sqrt{p_2}}{\sqrt{2}}(|010\rangle + |101\rangle) + \frac{\sqrt{p_3}}{\sqrt{2}}(|001\rangle + |110\rangle) \tag{9.2.6}$$

伴随式算子作用后为

$$\hat{A}\left(\sum_a E_a|\phi_E\rangle|00_{fz}\rangle\right) = \frac{\sqrt{p_2}}{\sqrt{2}}(|01010\rangle + |10110\rangle) + \frac{\sqrt{p_3}}{\sqrt{2}}(|00111\rangle + |11011\rangle)$$

$$= \frac{\sqrt{p_2}}{\sqrt{2}}(|010\rangle + |101\rangle)|10_{fz}\rangle + \frac{\sqrt{p_3}}{\sqrt{2}}(|001\rangle + |110\rangle)|11_{fz}\rangle \tag{9.2.7}$$

具体线路如图 9.6 所示。

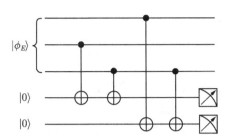

图 9.6　增加辅助态后的测量线路

测量结果对出错位的判断如表 9.1 所示。

表 9.1　测量结果对出错位的判断

$|xyz\rangle$	$y \oplus z$	$x \oplus z$	出错位	$|xyz\rangle$	$y \oplus z$	$x \oplus z$	出错位
$|000\rangle$	0	0	0	$|111\rangle$	0	0	0
$|100\rangle$	0	1	1	$|011\rangle$	0	1	1
$|010\rangle$	1	0	2	$|101\rangle$	1	0	2
$|001\rangle$	1	1	3	$|110\rangle$	1	1	3

最后测量辅助量子比特得到 $|10\rangle$ 或 $|11\rangle$ 态,如果结果为 $|10\rangle$ 态,则系统 Q 坍缩到 $|010\rangle + |101\rangle$,并且知道是第二个量子比特发生了比特翻转错误,用 $I_1 X_2 I_3$ 纠正;如果得到量子态是 $|11\rangle$,那么是第三个量子比特出现比特翻转错误,用 $I_1 I_2 X_3$ 纠正。

9.2.2　CSS 量子纠错码

CSS 码是 Calderbank、Shor、Steane 等人于 1995—1996 年创立的,以经典线性纠错码为基础的一类量子纠错码。它的方法是把经典纠错码字看作 Hilbert 空间中的量子态,用经典码矢表示量子态的叠加,构造编码量子数据(逻辑态)的量子码字,对量子码字的纠错借助于经典纠错的指错子析出方法进行。经典纠错码的一个重要性质是可以实现计算基 $\{|0\rangle, |1\rangle\}$ 和 X 基 $\{|+\rangle, |-\rangle\}$ 上的纠错,既能纠正比特翻转差错,也能纠正相位翻转差错。这种方法构造的一类量子纠错码为 CSS 量子纠错码。

CSS 量子纠错码在量子纠错码理论中有重要的意义,它可以由经典线性纠错码构造,直接反映了量子纠错码和经典纠错码的联系和区别,并且它是下文中所提出的稳定子码的其中一类,为研究稳定子码提供了理论依据。进而,由于其稳定子生成元的特殊形式,CSS 量子纠错码中两个编码块对应物理量子比特之间存在控制非操作,即分别编码在两个量子比特块上的逻辑量子比特之间存在控制非操作。根据容错计算理论,这样的操作是自动容错的,所以这类码非常适合容错计算。

1. CSS 码

经典线性纠错码是 CSS 量子纠错码的基础。经典线性纠错码 $C[n, k, d]$ 有 2^k 个码字,每个码字都是一个 n 长的二元串,码距为 d,可以纠正 $t = (d-1)/2$ 个任意位上的比特翻转差错,其生成矩阵 G 是由 k 个线性无关的长度为 n 的二元串行矢量构成的 k 行 n

列矩阵。编码方法是按下面的方式映射 k 位二进制数据 (m) 到对应的码字 $[x]$ 上，即

$$[x] = (m)[G] \tag{9.2.8}$$

当 m 取遍 2^k 个不同的二进制数时，x 的全体是码 C 中所有的码字。码字的全体是二元域上 n 维矢量空间 V^n 的一个 k 维子空间。若码 C 的校验矩阵为 H，则 H 同时也是对偶码 $C^\perp$ 的生成矩阵。$C^\perp$ 中码字的个数为 2^{n-k}，其中每个码字在逐位乘积的模 2 加 "$\oplus$" 定义的内积运算下和码 C 中的每个码字正交。

例如，将单比特映射到 3 个重复比特的重复码可有如下生成矩阵：

$$G = (1, 1, 1) \tag{9.2.9}$$

则 1 比特信息编码成长度为 3 比特的码字。码字集合由 $(0,0,0)$ 和 $(1,1,1)$ 组成，其中

$$(0)G = (0,0,0), \quad (1)G = (1,1,1) \tag{9.2.10}$$

若生成矩阵为

$$G = \begin{pmatrix} 0 & 1 & 1 & 1 \\ 1 & 0 & 1 & 0 \end{pmatrix} \tag{9.2.11}$$

考虑由 G 生成的线性码。这时因为生成矩阵 G 是一个 2×4 的矩阵，所以 2 比特的信息将编码成长度为 4 比特的码字。在码字集中，如果发送的 2 比特信息是 $(0,0)$、$(0,1)$、$(1,0)$、$(1,1)$，则码字集合由下面 4 个码字组成，即

$$(0,0)G = (0,0,0,0) \tag{9.2.12}$$

$$(0,1)G = (1,0,1,0) \tag{9.2.13}$$

$$(1,0)G = (0,1,1,1) \tag{9.2.14}$$

$$(1,1)G = (1,1,0,1) \tag{9.2.15}$$

CSS 码的基本思想：设 C_1 和 C_2 分别是 $[n, k_1, d_1]$ 和 $[n, k_2, d_2]$ 经典线性码，$C_2 \subset C_1$，即 C_2 为 C_1 的子码，且 C_1 和 $C_2^\perp$ 两者可纠正 t 个错误。定义能纠正 t 个量子比特差错的量子码为 $\text{CSS}(C_1, C_2)$，它的大小为 $[n, k_1 - k_2]$，设 $x \in C_1$ 为 C_1 中的任一码字，量子态 $|x + C_2\rangle$ 定义为

$$|x + C_2\rangle = \frac{1}{\sqrt{|C_2|}} \sum_{y \in C_2} |x + y\rangle \tag{9.2.16}$$

其中，"$+$" 是按比特模 2 加。量子码 $\text{CSS}(C_1, C_2)$ 定义为对所有 $x \in C_1$ 状态 $|x + C_2\rangle$ 所张成的向量空间。设 x' 为 C_1 的一个码字，若 $x - x' \in C_2$，那么容易证明 $|x + C_2\rangle = |x' + C_2\rangle$，因此状态 $|x + C_2\rangle$ 只依赖 x 所在的陪集。如果 x 和 x' 属于 C_1 的不同陪集，那么不存在 $y, y' \in C_2$，使得 $x + y = x' + y'$，可知 $|x + C_2\rangle$ 和 $|x' + C_2\rangle$ 为正交态。C_1 中 C_2 的陪集数为 $|C_1|/|C_2|$，所以 $\text{CSS}(C_1, C_2)$ 的维数为 $|C_1|/|C_2| = 2^{k_1 - k_2}$。也就是说，在 C_1 中所有的 2^{k_1} 个码字可以逐列表示为 $2^{k_1 - k_2}$ 个以 C_2 为基础的陪集，如图 9.7 所示。

图 9.7　线性码 C_1 的陪集表示

可以利用 C_1 和 $C_2^\perp$ 的经典纠错性质检测和纠正量子错误。利用 C_1 的纠错性能对 $\mathrm{CSS}(C_1, C_2)$ 上最多 t 个比特翻转错误进行纠正，利用 $C_2^\perp$ 的经典纠错性质纠正 $\mathrm{CSS}(C_1, C_2)$ 上最多 t 个比特的相位翻转错误。

设比特翻转错误由 n 比特向量 e_1 表示，且将出现比特翻转错误的位置设为 1，其他位置为 0。同样，相位翻转错误由 n 比特向量 e_2 表示，且将出现相位翻转错误的位置设为 1，其他位置为 0。设 ω 属于 C_1，如果码字的初态为

$$|\overline{\omega}\rangle = \frac{1}{\sqrt{2^{k_2}}} \sum_{v \in C_2} |\omega + v\rangle \tag{9.2.17}$$

假设在量子信道上发生比特翻转 e_b 和相位翻转 e_p，则接收到的量子态为

$$\frac{1}{\sqrt{2^{k_2}}} \sum_{v \in C_2} (-1)^{(\omega+v) \cdot e_p} |\omega + v + e_b\rangle \tag{9.2.18}$$

译码器先利用校验矩阵 H_1 纠正比特翻转错误，得到

$$\frac{1}{\sqrt{2^{k_2}}} \sum_{v \in C_2} (-1)^{(\omega+v) \cdot e_p} |\omega + v\rangle \tag{9.2.19}$$

然后使用 Hadamard 门转换每一个量子比特，展开式为

$$\frac{1}{\sqrt{2^{n+k_2}}} \sum_{u \in Z_2^n} \sum_{v \in C_2} (-1)^{(\omega+v) \cdot (e_p+u)} |u\rangle$$

$$= \frac{1}{\sqrt{2^{n+k_2}}} \sum_{y \in Z_2^n} \sum_{v \in C_2} (-1)^{(\omega+v) \cdot y} |y + e_p\rangle$$

$$= \frac{1}{\sqrt{2^{n+k_2}}} \sum_{y \in Z_2^n} (-1)^{\omega \cdot y} |y + e_p\rangle \sum_{v \in C_2} (-1)^{v \cdot y}$$

$$= \frac{1}{\sqrt{2^{n-k_2}}} \sum_{y \in C_2^\perp} (-1)^{\omega \cdot y} |y + e_p\rangle \tag{9.2.20}$$

上式的开始和最后的步骤分别运用了 Hadamard 门的展开式

$$H^{\otimes n} |x\rangle = \frac{1}{\sqrt{2^n}} \sum_{u \in Z_2^n} (-1)^{x \cdot u} |u\rangle \tag{9.2.21}$$

和线性码的恒等式

$$\sum_{v \in C_2} (-1)^{v \cdot y} = \begin{cases} 2^{k_2}, & y \in C_2^\perp \\ 0, & y \notin C_2^\perp \end{cases} \tag{9.2.22}$$

原来的相位翻转 $|e_p\rangle$ 对 $C_2^\perp$ 内码字 $|y\rangle$ 的影响等价于比特翻转 $|y + e_p\rangle$，所以可以使用 $H_2^\perp$ 进行比特检测和错误纠正，结果为

$$\frac{1}{\sqrt{2^{n-k_2}}} \sum_{y \in C_2^\perp} (-1)^{\omega \cdot y} |y\rangle \tag{9.2.23}$$

再次使用 Hadamard 门转换每一个量子比特，并运用线性码恒等式：

$$\sum_{y \in C_2^\perp} (-1)^{v \cdot y} = \begin{cases} 2^{n-k_2}, & v \in C_2 \\ 0, & v \notin C_2 \end{cases} \tag{9.2.24}$$

即，可译出传送的 CSS 码字为

$$\frac{1}{\sqrt{2^{2n-k_2}}} \sum_{u \in Z_2^n} \sum_{y \in C_2^\perp} (-1)^{(\omega+u) \cdot y} |u\rangle$$

$$\xlongequal{v = \omega + u} \frac{1}{\sqrt{2^{2n-k_2}}} \sum_{u \in Z_2^n} |\omega + v\rangle \sum_{y \in C_2^\perp} (-1)^{v \cdot y}$$

$$= \frac{1}{\sqrt{2^{k_2}}} \sum_{v \in C_2} |\omega + v\rangle \tag{9.2.25}$$

所以，只要量子信道发生的错误在线性码 C_1 和 $C_2^\perp$ 的纠正能力之内，CSS 译码器就可以得到正确的结果。

由上述可得，参数为 (n, k, d) 的 CSS 码具有以下特性。

（1）由陪集的概念得知，CSS 码的码字数目等于 $|C_1|/|C_2| = 2^{k_1-k_2}$，即 $k_1 - k_2 = k$。

（2）码字之间是相互正交的，即 $\langle \bar{\omega} | \bar{\omega}' \rangle = 0$，任意 $|\bar{\omega}\rangle \neq |\bar{\omega}'\rangle$。

（3）因为在译码过程中分别使用线性码 C_1 和 $C_2^\perp$ 纠正比特翻转和相位翻转，因此 CSS 码的码字距离不小于 d_1 和 $d_2^\perp$ 的最小值，即 $d \geqslant \min(d_1, d_2^\perp)$。

2. 纠正单量子比特差错的 7 位 CSS 码

为了纠正单量子比特翻转错误和单量子相位翻转错误，我们需要一个在两种基下的最小码距 d 都大于或等于 3 的经典纠错码。$C[7, 4, 3]$ 码是满足这个要求的 n 值最小的经典码。$C[7, 4, 3]$ 码的对偶码 $C[7, 3, 4]$ 码符合 CSS 码的构造要求，是它的一阶子码，因此可以利用 $C[7, 4, 3]$ 码构造一个纠正单量子比特的量子码。取 C_1 码为 $C[7, 4, 3]$，C_2 码为 $C[7, 3, 4]$。

对应的 $C[7, 3, 4]$ 码的生成矩阵表示为

$$H = \begin{pmatrix} 1 & 1 & 1 & 0 & 1 & 0 & 0 \\ 0 & 1 & 1 & 1 & 0 & 1 & 0 \\ 1 & 1 & 0 & 1 & 0 & 0 & 1 \end{pmatrix} \tag{9.2.26}$$

$C[7,4,3]$ 码的所有码字经过转置后可表示为

$$C_1 = \begin{pmatrix} 0000000 & 1111111 \\ 1101001 & 0010110 \\ 0111010 & 1000101 \\ 1010011 & 0101100 \\ 1110100 & 0001011 \\ 0011101 & 1100010 \\ 1001110 & 0110001 \\ 0100111 & 1011000 \end{pmatrix}, \quad C_2 = \begin{pmatrix} 0000000 \\ 1101001 \\ 0111010 \\ 1010011 \\ 1110100 \\ 0011101 \\ 1001110 \\ 0100111 \end{pmatrix} \qquad (9.2.27)$$

其中，C_1 的左栏为 C_2 的码字，从式 (9.2.27) 中可以看出，C_1 中 C_2 的陪集数是 2，因此量子码可以纠正一个量子比特错误。$[7,1,3]$ 量子码的两个码字可以表示为

$$|c\rangle_L = |\bar{\omega}\rangle = \frac{1}{\sqrt{2^3}} \sum_{v \in C_2} |v + \omega\rangle = \begin{cases} |0\rangle_L, & \omega \in C_2 \\ |1\rangle_L, & \omega \in C_1 - C_2 \end{cases} \qquad (9.2.28)$$

一般，为了计算简单，当 $c = 0$ 时，取 $\omega = (0000000)$；当 $c = 1$ 时，取 $\omega = (1111111)$。代入式 (9.2.28) 可得量子码字逻辑态为

$$\begin{cases} |0\rangle_L = \dfrac{1}{2^{3/2}}(|0000000\rangle + |0011101\rangle + |0100111\rangle + |0111010\rangle \\ \qquad\quad + |1001110\rangle + |1010011\rangle + |1101001\rangle + |1110100\rangle) \\ |1\rangle_L = \dfrac{1}{2^{3/2}}(|1111111\rangle + |1100010\rangle + |1011000\rangle + |1000101\rangle \\ \qquad\quad + |0110001\rangle + |0101100\rangle + |0010110\rangle + |0001011\rangle) \end{cases} \qquad (9.2.29)$$

并且在 X 基下两个基底态为

$$\begin{cases} |\bar{0}\rangle_L = \dfrac{1}{2^2}(|0000000\rangle + |0011101\rangle + |0100111\rangle + |0111010\rangle \\ \qquad\quad + |1001110\rangle + |1010011\rangle + |1101001\rangle + |1110100\rangle \\ \qquad\quad + |1111111\rangle + |1100010\rangle + |1011000\rangle + |1000101\rangle \\ \qquad\quad + |0110001\rangle + |0101100\rangle + |0010110\rangle + |0001011\rangle) \\ |\bar{1}\rangle_L = \dfrac{1}{2^2}(|0000000\rangle + |0011101\rangle + |0100111\rangle + |0111010\rangle \\ \qquad\quad + |1001110\rangle + |1010011\rangle + |1101001\rangle + |1110100\rangle \\ \qquad\quad - |1111111\rangle - |1100010\rangle - |1011000\rangle - |1000101\rangle \\ \qquad\quad - |0110001\rangle - |0101100\rangle - |0010110\rangle - |0001011\rangle) \end{cases} \qquad (9.2.30)$$

可以得出

$$\begin{cases} |\bar{0}\rangle_L = \dfrac{1}{\sqrt{2}}(|0\rangle_L + |1\rangle_L) \\[3mm] |\bar{1}\rangle_L = \dfrac{1}{\sqrt{2}}(|0\rangle_L - |1\rangle_L) \end{cases} \tag{9.2.31}$$

考虑信息为量子态 $\alpha|0\rangle + \beta|1\rangle$，图 9.8 所示的量子线路实现了 $[7,1]$ 量子码的编码过程。

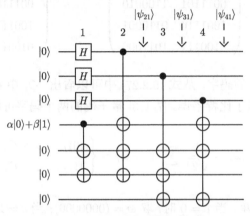

图 9.8 $[7,1]$ 量子码的实现线路

假设 7 个物理量子比特的初始态为 $|000\rangle(\alpha|0\rangle + \beta|1\rangle)|000\rangle$，图 9.8 中第一列的前三个量子比特的 H 门操作表示基变换，4、5 和 6 量子比特之间的控制非门操作是制备初态 $\alpha|000\rangle + \beta|111\rangle$。编码线路第一列的操作可制备初态

$$\begin{aligned} |\psi_1\rangle &= \frac{\alpha}{2^{3/2}}(|0\rangle + |1\rangle)^{\otimes 3}|0000\rangle + \frac{\beta}{2^{3/2}}(|0\rangle + |1\rangle)^{\otimes 3}|1110\rangle \\ &= |\psi_{11}\rangle + |\psi_{12}\rangle \end{aligned} \tag{9.2.32}$$

后面的编码线路是把态 $|\psi_{11}\rangle$ 变成 $\alpha|0\rangle_L$，把态 $|\psi_{12}\rangle$ 变成 $\beta|1\rangle_L$。作为例子，我们列出得到 $\alpha|0\rangle_L$ 的变换过程为

$$\begin{cases} \begin{aligned} |\psi_{21}\rangle =\ & \frac{\alpha}{2^{3/2}}(|0000000\rangle + |0010000\rangle + |0100000\rangle + |0110000\rangle \\ & + |1001110\rangle + |1011110\rangle + |1101110\rangle + |1111110\rangle) \end{aligned} \\[3mm] \begin{aligned} |\psi_{31}\rangle =\ & \frac{\alpha}{2^{3/2}}(|0000000\rangle + |0010000\rangle + |0100111\rangle + |0110111\rangle \\ & + |1001110\rangle + |1011110\rangle + |1101001\rangle + |1111001\rangle) \end{aligned} \\[3mm] \begin{aligned} |\psi_{41}\rangle =\ & \frac{\alpha}{2^{3/2}}(|0000000\rangle + |0011101\rangle + |0100111\rangle + |0111010\rangle \\ & + |1001110\rangle + |1010011\rangle + |1101001\rangle + |1110100\rangle) = \alpha|0\rangle_L \end{aligned} \end{cases} \tag{9.2.33}$$

利用同样的方法可以把态 $|\psi_{12}\rangle$ 变成 $\beta|1\rangle_L$。

3. CSS 码的译码

为简单起见，这部分内容本书只着重说明仅发生一位比特翻转或相位翻转的解码算法，当发生超过一位的错误时，可以使用类似的方法进行解码。考虑 CSS 码的编码态为

$$|x + C_2\rangle = \frac{1}{2^{k_2/2}} \sum_{y \in C_2} |x + y\rangle \tag{9.2.34}$$

这里，考虑编码集合 C_1 的同等校验矩阵为 H_1，由于 $x \in C_1$，故

$$xH_1^{\mathrm{T}} = 0 \tag{9.2.35}$$

又因为 $C_2 \subset C_1$，因此对任意 $y \in C_2$，有

$$yH_1^{\mathrm{T}} = 0 \tag{9.2.36}$$

对于式 (9.2.34)，状态 $|x + y\rangle$ 的矢量 $x + y$ 的伴随式，即使 $y \notin C_2$，式 (9.2.37) 也会成立。

$$(x + y)H_1^{\mathrm{T}} = xH_1^{\mathrm{T}} + yH_1^{\mathrm{T}} = 0 \tag{9.2.37}$$

假设 e_i 表示仅在第 i 位为 1、其余位为 0 的长度为 n 的矢量，若 $|x\rangle$ 的第 i 位量子比特发生比特翻转，则状态为 $|x + e_i\rangle$，因此如果状态 $|x + C_2\rangle$ 的第 i 位量子比特发生比特翻转错误，则接收的状态为

$$|\varphi\rangle = \frac{1}{2^{k_2/2}} \sum_{y \in C_2} |x + y + e_i\rangle \tag{9.2.38}$$

这时，计算状态 $|x + y + e_i\rangle$ 对应的矢量 $x + y + e_i$ 的伴随式，即使 $y \notin C_2$，也可以得到

$$(x + y + e_i)H_1^{\mathrm{T}} = xH_1^{\mathrm{T}} + yH_1^{\mathrm{T}} + e_iH_1^{\mathrm{T}} = e_iH_1^{\mathrm{T}} \tag{9.2.39}$$

即，量子码的每一个子状态所对应的经典码字拥有相同的伴随式。因为经典线性码 C_1 可以对 t 个错误进行纠正，所以对应不同的错误有不同的伴随式，完全等同于经典线性码的译码方法。只要知道哪一个量子比特发生错误，就可以在发生错误的量子比特上通过执行 X 门进行纠正。

关于由 $C[7,4,3]$ 码构造的量子纠错码的纠错过程，还可以通过如图 9.9 所示的量子线路实现。

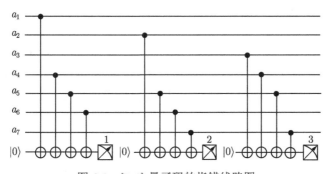

图 9.9 $[7,1]$ 量子码的指错线路图

这个纠错量子线路和 $C[7,4,3]$ 码的校验矩阵

$$H_{[7,4]} = \begin{pmatrix} 1 & 0 & 0 & 1 & 1 & 1 & 0 \\ 0 & 1 & 0 & 0 & 1 & 1 & 1 \\ 0 & 0 & 1 & 1 & 1 & 0 & 1 \end{pmatrix} \tag{9.2.40}$$

之间有密切关系，其中测量 1、2、3 分别对应校验矩阵的 3 行。校验矩阵中出现 1 的量子比特作为控制位，新引入的辅助量子比特作为目标位。如果测量结果为 0，则表示没有错误；如果测量结果为 1，则表示有错误发生。综合 3 个测量结果，即可诊断出出错位。测量结果和伴随式以及相应的纠错操作如表 9.2 所示。

表 9.2　测量结果、伴随式、纠错操作

测量结果	伴随式（二进制出错位）	纠错操作
000	000	I
100	001	X_1
010	010	X_2
001	011	X_3
101	100	X_4
111	101	X_5
110	110	X_6
011	111	X_7

由表 9.2 可知，每个经典码字 $a = (a_1 a_2 a_3 a_4 a_5 a_6 a_7)$ 应当满足校验矩阵，从而有

$$\begin{cases} a_1 \oplus a_4 \oplus a_5 \oplus a_6 = 0 \\ a_2 \oplus a_5 \oplus a_6 \oplus a_7 = 0 \\ a_3 \oplus a_4 \oplus a_5 \oplus a_7 = 0 \end{cases} \tag{9.2.41}$$

3 个测量分别对应上面的 3 个求和。如果没有发生错误，那么测量结果均为 0。因为只考虑发生一位出错，如果 a_1 出错，那么只有测量 1 给出结果为 1，其他测量结果都是 0。同理，如果 a_2 出错，那么只有测量 2 给出结果为 1，其他测量结果都是 0，其他情况以此类推。

9.2.3　稳定子量子纠错码

前面讨论了 CSS 量子纠错码是以经典线性分组码为基础的一类量子纠错码，为了构造更一般、更有效的量子纠错码。Gottesman 和 Galderbank 等发现了量子纠错码的群结构，引入了稳定子的概念。本节首先介绍 Pauli 算子群的概念，然后回顾 Shor 码，最后给出稳定子码的概念。

1. Pauli 算子群

在讨论稳定子量子纠错码之前，先介绍 Pauli 算子群。用 $\{I, X, Y, Z\}$ 这 4 个算子

的作用表示一个量子比特和环境相互作用可能发生的最一般的情况。容易验证 8 个算子 I、X、Y、Z、$-I$、$-X$、$-Y$ 和 $-Z$ 构成了八阶群。

假设在相互作用独立的模型下，对于 n 量子比特的系统，记 n 个 Pauli 算子的直积是

$$g = XZIY \cdots X \tag{9.2.42}$$

则 g 是作用到 n 量子比特系统的 Hilbert 空间上的算子。按照从左到右的顺序，各因子算子依次作用到第一、第二、……、第 n 个量子位上。记所有 n 量子比特的 Pauli 算子直积 g 的集合为

$$G_n = \{g = XZIY \cdots X\} \tag{9.2.43}$$

8 个算子 $\{I, X, Y, Z, -I, -X, -Y, -Z\}$ 有重复的排列组成了 G_n 中的元素，且元素的个数为 2×4^n。定义 G_n 中 g_1 和 g_2 的乘积为 $g_1 g_2$，其中 $g_1 g_2$ 各位依次为 g_1 和 g_2 对应位 Pauli 算子的乘积。例如，算子 $g_1 = ZXIY \cdots X$ 和 $g_2 = XYII \cdots Z$ 的乘积为

$$g_1 g_2 = (ZX)(XY)(II)(YI) \cdots (XZ) = (Y)(-Z)(I)(Y) \cdots (-Y) = YZIY \cdots Y \tag{9.2.44}$$

在这样定义的二元运算下，集合 G_n 构成了一个群，称为 n 量子比特 Pauli 算子群。

Pauli 算子群元素具有以下性质。

（1）G_n 中的元素都是幺正的。

（2）$\forall g \in G_n$，如果 Y 在 g 中出现的次数为偶数，那么 $g^2 = I$；如果 Y 在 g 中出现的次数为奇数，那么 $g^2 = -I$。

（3）对于 $\forall g_1$、$g_2 \in G_n$，那么 g_1、g_2 或是对易的，或是反对易的，二者必居其一。

（4）G_n 中相互对易且 $g^2 = I$ 的算子构成 G_n 的一个 Abel 子群。

2. G_n 群算子的双矢量表示

现在，我们建立 G_n 群元和二元数域 $\{0,1\}$ 上 n 维矢量空间 V^n 中矢量之间的一一对应关系。注意，Y 可以分解为 Z 和 X 的乘积，G_n 中的任意元素 g 都可以表示成 Z 串和 X 串的乘积，即

$$g = Z_g \otimes X_g \tag{9.2.45}$$

其中，Z_g 和 X_g 分别取自 $\{Z, I\}$ 和 $\{X, I\}$ 中 n 个算子的直积。举个例子，G_5 群的两个元素为

$$\begin{cases} g = XZYXI = (IZZII) \otimes (XIXXI) = Z_g \otimes X_g \\ g' = ZIXYX = (ZIIZI) \otimes (IIXXX) = Z_{g'} \otimes X_{g'} \end{cases} \tag{9.2.46}$$

Z_g 和 X_g 又可以通过下述方式分别对应两个长度为 n 的二元串 α 和 β，即

$$\begin{cases} Z_g = \otimes_{i=1}^n Z^{\alpha_i} \rightarrow \alpha = (\alpha_1 \alpha_2 \cdots \alpha_n) \\ X_g = \otimes_{i=1}^n X^{\beta_i} \rightarrow \beta = (\beta_1 \beta_2 \cdots \beta_n) \end{cases} \tag{9.2.47}$$

从而 $g \in G_n$ 可表示为

$$g = \otimes_{i=1}^n Z^{\alpha_i} \bullet \otimes_{i=1}^n X^{\beta_i} \equiv (\alpha|\beta) \tag{9.2.48}$$

其中，$(\alpha|\beta)$ 称为群元素 g 的双矢量表示。例如式（9.2.46）的两个元素的双矢量表示为

$$\begin{cases} g = (\alpha|\beta) = (01100|10110) \\ g' = (\alpha'|\beta') = (10010|00111) \end{cases} \tag{9.2.49}$$

利用 G_n 群元的双矢量表示，就可以把 G_n 中的所有元素都表示为二元域上矢量空间 V^n 中的双矢量。

3. Shor 码

Shor 码使用 3 个量子比特块，每块利用 3 个物理量子比特编码一个逻辑量子比特，两个码字分别是

$$\begin{cases} |0\rangle \to |\bar{0}\rangle = (|000\rangle + |111\rangle)^3/2\sqrt{2} \\ |1\rangle \to |\bar{1}\rangle = (|000\rangle - |111\rangle)^3/2\sqrt{2} \end{cases} \tag{9.2.50}$$

为了诊断并纠正比特翻转错误，对于每个块中的 3 个物理量子比特态 $|xyz\rangle$，需要测量 $y \oplus z$ 和 $x \oplus z$，当测量结果都为 0 时，表示没有错误，而当测量结果有一个为 1 或者都为 1 时，说明发生了比特翻转错误，见表 9.1。而诊断 3 个块比特翻转错误的 6 个测量算子可以写成

$$\begin{cases} M_1 = IZZIIIIII, \quad M_2 = ZIZIIIIII \\ M_3 = IIIIZZIII, \quad M_4 = IIIZIZIII \\ M_5 = IIIIIIIZZ, \quad M_6 = IIIIIIZIZ \end{cases} \tag{9.2.51}$$

为了诊断相位翻转错误，对 X 基下的 3 个块态 $|xyz\rangle$ 测量 $y \oplus z$ 和 $x \oplus z$ 等同于测量乘积算子

$$X_4 X_5 X_6 X_7 X_8 X_9 \text{ 和 } X_1 X_2 X_3 X_7 X_8 X_9 \tag{9.2.52}$$

也就是

$$M_7 = I_1 I_2 I_3 X_4 X_5 X_6 X_7 X_8 X_9, M_8 = X_1 X_2 X_3 I_4 I_5 I_6 X_7 X_8 X_9 \tag{9.2.53}$$

Shor 码的指错子构造表明，当 8 个算子的测量结果都为 +1 时，代表没有错误，这表示每个码字必为这 8 个算子的本征值为 +1 的共同本征态；而当测量某个算子得到 -1 时，就表明其中一个量子比特发生了比特翻转或者相位翻转，或者二者都有。容易验证，这 8 个算子的每个平方都是单位算子，且是两两相互对易的，因此这 8 个算子都属于 8 个量子比特 Pauli 算子群的 Abel 子群 S。实际上，它们正是子群 S 的一组生成元（对群的概念可参考有限域基础）。

4. 稳定子码的概念

根据 Shor 码的讨论，令 S 是 n 量子比特 Pauli 算子群 G_n 的一个 Abel 子群。由于 S 中所有元素都是相互对易的，在 n 量子比特的 Hilbert 空间可以同时对角化。记 S 中所有元素本征值为 $+1$ 的共同本征空间为 ζ^s，当且仅当对所有的 $M(M \in S)$，都有

$$M|\psi\rangle = |\psi\rangle \tag{9.2.54}$$

成立，才有 $|\psi\rangle \in \zeta^s$。如果一个量子码的码空间就是 ζ^s，则称这个量子码为稳定子码，并称子群 S 是这个码的稳定子，M 为 S 的生成元。

例如，对于量子状态 $|\psi\rangle = (|00\rangle + |11\rangle))/\sqrt{2}$，算子 Z_1Z_2 和 X_1X_2 作用后状态保持不变，那么我们就说状态 $|\psi\rangle$ 在这些算子的作用下是稳定的。因此，量子态可以由作用在它们上的稳定算子表述，而不是由量子态的本身表示，这些算子被称为稳定子。

例如，若 $n = 3$，$S = \{I, Z_1Z_2, Z_2Z_3, Z_1Z_3\}$，则可求出 ζ^s。

3 量子比特具有 8 种状态，分别是 $|000\rangle$，$|001\rangle$，$|010\rangle$，$|011\rangle$，$|100\rangle$，$|101\rangle$，$|110\rangle$ 和 $|111\rangle$。此时，由 Z_1Z_2 固定的子空间由 $|000\rangle$，$|001\rangle$，$|110\rangle$ 和 $|111\rangle$ 组成；由 Z_2Z_3 固定的子空间由 $|000\rangle$，$|011\rangle$，$|100\rangle$ 和 $|111\rangle$ 组成，因此满足任意的 M 的码空间应由 $|000\rangle$ 和 $|111\rangle$ 组成。

5. $[5,1]$ 稳定子量子纠错码

编码一个逻辑量子比特（$k = 1$）的 5 位稳定子码的稳定子 S 有 $n - k = 4$ 个生成元，也就是说，用 5 量子比特编码 1 位信息需要 $5 - 1 = 4$ 个稳定子生成元。下面说明 $[5,1]$ 量子稳定子码的生成过程。

假设 4 个生成元为

$$\begin{cases} M_1 = XZZXI, & M_2 = IXZZX \\ M_3 = XIXZZ, & M_4 = ZXIXZ \end{cases} \tag{9.2.55}$$

其中，M_2、M_3、M_4 是 M_1 通过量子比特的循环置换得到的，当然还可以得到 $M_5 = ZZXIX$，但是它与前面 4 个生成元不独立。由于稳定子生成元的循环置换可得到另一个生成元，所以这种码是循环码，表明码字中各个量子比特在循环置换后仍然是码字。将 4 个生成元转换为 4×10 的矩阵 H，称为量子校验矩阵。

$$H = \begin{matrix} Z\ \text{算子} \qquad\qquad X\ \text{算子} \\ \left(\begin{array}{ccccc:ccccc} 0 & 1 & 1 & 0 & 0 & 1 & 0 & 0 & 1 & 0 \\ 0 & 0 & 1 & 1 & 0 & 0 & 1 & 0 & 0 & 1 \\ 0 & 0 & 0 & 1 & 1 & 1 & 0 & 1 & 0 & 0 \\ 1 & 0 & 0 & 0 & 1 & 0 & 1 & 0 & 1 & 0 \end{array} \right) \end{matrix} \tag{9.2.56}$$

这样就可以利用上面给出的 4 个稳定子生成元作用到任意一个量子比特信息 $|\psi\rangle = a|0\rangle +$

$b|1\rangle$，从而生成 5 位量子状态编码。编码公式为

$$
\begin{cases}
|0\rangle_c = (I + M_4)(I + M_3)(I + M_2)(I + M_1)|00000\rangle \\
|1\rangle_c = \bar{X}(I + M_4)(I + M_3)(I + M_2)(I + M_1)|00000\rangle
\end{cases}
\tag{9.2.57}
$$

其中，$\bar{X}$ 为比特翻转变换，即编码后的状态 $|1\rangle_L$ 是对编码后的状态 $|0\rangle_L$ 的逐位比特翻转。这样任意一个量子比特 $a|0\rangle + b|1\rangle$ 就编码为 $a|0\rangle_L + b|1\rangle_L$。

对于 $\bar{X}$ 可选择为 $\bar{X} = XXXXX$，则 $[5,1,3]$ 稳定子码的码字为

$$
\begin{cases}
|0\rangle_L = \dfrac{1}{4}(|00000\rangle - |00011\rangle + |00101\rangle - |00110\rangle \\
\qquad + |01001\rangle + |01010\rangle - |01100\rangle - |01111\rangle - |10001\rangle + |10010\rangle \\
\qquad + |10100\rangle - |10111\rangle - |11000\rangle - |11011\rangle - |11101\rangle - |11110\rangle) \\
|1\rangle_L = -X^{\otimes 5}|0\rangle_L = \dfrac{1}{4}(|00001\rangle + |00010\rangle + |00100\rangle + |00111\rangle \\
\qquad + |01000\rangle - |01011\rangle - |01101\rangle + |01110\rangle + |10000\rangle + |10011\rangle \\
\qquad - |10101\rangle - |10110\rangle + |11001\rangle - |11010\rangle + |11100\rangle - |11111\rangle)
\end{cases}
\tag{9.2.58}
$$

其编码线路如图 9.10 所示，译码系统如图 9.11 所示。

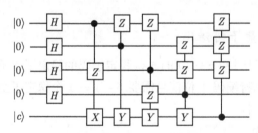

图 9.10　$[5,1]$ 稳定子码的编码线路

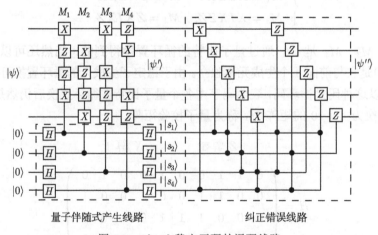

图 9.11　$[5,1]$ 稳定子码的译码线路

稳定子码的纠错技术就是利用 $n-k$ 个稳定子生成元构成的 $(n-k) \times 2n$ 矩阵 H 进

行纠错，这里的矩阵 H 是 4×10 矩阵。我们假设出错算子 E_a 的第 i 位发生比特翻转错误 X_i，那么纠错过程如下。

（1）查看校验矩阵 H 左边矩阵的第 i 列的值，因为稳定子生成元 M_i 如果在第 i 位是 X 或者 I，那么就和出错算子 E_a 对易，而如果该位是 Z，则和出错算子 E_a 反对易，所以观测左半部分，也就是矩阵 H 的 Z 部分。

（2）测量各个稳定子生成元 M_i 的本征值，由于矩阵 H 的左半部分的每一列至少有一位置为 1，这样出错算子 E_a 将把第 i 位有 Z 算子的生成元 M_i 的本征值变为 -1，如果该位没有 Z 算子，那么本征值仍然为 $+1$。

（3）根据测量结果可以给出量子伴随式，若第一位发生比特翻转错误，则测量结果为 $M_1 = M_2 = M_3 = 1, M_4 = -1$。

同理，如果发生相位翻转错误，则按照上面的步骤查看 H 矩阵的右半部分，可以计算出所有出错情况下的量子伴随式，如表 9.3 至表 9.5 所示。

表 9.3　5 位稳定子码 X 出错的量子伴随式

	X_1	X_2	X_3	X_4	X_5
M_1	1	-1	-1	1	1
M_2	1	1	-1	-1	1
M_3	1	1	1	-1	-1
M_4	-1	1	1	1	-1

表 9.4　5 位稳定子码 Z 出错的量子伴随式

	Z_1	Z_2	Z_3	Z_4	Z_5
M_1	-1	1	1	-1	1
M_2	1	-1	1	1	-1
M_3	-1	1	-1	1	1
M_4	1	-1	1	-1	1

表 9.5　5 位稳定子码 Y 出错的量子伴随式

	Y_1	Y_2	Y_3	Y_4	Y_5
M_1	1	1	1	1	0
M_2	0	1	1	1	1
M_3	1	0	1	1	1
M_4	1	1	0	1	1

对于 Y 出错，由于 Y 和 X, Z 都反对易，因此若某一位出现 Y 错误，则将改变该位 X, Z 的本征值，只有该位是 I 或 Y 才不会改变本征值。所以将 H 矩阵的左右两部分在该列相加，如果相加结果为 0，则说明生成元 M_i 和 Y 出错算子 E_a 对易；如果为 1，则说明生成元 M_i 和 Y 出错算子 E_a 反对易。

可见针对 3 种不同的错误，每一位都可能会发生这 3 种错误，那么 5 位编码可能发生的错误数是 $3 \times 5 = 15$，根据上述表格中对应稳定子生成元 M_i 的测量结果，我们就可以知道哪一位发生了哪种错误。

9.2.4 Toric 码

本节讨论一个有趣的稳定子码示例，即 Toric 码。在这里，我们首先介绍该模型，然后从量子纠错码的角度进行讨论。

我们考虑一个正方形晶格。Toric 码这个名字的意思是：（1）这个正方形晶格是在环面上的；（2）它是一个稳定子量子码。图 9.12 展示了环面的正方形晶格上的 Toric 码的布局。实线给出晶格，晶格的每条边都有一个小圆，这个小圆代表一个量子比特。格子（plaquette）和星形（star）操作符分别用 4 个黑色的点表示。两个编码量子位的逻辑运算符分别用加粗的实线和加粗的虚线表示。对于一个 $r \times r$ 晶格，一共有 $2r^2$ 个量子比特。

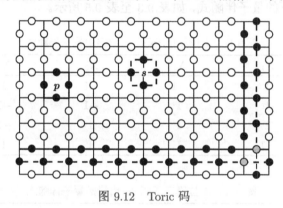

图 9.12　Toric 码

有两种类型的稳定子生成元。第一种是（star 型）

$$Q_s = \prod_{j \in \mathrm{star}(s)} Z_j \tag{9.2.59}$$

第二种是（plaquette 型）

$$B_p = \prod_{j \in \mathrm{plaquette}(p)} X_j \tag{9.2.60}$$

对于任意一对 s 和 p，检验 Q_s 和 B_p 是否可对易是很简单的。尽管总共有 $r^2 + r^2 = 2r^2$ 个生成元，但它们之间确实存在联系

$$\prod_s Q_s = \prod_p B_p = I \tag{9.2.61}$$

可以证明这是唯一的关系，因此码空间的元素个数为

$$2^{2r^2 - (2r^2 - 2)} = 4 \tag{9.2.62}$$

换句话说，这个编码将两个量子位编码成 $2r^2$ 个量子位。

这个码似乎有一个比较糟糕的比率 $\dfrac{2}{2r^2} = \dfrac{1}{r^2}$（即我们用 r^2 个量子位表示每个逻辑量子位），当 r 变大时，它会变得很小。然而，事实证明该码的纠错特性非常好，因为码的最小距离是 r，逻辑运算符是环面上的循环。

更精确地，给出相应的逻辑运算符：

$$\begin{cases} \bar{Z}_1 = \prod_{j \in d_v} Z_j, & \bar{X}_1 = \prod_{j \in e_h} X_j, \\ \bar{Z}_2 = \prod_{j \in d_h} Z_j, & \bar{X}_2 = \prod_{j \in e_v} X_j, \end{cases} \tag{9.2.63}$$

其中，d_v 和 e_v 分别表示垂直且加粗的虚线和实线，d_h 和 e_h 分别表示水平且加粗的虚线和实线。

与 Shor 码的情况类似，我们可以在码空间中编写一个逻辑状态或者 H_{toric} 的基态，就稳定子生成元而言，即

$$H_{\text{toric}} = -\sum_s Q_s - \sum_p B_p \tag{9.2.64}$$

具体地，令 $\mathfrak{T}_Z = \langle Q_s \rangle$ 和 $\mathfrak{T}_X = \langle B_p, \bar{X}_1, \bar{X}_2 \rangle$，即分别是稳定子的 Z 和 X 部分。那么一个基态可以由下式给出：

$$|\psi_{\text{toric}}\rangle = \sum_{g \in \mathfrak{T}_X} g|0\rangle^{\otimes 2r^2} \tag{9.2.65}$$

基态有一个很好的几何观点。如果我们在边上画一条加粗的虚线表示处于状态 $|1\rangle$ 的量子位，那么该基态就是所有闭环的等权叠加，如图 9.13 所示。

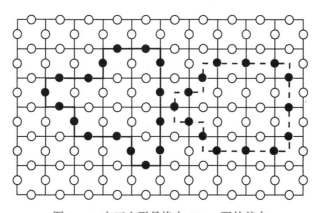

图 9.13　在正方形晶格上 Toric 码的基态

9.3　容错量子计算

9.2 节介绍了采用适当的量子纠错码可以保证信息通过有噪声的信道安全地传输。根据 9.2 节的讨论，假设编码过程和恢复操作过程可以正确执行，不发生任何其他错误，但

是这一假设是不现实的。实际上，编码和恢复操作也是复杂的量子计算过程，也会发生错误，这就需要找出一种可靠的差错诊断和恢复方法，也就是说，即使测量和恢复操作过程中发生一些错误，也能确保错误在一定的可控范围内，且在一定的出错概率下仍能以高精度恢复正确的量子信息，这就是容错恢复问题。

在量子计算中，还需要对编码数据进行逻辑运算，并对这些编码态进行逻辑操作，原则上有两种方法：一种方法是首先对编码的信息进行解码操作，然后直接对"裸"数据进行运算，但是这种方法一般会使"裸"的态失去保护，在失去保护的期间容易受到外界环境的破坏；另一种方法是直接对编码的逻辑态进行量子运算，但是这种操作一般在编码有量子信息的两个或者多个物理量子比特块之间进行，使得不同的编码块相互作用。实际上，除了对 CSS 类量子码，通用量子门基本上不可以使用这种方式执行。另外在编码块上进行逻辑操作还存在一定的问题，那就是如果某一编码块上的一个物理量子比特发生了错误，通过逻辑门操作可能会传播到同一个编码块上的其他量子比特或者其他编码块上，使得其他量子比特也发生错误。这样的错误传播可能会超出码的纠错能力，导致计算错误。我们将解决这一类问题的方法称为容错计算（Fault-Tolerant Computing）。换句话说，即使在某些操作或者计算发生错误的情况下，整个计算过程仍然可以正确地计算下去，当然，这种容错不是无限度的，量子阈限定理明确地回答了这个问题，当量子噪声低于某一有限阈值时，任意长的量子计算都可以可靠的进行。

9.3.1　容错操作

对于任意计算，对数据的量子态表示进行编码操作是第一步，编码操作中的错误是致命的。在执行编码操作时必须仔细校验，确保编码操作被正确执行，从而保证得到的编码态是正确的。然而校验编码态就是要对编码态做非破坏性测量。要求在计算过程中不断进行纠错，而对于量子纠错码执行量子纠错的第一步就是通过适当的测量诊断出出错信息，然后根据诊断结果进行纠错操作。

在量子信息处理过程中，一个重要的问题是错误传播。如果在一个物理量子比特上出现错误，那么在量子信息处理过程中需要使两个或多个物理量子比特发生相互作用以实现多量子比特的门操作，然而通过这样的操作，一个错误可能会被传播到两个或多个位上，这种错误在计算过程中的传播和繁殖可能会超过纠错码的纠正范围，使得计算失败。要想避免这种错误传播的机会，就需要通过更精细的操作尽可能地避免这种错误的传播，保证这种错误传播的数目在可纠正的范围内。我们研究容错操作的目的就是防止通过门操作而引起错误的传播和繁殖。为了避免错误在同一个编码块中繁殖和传播，必须保证在执行逻辑运算操作时不在同一个编码块中执行两个物理量子比特之间的控制非门操作，即使引入辅助块量子比特作为目标位，也必须保证不执行一个编码块中多个量子比特到同一个辅助块中目标位的控制非门操作。为了避免错误繁殖和传播，只能在两个编码块或者编码块和辅助块对应的物理量子比特之间执行控制非门操作，这可以作为容错量子计算的一条准则。

例如，在两个量子比特上进行控制非门操作，在控制位上出现比特翻转错误，那么这种错误将通过控制非门的作用从控制位传播到目标位，这种由控制位到目标位的错误传播称为前向传播。除了错误前向传播外，还存在另一种错误传播方式——后向传播。为了解释后向传播问题是如何产生的，我们利用图 9.14 所示的等式。这个等式表明通过应用 Hadamard 门执行了 Z 基到 X 基的变换，同时也交换了控制非门的控制位和目标位。由于基的变换，使得比特翻转错误改变为相位翻转错误，所以在目标位出现的相位翻转错误通过控制非门的作用后向传播到了控制位上。在量子计算中，通过控制非门，比特翻转错误前向传播，而相位翻转错误后向传播。

定义 9.1　（容错操作）如果在一个编码块内仅有一个物理量子比特出错，且在块内不同物理量子比特上的错误相互无关地独立出现，则一个门的错误仅影响它作用的那些物理量子比特，这样的操作称为容错操作。

所谓容错就是指这样的错误传播是非繁殖的，因此是可容忍的，因为它在纠错码的可控范围内，可以通过纠错码纠正。

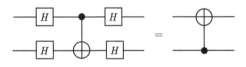

图 9.14　交换控制非门的等效线路

9.3.2　7-位 CSS 码的指错子测量

测量不只是在初始化量子计算、肯定编码态的正确性、在计算过程中诊断出出错信息等方面发挥重要作用，还表现在它本身和引入的辅助块的结合可以成为执行逻辑操作的手段。下面以 7-位 CSS 码为例阐述容错测量的概念，然后推广到一般稳定子码的情况，如图 9.15 所示。

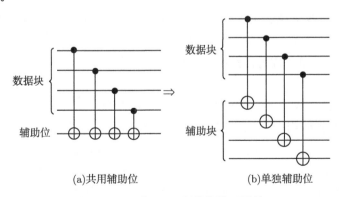

(a)共用辅助位　　　　　　　　　(b)单独辅助位

图 9.15　7-位 CSS 码的指错子测量

图 9.15(a) 给出了 7-位 CSS 码的指错子测量线路，但是显然这不是容错的，因为此处有一个辅助位被用作 4 个控制非门的目标位，如果编码块中某一个被用作控制位的物理量子比特出错，那么通过控制非门作用，这个错误可以传播到目标位，然后通过其他的

控制非门操作可能把错误后向传播到编码块上，引起同一个编码块中一个或者多个物理量子比特出错。为了避免这种情况，一个容易想到的办法是用 4 个物理量子比特构成的辅助块取代原来的一个物理量子比特辅助位，使得辅助块中的 4 个物理量子比特分别作用在 4 个控制非门的目标位，如图 9.15(b) 所示。

但是图 9.15(b) 所示的线路用来做指错子测量仍然不合适，因为 4 个控制非门操作把辅助块和编码数据块纠缠起来，对辅助块中各个物理量子比特的测量会把与辅助量子比特通过控制非门而联系起来的各数据位投影到确定的态上，从而破坏数据块中的编码态。这意味着上面的安排复制了太多的编码态信息，实际上需要复制的只是编码态出错的信息，而不是编码态本身的信息。为了消除这一缺陷，可以在进行指错子测量之前把辅助块制备在特定的态上，使得这个态在执行 4 个控制非门操作后再对辅助块进行测量，只表现出编码态的出错信息，而不能得到编码态的任何其他信息。

上述对 CSS 码描述的指错子测量方法可以推广到一般稳定子码，根据稳定子码理论，码空间是所有稳定子生成元本征值为 +1 的共同本征空间，测量稳定子所有生成元的本征值就可以得到完全的指错子。为了说明对于一般的稳定子生成元如何测量它的本征值，我们首先考虑如何测量两个物理量子比特算子张量积的本征值。如果两个物理量子比特都处在 $|0\rangle$ 或者 $|1\rangle$，那么 ZZ 本征值为 +1，如果两个态中一个为 $|0\rangle$，另一个为 $|1\rangle$，那么 ZZ 本征值为 −1。执行这一测量的基本方法是引入一个处在 $|0\rangle$ 的辅助态作为目标位，执行这两个物理量子比特到辅助态的控制非门操作，然后测量辅助态就可以得到两位算子 ZZ 的本征值。要使这个测量是容错的，则根据前面的分析，需要引入两个物理量子比特构成的辅助块代替这个辅助态，并把这个辅助块制备在特定的态上，然后分别执行数据块各位到辅助块相应位的控制非门操作，再分别测量辅助块中的物理量子比特。

推广上述做法已经看出，如果一个稳定子生成元 M_i 是仅由作用到不同位上的 Z 和 I 张量积构成的，那么测量其本征值的方法是：首先引入一个辅助块，使得辅助块中的物理量子比特数目等于稳定子生成元中 Z 算子的数目，并把它制备在适当的态上（例如 Shor 态、Steane 态等），然后取数据块中被该生成元中 Z 作用的物理量子比特为控制位，辅助块中相应的量子位为目标位，执行控制非门操作，最后测量辅助块中的物理量子比特。

如果要测量的生成元 M_i 中还包括 X 算子，那么利用 $HXH^{\dagger} = Z$ 对被 X 作用的物理量子比特先执行 H 门操作，做基的变换，相当于把 M_i 转换成 Z 和 I 的张量积，然后利用上述的方法进行处理，测量完成后再执行 H 门换回原来的基。

在一般的稳定子码的情况下，M_i 中可能会包含 Y 算子，测量 M_i 的方法是利用 $SYS^{\dagger} = -iX$，使用相位门 S 应用到相应的量子比特上，转换成 $-iX$，再利用 H 门转换成 Z 操作，使得 M_i 变换成 Z 和 I 的张量积，然后利用上述方法完成测量，再执行 H 门操作、相位门 S 操作换回原来的态。

以上方式可以测量 G_n 群的任何元素的本征值，也可以测量任何稳定子码的任意生成元的本征值，但是要使这些测量是容错的，还需要把辅助块制备在特定的态上，使得测量过程只显示数据态的出错信息,而不破坏数据态本身。

9.3.3 容错量子门操作

为了进行量子计算,我们不仅要用纠错码编码数据信息,还必须对编码的数据态进行逻辑运算,可以通过解码-逻辑操作-再编码的方式对逻辑态进行运算操作,但是我们前面提到对"裸"的数据进行逻辑操作是不可靠的,因为不受保护的量子态容易受到环境噪声的影响,使得量子计算机不能可靠地执行量子计算,因此我们必须直接对编码的数据态进行逻辑门操作。

然而,对数据块直接执行逻辑门操作必须满足容错条件:一个物理量子比特出错通过逻辑门操作只可能影响这个逻辑门操作所作用的物理量子比特,而不会把错误传播到其他物理量子比特上。如果一个一位逻辑门操作可以通过对编码块中各个物理量子比特逐位操作实现,或者一个两位门操作可以通过对两个编码块相应的物理量子比特逐位进行两位门操作实现,那么这样的一位、两位操作称为相应编码下的横向操作。由于横向操作一次只涉及编码块中的一位物理量子比特或者分别涉及两个块中对应的物理量子比特,因此这种操作是容错的。特别地,我们考虑 7-位 CSS 码容许的横向操作有一位的 H门、相位门 S,两位的有控制相位门、控制非门等,所以 7-位 CSS 码特别适合做容错计算。对于一般的稳定子码,执行容错操作是比较困难的,需要一个相对复杂的办法实现。在寻找一般的稳定子码的容错操作时,首先需要找到稳定子码可以实现的幺正操作,然后进行考察,对于特定的稳定子码,那些幺正操作可以横向执行。

9.3.4 CSS 类稳定子码的容错计算

利用 n 个物理量子比特编码 $K (n > K)$ 个逻辑量子比特的 CSS 类稳定子码具有 $n - K$ 生成元,一半生成元具有形式 $\bar{Z}_a$,另一半生成元具有形式 $\bar{X}_b$,其中 a, b 都是 n位二进制串,$\bar{Z}_a$ 表示 a 串中位置为 1 时取算子 Z,为 0 时取算子 I 的直积;$\bar{X}_b$ 表示 b串中位置为 1 时取算子 X,为 0 时取算子 I 的直积。

首先需要知道的一点是使用双矢量表示 7-位 CSS 量子纠错码的稳定子可以写成如下矩阵形式:

$$\left(\begin{array}{c|c} 0 & H_x \\ \hline H_z & 0 \end{array} \right) \left(\begin{array}{ccccccc|ccccccc} 0 & 0 & 0 & 0 & 0 & 0 & 0 & 1 & 0 & 0 & 1 & 1 & 1 & 0 \\ 0 & 0 & 0 & 0 & 0 & 0 & 0 & 0 & 1 & 0 & 0 & 1 & 1 & 1 \\ 0 & 0 & 0 & 0 & 0 & 0 & 0 & 0 & 0 & 1 & 1 & 1 & 0 & 1 \\ \hline 1 & 0 & 0 & 1 & 1 & 1 & 0 & 0 & 0 & 0 & 0 & 0 & 0 & 0 \\ 0 & 1 & 0 & 0 & 1 & 1 & 1 & 0 & 0 & 0 & 0 & 0 & 0 & 0 \\ 0 & 0 & 1 & 1 & 1 & 0 & 1 & 0 & 0 & 0 & 0 & 0 & 0 & 0 \end{array} \right) \tag{9.3.1}$$

7-位 CSS 量子纠错码是一般稳定子码的一个特殊例子,可以定义稳定子生成元矩阵具有式 (9.3.1) 形式的量子纠错码为 CSS 码。

我们考虑 7-位 CSS 码 $a = b$(见式 (9.3.1)),CSS 码生成元矩阵具有以下形式:

$$\begin{pmatrix} 0 & H_x \\ H_z & 0 \end{pmatrix} \qquad (9.3.2)$$

其中，H_x 是行数为 $\dfrac{n-K}{2}$、列数为 n 的矩阵，矩阵的每一行对应一个 $\bar{X}_b$；H_z 是对应 Z_a 的矩阵。下面证明这类码，控制非门操作是容错操作。对于某些特殊子类（码字重量满足 $W \equiv 0 \bmod 4$，这里码字的重量定义为码字中非零位置的数目），CSS 类码 H 门、相位门 S 可以是容错操作。

1. H 门操作

H 门对 X，Z，Y 的变换为

$$HXH^{-1} = Z, \quad HZH^{-1} = X, \quad HYH^{-1} = -Y \qquad (9.3.3)$$

在这样的逐位操作下，对 X 和 Z 的变换只是交换稳定子生成元的 X 串和 Z 串，也就是说保持 CSS 类码稳定子生成元的集合 S 不变，所以对编码态的 $\bar{H}$ 门操作是容错的。

2. 相位门 S 操作

相位门 S 对 X，Z，Y 的变换为

$$SXS^{-1} = -iY, \quad SZS^{-1} = Z, \quad SYS^{-1} = -iX \qquad (9.3.4)$$

在这样的操作下，变换 $X \leftrightarrow Y$ 同时引入一个相位因子 $-i$，而对 Z 算子没有影响。对于 CSS 类稳定子码，这一变换保持稳定子生成元中 H_z 部分不变，而对码字重量满足 $W \equiv 0 \bmod 4$ 的稳定子码，因为 $H_y = H_z \widetilde{H}_x$，用 H_y 作新的稳定子生成元，新的稳定子和原稳定子仍然是等价的，所以相位门是容错操作。

3. 控制非门操作

对于控制非门操作，要考虑两个编码块（假设每个块编码一个逻辑量子比特）。两个编码块码态的稳定子为直积群 $S \otimes S$，我们对其做控制非门操作应保持直积群 $S \otimes S$ 不变。根据在两位控制非门操作下的变换式

$$\begin{cases} X \otimes I \to X \otimes X \\ Z \otimes I \to Z \otimes I \\ I \otimes X \to I \otimes X \\ I \otimes Z \to Z \otimes Z \end{cases} \qquad (9.3.5)$$

在两个编码块之间的逐位控制非操作下有

$$\begin{cases} \bar{X}_a \otimes I \to \bar{X}_a \otimes \bar{X}_a \\ \bar{Z}_a \otimes I \to \bar{Z}_a \otimes I \\ I \otimes \bar{X}_a \to I \otimes \bar{X}_a \\ I \otimes \bar{Z}_a \to \bar{Z}_a \otimes \bar{Z}_a \end{cases} \qquad (9.3.6)$$

由于 $\bar{X}_a, \bar{Z}_a \in S$，因此 $\bar{X}_a \otimes \bar{X}_a$，$\bar{Z}_a \otimes I$，$I \otimes \bar{X}_a$ 和 $\bar{Z}_a \otimes \bar{Z}_a$ 都是 $S \otimes S$ 中的元素，这表示对于 CSS 类型的稳定子码，两个逻辑量子比特控制非操作是容错操作。

反过来也可以证明，控制非操作使容错操作的码必定具有 CSS 类型。由于稳定子的一般元 M 作为 Pauli 算子群中的元素，所以可以写成双矢量形式，即

$$M = \bar{Z}_a \bar{X}_b \tag{9.3.7}$$

在逐位控制非操作下有

$$\bar{Z}_a \bar{X}_b \otimes I \rightarrow \bar{Z}_a \bar{X}_b \otimes \bar{X}_b \tag{9.3.8}$$

控制非操作对这种编码是容错的意味着 $\bar{X}_b$ 和 $\bar{Z}_a \bar{X}_b$ 都是稳定子中的元素，而稳定子本身是一个群，因此 $\bar{Z}_a$ 也是稳定子中的一个元素。这表明稳定子可以写成仅由 Z、I 和仅由 X、I 张量积组成的两段，这意味着这个码是 CSS 类型的。

4. 7-位 CSS 码的容错操作

7-位 CSS 码使用 7 个物理量子比特编码一个逻辑量子比特的信息，码字在式（9.2.29）中给出：

$$\begin{cases} |\bar{0}\rangle_c = \dfrac{1}{2^{3/2}}(|0000000\rangle + |0011101\rangle + |0100111\rangle + |0111010\rangle \\ \qquad\quad + |1001110\rangle + |1010011\rangle + |1101001\rangle + |1110100\rangle) \\ |\bar{1}\rangle_c = \dfrac{1}{2^{3/2}}(|1111111\rangle + |1100010\rangle + |1011000\rangle + |1000101\rangle \\ \qquad\quad + |0110001\rangle + |0101100\rangle + |0010110\rangle + |0001011\rangle) \end{cases} \tag{9.3.9}$$

其中，态 $|\bar{0}\rangle_c$ 是经典码 $C[7,3,4]$ 所有偶重量码字的等权重叠加，每个码字的重量 $W \equiv 0 \bmod 4$，态 $|\bar{1}\rangle_c$ 是经典码 $C[7,3,4]$ 所有奇重量码字的等权重叠加，每个码字的重量 $W \equiv 3 \bmod 4$。可以得到对这个码的容错操作有如下 4 种。

1) 单量子比特逻辑 X 门操作

由于 $X|0\rangle = |1\rangle$，$X|1\rangle = |0\rangle$，因此对于等式（9.3.9）中的 $|\bar{0}\rangle_c$ 和 $|\bar{1}\rangle_c$，其中各个经典码字互相互补，因此有

$$\begin{cases} \bar{X}|\bar{0}\rangle_c = XXXXXXX|\bar{0}\rangle_c = |\bar{1}\rangle_c \\ \bar{X}|\bar{1}\rangle_c = XXXXXXX|\bar{1}\rangle_c = |\bar{0}\rangle_c \end{cases} \tag{9.3.10}$$

所以对于 7-位 CSS 码，逻辑非门是容错操作。

2) 单量子比特逻辑 H 门操作

由等式（9.2.31）可得

$$\begin{cases} |\bar{0}\rangle_c = \dfrac{1}{\sqrt{2}}(|0\rangle_c + |1\rangle_c) \\ |\bar{1}\rangle_c = \dfrac{1}{\sqrt{2}}(|0\rangle_c - |1\rangle_c) \end{cases} \tag{9.3.11}$$

其中，$|0\rangle_c$ 和 $|1\rangle_c$ 分别是 H 门作用在 $|\bar{0}\rangle_c$ 和 $|\bar{1}\rangle_c$ 后的态，即

$$
\begin{cases}
|0\rangle_c = H|\bar{0}\rangle_c \\
|1\rangle_c = H|\bar{1}\rangle_c
\end{cases}
\tag{9.3.12}
$$

又由 $HH = I$，可得

$$
\begin{cases}
H|0\rangle_c = \dfrac{1}{\sqrt{2}}(|0\rangle_c + |1\rangle_c) \\
H|1\rangle_c = \dfrac{1}{\sqrt{2}}(|0\rangle_c - |1\rangle_c)
\end{cases}
\tag{9.3.13}
$$

这表明对于 7-位 CSS 码，逻辑 H 门是容错操作。

3) 单量子比特逻辑相位门 S 操作

相位门 S 对态 $|0\rangle$ 的作用为 $S|0\rangle = |0\rangle$，对 $|1\rangle$ 的作用为 $S|1\rangle = i|1\rangle$，所以仅引入一个相位因子 i。7-位 CSS 码逻辑态 $|\bar{0}\rangle_c$ 中 $W \equiv 0 \mod 4$，逻辑态 $|\bar{1}\rangle_c$ 中 $W \equiv 3 \mod 4$，因此

$$
\begin{cases}
\bar{S}|\bar{0}\rangle_c = i^W|\bar{0}\rangle_c = |\bar{0}\rangle_c \\
\bar{S}|\bar{1}\rangle_c = i^W|\bar{1}\rangle_c = -i|\bar{1}\rangle_c
\end{cases}
\tag{9.3.14}
$$

这表明相位门对逻辑态的作用可以通过对逻辑态中的物理量子比特逐位执行相位门实现，所以对于 7-位 CSS 码，单量子比特相位门也是容错操作。

4) 双量子比特逻辑控制非门（CNOT）操作

由式（9.3.9）中的 $|\bar{0}\rangle_c$ 和 $|\bar{1}\rangle_c$，注意到叠加成量子态 $|\bar{0}\rangle_c$ 和 $|\bar{1}\rangle_c$ 的经典码字分别是 $C[7,3,4]$ 码的全体元素和 $C[7,3,4]$ 群码在 G_7 中以 $a = 1100010$ 为陪集首的那个陪集中的全体元素，即

$$
\begin{cases}
|\bar{0}\rangle_c = \dfrac{1}{2^{3/2}} \sum_{\omega \in C} |\omega\rangle \\
|\bar{1}\rangle_c = \dfrac{1}{2^{3/2}} \sum_{\omega \in C} |\omega \oplus a\rangle
\end{cases}
\tag{9.3.15}
$$

而控制非操作为

$$
|a, b\rangle = |a, a \oplus b\rangle
\tag{9.3.16}
$$

由于 C 是群码，因此对于任意的 $\omega' \in C$，$\omega' \oplus C$ 只是所有群元的一个新排列，存在 $\omega' \oplus C = C$。因此，两个编码块之间的逐位控制非门操作将执行如下变换：

$$
\begin{cases}
|\bar{0}\rangle_c|\bar{0}\rangle_c \xrightarrow{\underline{CNOT}} |\bar{0}\rangle_c \dfrac{1}{2^{3/2}} \sum_{\omega \in C} |\omega \oplus \omega'\rangle = |\bar{0}\rangle_c|\bar{0}\rangle_c \\
|\bar{0}\rangle_c|\bar{1}\rangle_c \xrightarrow{\underline{CNOT}} |\bar{0}\rangle_c \dfrac{1}{2^{3/2}} \sum_{\omega \in C} |\omega \oplus a \oplus \omega'\rangle = |\bar{0}\rangle_c|\bar{1}\rangle_c \\
|\bar{1}\rangle_c|\bar{0}\rangle_c \xrightarrow{\underline{CNOT}} |\bar{1}\rangle_c \dfrac{1}{2^{3/2}} \sum_{\omega \in C} |\omega \oplus a \oplus \omega'\rangle = |\bar{1}\rangle_c|\bar{1}\rangle_c \\
|\bar{1}\rangle_c|\bar{1}\rangle_c \xrightarrow{\underline{CNOT}} |\bar{1}\rangle_c \dfrac{1}{2^{3/2}} \sum_{\omega \in C} |\omega \oplus a \oplus \omega' \oplus a\rangle = |\bar{1}\rangle_c|\bar{0}\rangle_c
\end{cases}
\tag{9.3.17}
$$

这说明对于 7-位 CSS 码，两逻辑量子比特控制非门操作可对分别编码的两逻辑量子比特块中相应的物理量子比特逐位执行，因此是容错操作。

9.4　量子计算容错阈限定理

关于前面提及的量子纠错码和容错量子计算的讨论都基于以下假设：纠错过程中需要的辅助态制备、执行差错诊断的量子态测量和纠错操作都可以理想地执行，不会发生任何错误。在这样理想的情况下，当实际的出错率在纠错码的可控范围内时，可以保证量子计算正确地进行。但是，实际上并不能保证辅助态制备、差错诊断、纠错操作等都能正确地执行，执行这些操作的过程也会发生错误。由于现在引入的纠错码和容错技术越来越复杂，计算复杂度大大增加，因此导致引入的错误比能纠正的错误还要多，对于这样的情况，纠错技术就不能正确地执行计算。也就是说，在存在噪声的环境下，能否实现任意长的量子计算，或者说能否最终造出通用量子计算机即使在理论上也不是明显已经解决的问题。于是人们提出了量子计算容错阈限定理，这个定理从理论上回答了满足什么条件才可以造出真正的量子计算机。

由于量子系统会和周围环境发生相互作用，即使不对编码数据态进行任何操作，编码块中的物理量子比特也会因消相干而引起错误，这种静态消相干出错称为存储出错；当对编码数据态执行逻辑操作时，通常需要对编码块中的每个物理量子比特执行逻辑运算，在执行逻辑操作过程中引起的物理量子比特出错称为操作出错。

定义 9.2（基本出错率）　定义每个操作步骤中每个物理量子比特的出错率（包括存储出错）为 ε_0，称之为基本出错率。

基本出错率一般由量子计算机决定，包含硬件制造质量和技术水平、系统和特定环境的相互作用，以及执行操作的物理方法。如果物理量子比特的基本出错率超过使用的纠错码所能纠正的错误，则会导致编码数据态和逻辑操作出错。

定义 9.3（逻辑出错率）　编码数据态出错率或逻辑操作出错率也称实际出错率。

然而对于给定的基本出错率，该如何降低逻辑出错率？这需要通过适当的编码实现。为了保证逻辑运算可靠地进行，同时进一步降低对基本出错率的要求，保证计算可靠性，一个简单的想法是使用码距更大且能纠正更多错误的量子纠错码。但是对一般的纠错码，纠错需要的操作步数会随着码的纠错能力的增强而增大，最后增加的操作时间和操作出错数目仍然会导致逻辑出错率增大。也就是说，增大码的纠错能力不一定是一个可靠的方法。为了解决这一问题，人们提出了级联码。级联码可以使测量指错子所需的时间以及纠错所需的操作最大限度地并行进行，使纠错所需的时间能随着纠错能力尽可能地缓慢增加。

下面介绍级联码的相关知识。

级联码与一般的量子码不同，它具有分级结构。级联码使用某个量子码 $[[n, k, d]]$ 编码数据，第一级编码块中的每个物理量子比特在第二级中用一个新的编码块 $[[n_1, 1, d_1]]$ 代替；第二级块中的每个物理量子比特在第三级中用一个新的编码块 $[[n_2, 1, d_2]]$ 代替，直

到 $[[n_{l-1}, 1, d_{l-1}]]$ 构成一个 l 级级联码。

$$[[nn_1n_2...n_{l-1}, k, dd_1d_2...d_{l-1}]] \tag{9.4.1}$$

一共使用 $nn_1n_2...n_{l-1}$ 个物理量子比特编码 k 个逻辑量子比特，码距为 $dd_1d_2...d_{l-1}$。

为了分析方便，假设每一级、每个块都使用相同的码。举个例子，使用前面我们所用的能纠正一位错的 7-位 CSS 码，使用 7 个物理量子比特构成的块编码一个逻辑量子比特。使用 7-位 CSS 码构成级联码的示意如图 9.16 所示。

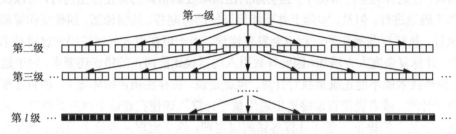

图 9.16　7-位 CSS 码的级联码示意

图 9.16 中，第一级表示为需要使用 7 个物理量子比特构成的块编码一个逻辑量子比特；第二级表示用 7 个物理量子比特块代替第一级中的每个物理量子比特；第三级表示用 7 个物理量子比特块代替第二级中的每个物理量子比特（图中只画出代替第二级中间块的 7 个物理量子比特块），直至级联到 l 级。图中表示前一级的一个量子位被后一级的一个量子位块代替，白色矩形只是为了说明级联结构虚拟的量子位，第 l 级中的各黑色矩形块才表示真实的物理量子比特。当使用 l 级级联码编码一个逻辑量子比特时，共使用 7^{l-1} 个块，每个块中有 7 个物理量子比特，所用物理量子比特的总数为 7^l 个。

使用纠错码时，如使用能纠正一位错误的 7- 位 CSS 纠错码编码一个逻辑量子比特，当发生一位出错的情况，码本身就可以自动纠正，只有两个或者两个以上的物理量子比特同时出错才会导致这个逻辑量子比特出错。因此，如果一个物理量子比特出错的概率是 ε，在独立出错假设下，则一个逻辑量子比特出错的概率为 ε^2 量级。对于级联码，一级块就是非级联的编码块，出错率是 ε^2 量级。由于块的自相似性，二级块中每个块出错的概率也是 ε^2 量级。与使用纠错码降低逻辑出错概率一样，只有两个或两个以上的二级块同时出错，才会导致编码在一级块中的逻辑量子比特出错，因此使用二级级联码的逻辑出错率是 $(\varepsilon^2)^2$ 量级。那么级联到第 l 级，实际出错概率将是 $(\varepsilon)^{2^l}$ 量级。假设平均每个编码物理量子比特块出错的概率为 $\varepsilon < 1$，通过级联码就可以降低实际的逻辑出错率。当 ε 足够小时，级联码的逻辑出错率将趋于 0。同时，级联码也会增加纠错操作的步数，延长纠错时间，但是每一级纠错操作都可以并行进行，纠错时间仅随着级联码的级数线性增加，l 级级联码的纠错时间仅仅是一级码纠错时间的 l 倍，这在一定情况下是可以接受的。

值得注意的是，上面级联码中每个物理量子比特的出错率 ε 和前面引进的基本出错率 ε_0 有很大的不同。这里的 ε 除了包括这个物理量子比特的存储出错和操作出错外，还包含在执行纠错和运算时需要引进辅助量子比特块、制备辅助态、执行复制出错信息操作、对辅助态进行测量等。

量子计算的精确阈限定理是研究量子纠错和容错理论的一个重要结果。

定理 9.2（量子计算的精确阈限定理） 若量子计算机硬件的基本出错率低于某个有限的精确度阈限值，则任意长度的量子计算都可以高精度地进行。

这个定理的证明思路就是要证明在对逻辑态执行任意一个容错逻辑门操作，并随之完成检错纠错和恢复操作时，对某个非零的基本出错率 ε_0，这个逻辑门操作失败的概率趋于 0。也就是说，如果确实存在一个非零的 ε_0，任意一个逻辑门操作都能成功执行，那么这个 ε_0 就是量子计算的精确性阈限。

量子阈限定理具有明显的理论和实际意义，只要基本出错率低于某一有限阈值，那么任意长的量子计算都可以可靠执行。就目前来讲，量子计算机的物理实现在理论上已经没有原则性困难，依据的就是这个量子计算的精确阈限定理，这个定理不仅在理论上肯定了量子计算机物理实现的可行性，而且给出了实现量子计算对量子计算机硬件的基本要求，指示出实现量子计算机的努力方向是从技术上降低基本出错率 ε_0，在纠错方法上尽量减少在给定 ε_0 的情况下逻辑出错的概率。量子阈限定理还给出了距离造出量子计算机到底还有多久的评估。

习题

1. 试验证下述的三量子比特比特翻转码的编码线路可按要求工作。

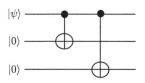

2. 试用显式计算证明，在两种方法导致相同的测量统计结果和测量后状态的意义下，在不计测量结果标号的情况下，测量由下式定义的 4 个投影算子与测量 $Z_2 Z_3$ 后测量 $Z_1 Z_2$ 是等价的。

$$P_0 = |000\rangle\langle000| + |111\rangle\langle111|$$

$$P_1 = |100\rangle\langle100| + |011\rangle\langle011|$$

$$P_2 = |010\rangle\langle010| + |101\rangle\langle101|$$

$$P_3 = |001\rangle\langle001| + |110\rangle\langle110|$$

3. 试证明检测 Shor 码中相位翻转差错的差错症状测量对应于测量观测量

$$X_1 X_2 X_3 X_4 X_5 X_6 \text{ 和 } X_4 X_5 X_6 X_7 X_8 X_9$$

4. (Shor 码) 试证明前三个量子比特中任意一个上的相位翻转恢复可以通过应用算子 $Z_1Z_2Z_3$ 实现。

5. 以前面内容所提到的 CSS 码为例，将状态 $\alpha|0\rangle + \beta|1\rangle$ 编码成 $\alpha|s_0\rangle + \beta|s_1\rangle$ 并通过信道发送。如果第三个量子比特发生比特翻转，试译码。

6. 以前面内容所提到的 CSS 码为例，将状态 $\alpha|0\rangle + \beta|1\rangle$ 编码成 $\alpha|s_0\rangle + \beta|s_1\rangle$ 并通过信道发送。如果第一个量子比特发生相位翻转，试译码。

7. 五量子位 Pauli 算子群 G_5 中的两个元素为 $M = XZYXI$, $M' = ZIXYX$, 求 MM'。

8. 设 S 为由元 $g_1, g_2, \cdots, g_l$ 生成的 G_n 的一个子群。试证明当且仅当 g_i 和 g_j 对每个对 i, j 为对易 S 的所有元对易。

9. 试证明三量子比特相位翻转码的稳定子由 X_1X_2 和 X_2X_3 生成。

10. 状态为 $|\psi\rangle$ 的一个未知量子比特，只应用两个受控非门就可以与状态为 $|0\rangle$ 的第二量子比特相对换，如下所示：

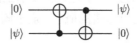

试证明：下面的只使用单个受控非门的两个线路，并有测量和经典的受控单量子比特运算也会完成相同的任务。

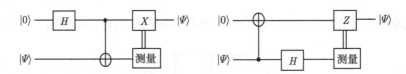

11. 考虑三量子比特比特翻转码具有相应的投影算子为 $p = |000\rangle\langle000| + |111\rangle\langle111|$，这个码针对的噪声过程具有运算元

$$\{\sqrt{(1-p)^3}I, \sqrt{p(1-p)^2}X_1, \sqrt{p(1-p)^2}X_2, \sqrt{p(1-p)^2}X_3\}$$

其中，p 为一个比特翻转的概率，注意这个量子运算不是保迹的，因为我们已经去掉了相对于两个和三个量子比特上的比特翻转的运算元。试验证这个码和噪声过程的量子纠错条件。

参考文献

[1] Steane A. Error Correcting Codes in Quantum Theory[J]. Physical Review Letters, 1996, 77(5): 793-797.

[2] Kitaev A Y. Quantum computations: algorithms and error correction[J]. Russian Mathematical Surveys, 1997, 52(6): 1191-1249.

[3] Knill E, Laflamme R, Viola L. Theory of quantum error correction for general noise[J]. Physical Review Letters, 2000, 84(11): 2525.

[4] Bennett C H, DiVincenzo D P, Smolin J A, et al. Mixed-state entanglement and quantum error correction[J]. Physical Review A, 1996, 54(5): 3824.

[5] 赵生妹, 郑宝玉. 量子信息处理技术 [M]. 北京：北京邮电大学出版社, 2010.

[6] Kitaev A Y . Fault-tolerant quantum computation by anyons[J]. Annals of Physics, 1997, 303(1): 2-30.

[7] Calderbank A R, Rains E M, Shor P W, et al. Quantum Error Correction and Orthogonal Geometry[J]. Physical Review Letters, 1997, 78(3): 405-408.

[8] 李承祖. 量子计算机研究 [M]. 北京：科学出版社, 2011.

量子密码学

　　量子保密通信是指利用量子的叠加态或者量子的纠缠效应等进行信息传输的一种新型通信方式，是量子论和信息论相结合的交叉研究领域，由量子力学的基本原理保证其信息传输的安全性。主要研究方向为量子隐形传态和量子密码学两大类，简单来讲，量子隐形传态可实现在不传输粒子本身的情况下将其量子态传输到另一个粒子上，而量子密码学主要基于量子力学的基本原理实现密码体制。与经典密码体制类似，量子密码学主要包括量子密码协议设计、量子密码协议攻击两大类。量子密码协议主要包括量子密钥分配、量子随机数发生器、量子秘密共享、量子保密查询等。量子密码理论攻击方法包括截获-测量-重发攻击、关联提取攻击、假信号攻击、纠缠附加粒子攻击、被动攻击、拒绝服务攻击等。与经典密码相比，量子密码协议攻击还包括对光源、信道、探测器等设备的攻击。

　　近年来，这门学科已经逐渐从理论走向了实验室，并且在快速向实用化应用发展，尤其是在我国多种政策的支持下，量子保密通信得到了蓬勃发展，在产业化和实用化方面领先于世界各国。由于量子保密通信具有能同时保证信息传输的高效性和安全性这一非常特殊的优势，所以各国非常重视这一领域的发展，因此这一领域也成为国际上量子物理和信息科学的研究热点。

10.1　量子密钥分配

　　自从香农（Shannon）证明了在合法通信双方通过安全的信道共享与明文等长且只使用一次的真随机密钥的情况下，"一次一密"密码体制在理论上可以达到无条件安全之后，各个领域的顶尖科学家都在寻找一种可以实现这一密码体制的有效方法。量子密钥分配（Quantum Key Distribution，QKD）便是量子信息领域由这一问题入手而发展起来的，它可以为合法的远程通信双方提供无条件安全的密钥协商手段，使得通信双方可以安全地共享密钥，这为"一次一密"密码体制创造了良好的条件。基于量子力学的基本原理，即量子态的不可克隆定理、量子力学不确定性原理、量子态测量坍缩原理等，QKD 的安全性不依赖于第三方窃听者的计算能力和存储能力，因此可以达到理论上的无条件安全。

目前，QKD 协议主要基于 BB84 协议的各种衍生版本，此类协议的安全性研究也是最为广泛和深入的。BB84 类协议理论有 3 种基础模型，即基于纠缠提纯、量子信息论和不确定关系的模型。首个 BB84 类协议是由 Bennett 和 Brassard 在 1984 年提出的 BB84 协议，该协议与六态协议等基于单光子的密钥分配协议被统称为 BB84 类协议。时至今日，已有很多单光子或多光子的 QKD 协议被提出，但 BB84 类协议依旧是 QKD 中最为基础和有效的一种密码协议。

基于 BB84 类协议的 QKD 步骤可以简单地分为量子部分和经典部分，顾名思义，量子部分负责有关量子比特的传输及测量，经典部分负责有关经典比特的传输及处理。具体来讲，首先量子部分需要产生真随机的初始密钥，再通过量子信道发送基于初始密钥编码后的量子态。经典部分则进行初始密钥的筛选、参数估计、纠错、保密放大等后处理工作。在此过程中，通信双方可以通过对密钥的比特误码率是否高于提前设定的安全界限决定是否放弃本次 QKD 过程产生的密钥。

10.1.1　BB84 类协议

接下来将对 BB84 类协议的步骤进行详细描述，一般地，我们用 Alice 代表合法通信双方的发送方，Bob 代表接收方，Eve 代表通信信道中的窃听者。进行安全性分析的一条前提是假设窃听者 Eve 拥有无穷的计算能力和存储能力，甚至拥有量子计算机和量子存储器。协议过程具体如下。

(1) 初始密钥的生成与分发：发送方 Alice 随机选择一组经典的二进制比特串 $x_1, x_2,$ $x_3, \cdots, x_n(x_i \in \{0,1\}, i = 1, 2, 3, \cdots, n)$ 并编码在量子态 $|\varphi_{j_1}^{x_1}\rangle, |\varphi_{j_2}^{x_2}\rangle, |\varphi_{j_3}^{x_3}\rangle, \cdots, |\varphi_{j_n}^{x_n}\rangle$ 上，其中，$j_1, j_2, j_3, \cdots, j_n$ 是 Alice 选取的编码的量子态的基矢。Alice 把编码后的量子态通过量子信道发送给 Bob。

(2) 测量：Bob 接收到 Alice 发来的量子态之后，也随机选取测量基 $k_1, k_2, k_3, \cdots, k_n$ 分别对量子态进行观测，并得到一组经典的比特串 $y_1, y_2, y_3, \cdots, y_n(y_i \in \{0,1\}, i = 1, 2, 3, \cdots, n)$。

(3) 初始密钥的筛选：Alice 和 Bob 分别公布自己所选取的测量基 j_i 和 k_i，并且双方约定只保留相同测量基得到的经典比特，丢弃其余测量结果。此时，Alice 和 Bob 保留下的比特串为生密钥，分别记为 $x_1', x_2', x_3', \cdots, x_{n'}'$ 和 $y_1', y_2', y_3', \cdots, y_{n'}'$，其中，$n' < n$。

(4) 窃听检测：Alice 和 Bob 从 n' 长的生密钥中选择 n'' 位公布，比对相应的比特值，计算比特误码率。若比特误码率高于提前设定的安全阈值，则放弃本次协议，否则认为此次传输安全，Alice 和 Bob 保留剩余的 $n' - n''$ 位比特。

(5) 纠错和保密放大：Alice 发送纠错信息 w 给 Bob，Bob 根据信息 w 对自己手中的比特串进行纠错，得到与 Alice 完全相同的比特串。为了使窃听者得到的信息可以达到指数级任意小量，Alice 和 Bob 共同随机选择一个普适的哈希函数 F，分别计算各自的哈希函数值 Z_S 和 $Z_{\hat{S}}$，并将其作为最终的安全密钥。

其协议过程可以总结为如图 10.1 所示的流程图。

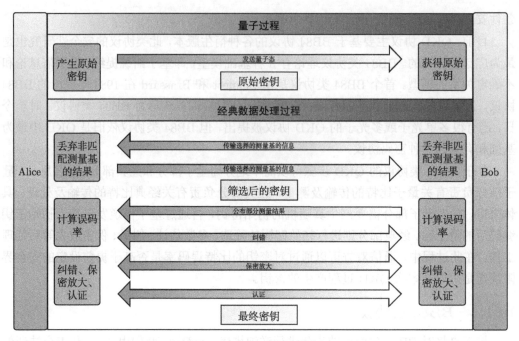

图 10.1　BB84 类协议流程

一个 QKD 协议的安全性通常由可构造安全性定义验证。若在任意攻击下 Alice 和 Bob 手中的密钥串都有 $Z_S = Z_{\hat{S}}$，则称 QKD 协议是正确的，实际应用时允许一定误差。若 $\Pr[Z_{\hat{S}} \neq Z_S] \leqslant \varepsilon_{cor}$，那么称 QKD 协议是 ε_{cor} 正确的。记 Alice 的密钥串 Z_S 和窃听者 Eve 手中的信息 E 的联合系统为 ρ_{SE}。如果密钥 Z_S 与任意独立、随机、无关的比特串是 ε_{Δ} 接近的，即

$$\frac{1}{2}\|\rho_{SE} - \omega_S \otimes \rho_E\|_1 \leqslant \varepsilon_{\Delta} \tag{10.1.1}$$

其中，ω_S 是 S 上的完全混合态，则称密钥 Z_S 相对 E 是 ε_{Δ} 保密的。进而若一个 QKD 协议以 $(1 - p_{abort})\varepsilon_{\Delta} \leqslant \varepsilon_{sec}$ 的概率输出 ε_{Δ} 保密的密钥，那么称 QKD 协议是 ε_{sec} 保密的，其中 p_{abort} 是协议放弃的概率。一个安全 QKD 协议需要同时满足"正确性"和"保密性"两个准则。若一个 QKD 协议是 ε_{cor} 正确的和 ε_{sec} 保密的，且有 $\varepsilon_{cor} + \varepsilon_{sec} \leqslant \varepsilon$，那么称 QKD 协议是 ε 安全的。

10.1.2　实际 QKD 系统安全性分析

QKD 系统的实际安全性分析一直是一个备受关注的研究方向，实际安全与理论安全之间存在差别的主要原因是实际 QKD 系统中采用的器件存在多种不满足理论模型要求的非理想特性，这些非理想性有可能导致器件响应上的误差、边信道信息的泄露甚至设备被远程操控，从而使 QKD 系统的安全性出现漏洞。窃听者利用这些漏洞可以在引入低于理论容限的误码率或不引入误码率的情况下获取部分甚至全部的密钥比特，因此其攻击行为难以被合法通信双方检测。如表 10.1 所示，接下来从非理想光源、有源光学器

件、无源光学器件三方面介绍 QKD 系统可能存在的漏洞。

表 10.1　实际系统的安全性分析和攻击方案

非理想光源	有源光学器件	无源光学器件
诱骗态技术	相位重映射攻击	被动法拉第反射镜攻击
光强涨落	不完全随机化相位攻击	波长相关分束器攻击
非可信光源	光强度调制器	
多激光器		

1. 非理想光源

理想的 BB84 协议要求使用单光子源，否则窃听者 Eve 可以采用光子数分离攻击的方法进行量子信道攻击。但是由于目前尚无真正可用的单光子光源，因此实际上 QKD 系统一般会使用弱相干光源，结合诱骗态方法抵御光子数分离攻击，下面以弱相干光源为重点，讨论非理想光源给 QKD 系统安全带来的影响。

1) 诱骗态技术

诱骗态技术可以保证实际系统在使用弱相干态光源时也可以生成密钥比特，其核心思想利用了窃听者无法区分进入信道的光子来自信号态还是诱骗态。Lo 和 Wang 等人证明了诱骗态量子密钥分配协议在假设密钥无限长的条件下的安全性，其密钥率公式为

$$R \geqslant \frac{1}{2} \left[Y_1 P_1 (1 - h(e_1)) - Q_u h(E_u) \right] \tag{10.1.2}$$

其中，R 是最终的密钥率，$1/2$ 是对基过程中的筛选效率，Y_1 是单光子态的计数率，P_1 是发送端单光子态的概率，e_1 是单光子态引入的比特误码率，Q_u 是信号态的计数率，E_u 是信号态的误码率。

2) 光强涨落

在对诱骗态技术生成的密钥率进行理论计算时，必须假设信号态和诱骗态的振幅值是稳定且可知的。但在实际实验中，由于量子波动和调制设备非理想等因素，光源输出的光强存在随机涨落，会引起信号态与诱骗态的振幅与期望值发生不可预知的偏离，从而导致密钥率的计算出现误差。此时可将光强的涨落等效为光强调制误差，结合诱骗态技术仍能保证协议的安全性并维持较高的密钥生成率。

3) 非可信光源

在双向 Plug-and-play 式 QKD 系统的安全性分析中，光源在调制为单光子态之前要经过信道的传输，信道中传输的光源被认为是可完全由窃听者 Eve 控制的，窃听者可以通过改变光子数的分布获取更多的密钥信息。通过实时主动地监控光源光子数分布，能够保证使用不可信光源的 QKD 系统的密钥生成率对比可信光源系统无明显降低。相比主动监控，当信道信噪比不太低时，使用被动光子数分析是解决不可信光源问题的一个较易实现且高效的方法。

4）多激光器

在一些 BB84 协议的实际编码实现方案中，为了简化调制步骤，Alice 会采用多台激光器制备 4 种偏振态。然而，即使是相同型号的激光器，每一台之间总会存在各种各样的微小差别。依靠这些细微的差别，窃听者可以通过分析光频谱辨别信道中传播的光子是由哪一台激光器发出的，从而掌握 Alice 的选基信息。因此与单激光器方案相比，多激光器方案会给窃听者引入更多的信息量。

2. 有源光学器件

在实际 QKD 系统中，常用的有源光学器件有相位调制器、光强调制器、光纤拉伸器等。以下讨论实际相位调制器以及光强调制器的非理想性给 QKD 系统安全造成的影响。

1）相位重映射攻击

相位调制器通过控制加载电压的大小调制出相应的相位，窃听者可以通过控制延时使脉冲到达相位调制器的时间刚好处在调制电压的上升沿或下降沿区间，从而使实际调制的相位值小于 Alice 的预期值。利用这一漏洞，窃听者可以对 Plug-and-play 和 Sagnac 系统实施相位重映射攻击，从而获取全部密钥信息。

2）不完全随机化相位攻击

对于使用弱相干光源的 BB84 协议的 QKD 系统而言，相位随机化是实现诱骗态技术的一个重要假设。相位随机化要求对每个弱相干态加载的随机相位在 $[0, 2\pi]$ 范围内选取。若选取范围小于 $[0, 2\pi]$（即不完全随机化），则窃听者有可能窃取密钥信息。

3）光强调制器攻击

通过在光强调制器上加载不同的电压可以控制输入光强的透过率。在一些 QKD 系统中，为了提高效率，Alice 会同时制备 BB84 协议里所需的 4 种态，然后通过光强调制器消去其中 3 种，剩下一种作为被选中的信号态发送给 Bob。由于光强调制器的消光比有限，因此本应被消去的 3 种态会存留一定的光强叠加在信号态中，形成本底噪声，从而增加了 QKD 系统的误码。

3. 无源光学器件

在全光纤 QKD 系统中，常用的无源光学器件有光纤分束器、光纤偏振分束器、法拉第镜、环行器、波分复用器等。下面讨论法拉第反射镜和光纤分束器的非理想性给 QKD 系统安全造成的影响。

1）被动法拉第反射镜攻击

在 Plug-and-play 系统中，法拉第反射镜能够起到补偿信道对信号态产生的偏振干扰的作用，它是让系统能够稳定工作的一个重要部件。非理想的法拉第反射镜在反射出来的线偏振光相对入射时偏振旋转的角度上可能存在偏差，这一偏差使窃听者能更好地估计 Alice 的调制信息，从而在截取重发攻击中引入的误码率小于 25%。

2）波长相关分束器攻击

几乎所有 QKD 系统的设计都会用到光分束器。在对 QKD 系统的实际安全性分析中，光纤分束器的分束比一般被假定是固定不变且不能被窃听者更改的。但是通过理论计算和测试验证可以发现，某些常用的光纤分束器的分束比会随输入光波长的改变产生周期性的变化。利用光纤分束器的波长相关特性，窃听者可以通过发送不同波长的伪造态控制 Bob 的测量基选择，从而迫使 Bob 每次都得到与窃听者相同的选基和响应。

4. 不完美探测器

为实现长距离密钥分配，光纤 QKD 系统通常用超导纳米线探测器或基于 InGaAs/InP 雪崩管的红外单光子探测器。后者具有量子效率较高、结构简单、使用方便等特点，因此在实际 QKD 系统中被广泛使用。基于 InGaAs/InP 雪崩管的探测器在门控模式下，探测器只有在门信号期间才能进行有效探测，其探测效率会随光子到达时间发生改变，这种效率变化在特定条件下会成为攻击漏洞。在正常工作条件下，只要有单个光子到达探测器，探测器就会输出一次雪崩信号。然而，单光子探测器也会对强光信号进行响应，攻击者使用强光信号也可以使得单光子探测器产生特定的输出，从而进行攻击。由于 InGaAs/InP 雪崩管固有的半导体结构缺陷会捕获载流子，并在没有光子到来时释放，进而产生雪崩信号，因此该器件在正常的探测信号之后容易产生虚假的探测脉冲输出，这被称为后脉冲效应。为了减小后脉冲效应，在一次有效探测之后，需要设置一定的死时间，以减小虚假探测脉冲发生的概率。攻击者则可以将死时间作为漏洞进行攻击。

1）探测效率时域不匹配

实际系统中，探测器效率是时间的函数。Eve 可利用此漏洞截取 Alice 发送的量子态，随机选择基测量，根据测量结果，Eve 选用与测量时相反的测量基和测量结果重新制备一个量子态。这种攻击将引入 25% 的误码，并且受条件的限制，该攻击无法具体实验。随后，时移攻击被提出。在这种攻击中，Eve 不需要测量制备量子态，只需要随机改变 Alice 发出的量子态到达 Bob 端的时间。理论上，该攻击不会引入误码，但在效率部分不匹配的情况下可获得部分密钥信息。针对 ID500 型商用 QKD 系统，Eve 能够以 4% 的概率成功获取部分密钥。

2）探测器工作模式是线性的

QKD 系统所用的单光子探测器处于线性模式时不会响应单光子信号，但能响应一定功率的强光信号。利用连续的强光致盲探测器，可以使其一直工作在线性模式。实际系统中，通常将开门时间前后区域发生的计数也作为正常计数，这使得可以在紧邻门之后输入强光脉冲以实施攻击，当然这会引入很强的后脉冲效应。如果系统在死时间内仍然接收计数并重设死时间，那么 Eve 就可以利用此漏洞使 Bob 的探测器在大部分时间内处于死时间状态，这样实施的攻击也可以减小后脉冲的影响。

3）探测器存在死时间

探测器的死时间效应使得 Eve 能够操纵探测器的探测效率以实施死时间攻击。此攻击不需要截取量子态，只需要在信号脉冲前面注入一个衰减的攻击脉冲（脉冲强度需使除了需要的探测器外其他的探测器都能被致盲），利用探测器的死时间效应就能获取全部密钥信息。该攻击方案对几乎所有的 QKD 系统都有效。以 BB84 偏振编码为例，具体方法为：Eve 将衰减的光脉冲调制在协议所使用的 4 个偏振态之一，先于 Alice 发送的信号态到达 Bob 端的探测器，根据脉冲的强度和偏振，Bob 有一定概率探测到 Eve 发送的脉冲，这样 Eve 就部分致盲了 Bob 的探测器。随后而至的量子态只能在没有被致盲的探测器上有响应。值得注意的是，当致盲脉冲的强度比较低时，Eve 成功的概率也比较低，可以通过控制脉冲的强度提高获取密钥信息的概率。

在实际应用中，研究者不仅需要考虑理论上的理想状态，更需要关注实验器件中的各种非理想状态。对量子器件的考虑需要根据其光源、有源和无源，以及单光子探测等方面的非理想特性分析和研究实际量子密钥分配系统的安全性。无论是理论还是器件的安全性，密码分析工作还远远不够。以上的总结也许并不完善，但希望能引起更多量子密码研究者的关注，进一步提高量子密码分析工作的水平，为量子密码实用化进程带来有效的推动作用。

10.1.3　产业化现状

量子信息技术已经成为信息通信技术的演进和产业升级的热点之一，在国际社会上引起了高度重视。随着量子信息技术的发展，量子信息技术的标准化研究必将是各国力争的制高点。国际化标准组织纷纷成立量子信息技术相关研究组和标准化项目制定组，开展相应的标准化制定工作。欧洲电信标准化协会（ETSI）成立 ISG-QKD 标准组，已经发布了包括术语定义、系统器件、应用接口、安全证明、部署参数等技术规范。

我国在这一方面也在积极推动相应的工作，除了派遣国内的专家积极参与国际标准化组织和国际电工委员会的第一联合技术委员会（ISO/IEC JTC1）所成立的量子计算研究组（SG2）和咨询组（AG），还推动 ITU-T 成立面向网络的量子信息技术研究焦点组（FG-GIT4N），全面开展量子信息技术标准化研究工作。

在量子保密通信网络建设和试点应用方面，我国一直以来都具备较好的研究基础和实践经验的积累。2017 年，我国通信标准化协会（CCSA）成立量子通信与信息技术特设任务组（ST7），主要任务是开展量子通信和网络以及量子信息技术关键器件的标准研究。对于量子保密通信术语定义和应用场景、QKD 系统技术要求、测试方法和应用接口等国家标准和行业标准的制定，该任务组也积极开展相关工作。2019 年 1 月，量子计算与测量标准化技术委员会（TC578）正式成立，计划开展量子计算和量子测量领域的标准化研究工作。同年 9 月，FG-QIT4N 在电信标准化顾问组（TSAG）全会期间正式成立，由中、俄、美专家共同担任主席，计划在焦点组研究期内对 QKD 网络和 QIN 等相关议题开展标准化预研，为 ITU-T 下一个研究期的量子信息技术标准的研究工作奠定基础并提出建议。

在未来，国家科技的发展、新兴产业的培育、国防科技建设以及国家经济建设等领域，量子信息技术都必将产生非常重大甚至颠覆性的影响。随着对量子信息技术的深入研究，第二次量子科技革命的爆发将不再遥远，而这次爆发的主角是以量子计算和量子通信为主的量子信息技术。这时候，世界各国都面临前所未有的机遇和挑战，做好准备、在机遇和挑战中不断胜出、蓬勃发展是我们所要努力实现的目标。

10.2 量子随机数发生器

在现代社会中，随机数在很多领域有重要应用，例如密码学、仿真、博彩业和基础的物理学检验，这些应用依赖于随机数的不可预测性。然而在经典力学过程中，这一特性无法被保证。例如在计算机科学中，随机数由一个确定的算法和一串随机种子产生。尽管输出的随机数序列看似是一个均匀的 0-1 分布，但实际上它们有很强的自相关性，并且是可以被预测的。当这样的伪随机数用于上述的应用中时，会产生安全性隐患。

而当伪随机数的随机性受到各种先进算法强有力的挑战时，我们可以通过量子物理过程产生真随机数。真随机数通常基于物理系统并具备不可预测性、不可重复性和无偏性等特征。与通过复杂度在计算机上生成的伪随机数不同，真随机数即使在拥有无限计算资源的量子计算机的情况下也不会被成功预测。真随机数发生器通过测量无法预测或至少很难预测的物理过程，并利用结果产生随机数序列，而研究高能低耗的量子随机数发生器已成为时代的选择。

量子随机数发生器是依据量子力学的概率性本质设计和运行的，是采用量子随机源产生量子信号，然后对量子信号进行采样并经过一定的后处理过程得到的。量子力学的概率性本质从根本上保证了随机序列的不可预测和不可再生性，天然满足真随机性的所有要求。量子随机数是物理真随机数发生器的一种，被学界广泛认为是真随机数，非常适合量子密钥分配等对安全性要求较高的领域。

一个物理系统的状态可以被制备为一个叠加态。在 Stern-Gerlach 电子自旋实验中，假定自旋沿竖直向上和竖直向下方向，如果电子一开始是 2 个方向的叠加，则对电子自旋的探测破坏电子一开始所处的叠加态的相干性，因此测量结果具有真随机性。根据 Born 规则，量子态的测量结果本质上是随机的、不可预测的，也就是说我们不可能有比盲目猜测更好的预测方法，因此可以利用量子测量中的固有随机性产生真随机数。

在量子力学中，量子相干性可以被看作一种资源，测量过程可以破坏某一测量基矢上被测量子态的相干性，从而产生与消耗的量子相干性等量的随机性。反过来，量子相干性可以由内在随机性量化。基于量子力学原理，人们开发了多种量子随机数发生器。

10.2.1 量子随机数发生器分类

一个典型的量子随机数发生器包括一个可以产生良好量子态的源（称为熵源）和一个相应的探测器两部分。真正的随机性可以通过任何破坏量子相干叠加性质的方法获得，根据对设备的可信度量子随机数发生器可分为 3 种类型：实用型量子随机数发生器、自检测量子随机数发生器及半自检测量子随机数发生器。

1. 实用型量子随机数发生器

实用型量子随机数发生器需要完全可信任的设备，由于光学器件品质高，并且有集成到芯片上的潜力，目前大多采用光学系统实现：通过单光子探测器对量子态或量子比特路径或位置的测量获得随机比特，此外还有通过记录随机光子到达时间或探测光子位置产生随机数等方案。除了单光子探测器外，也有基于相干探测实现量子随机数的发生系统，例如，基于真空涨落和基于自发辐射是通过破坏相干性产生量子随机性，具体如下。

1）单光子探测方法

该方法可通过直接对量子比特状态的测量产生量子随机比特，例如，对在测量基矢（Z 基矢，$|0\rangle$ 和 $|1\rangle$ 是 Z 的本征基矢）下的叠加态 $|+\rangle = (|0\rangle + |1\rangle)/\sqrt{2}$ 利用 Z 基测量产生量子随机数，如图 10.2(a) 所示。我们可以以光的偏振编码为基础产生量子随机数。此处的 $|0\rangle$ 和 $|1\rangle$ 分别表示垂直和水平方向的偏振状态，而 $|+\rangle$ 表示 45° 方向的偏振状态；或者可以通过测量量子态通过光的路径编码，如图 10.2(b) 所示，用 $|0\rangle$ 和 $|1\rangle$ 分别表示光子通过路径 R、T 的状态。这种量子随机数方法的最大优点在于其直接依赖于一个简单清晰的量子力学原理，因而理论上简单易懂。这种方法被早期的量子随机数发生器方法广泛采用。但是，每测量一个光子，我们只能获得 1 比特的随机数，其速率主要受到探测器参数的限制，例如探测器的死时间、探测效率等。

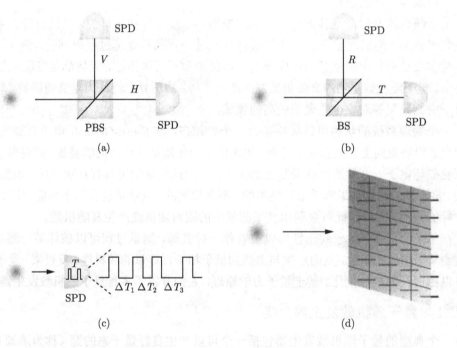

图 10.2　单光子探测方案；(a) 测量光子偏振的随机数发生器；(b) 测量光子路径的随机数发生器；(c) 测量光子到达时间的随机数发生器；(d) 测量光子空间模式的随机数发生器

另一种提高随机数产生速率的方法是通过在更高维的空间上进行测量获得随机数，比如测量光子的时间（如图 10.2(c) 所示）或者空间模式（如图 10.2(d) 所示）。在这种方法中，连续光波模式的激光器射出光子，入射到一个具有时间分辨率的单光子探测器中。激光的强度能够被准确地控制，以确保在一个选定的时间周期以内探测到的光子数期望为 1。而探测到单光子的时间 t 在时间周期 T 以内是均匀分布的，并且会被时间探测精度 δ 离散化。探测时间 t 被记录下来，成为随机数的原始数据。那么对于每次探测，我们

可以产生 $1b(T/\delta_t)$（单位为 b）的原始随机数。时间探测产生随机数的重要优势在于，通过每一次测量，我们可以提取超过 1b 的量子随机数，这样可以提高随机数的产生速率，缓解了探测器死时间造成的影响。基于空间模式探测的方法和基于时间探测的方法具有类似的性质，不过其需要多个探测器。通过一个具有空间分辨率的探测系统探测一个光子的空间模式，我们可以产生多比特的随机数。一个简单的空间探测可以通过让光子经过 $1 \times N$ 分束器探测出射光子的路径实现。

　　随机性不仅可以从测量单光子中产生，也可以从包含多个光子的状态中产生。比如，量子相干态 $|\alpha\rangle = e^{-|\alpha|^2/2} |\alpha|^n \sum_{n=0}^{\infty} |n\rangle / \sqrt{n!}$ 是由不同的光子数态 $\{|n\rangle\}$ 叠加而成的（其中 n 表示光子数，$|\alpha|^2$ 表示相干态平均光子数）。那么，通过一个具有光子数分辨能力的探测器测量激光产生的相干态脉冲的光子数，我们就可以获得满足泊松分布的随机数。

　　2）宏观的光探测器

　　除了单光子探测器，高品质的宏观光子探测器也被广泛采用，如图 10.3 所示。这里我们介绍两种通过宏观光子探测器产生量子随机数的发生器：基于真空涨落和基于自发辐射产生量子随机数。在量子光学中，真空态在相空间中的振幅和相位的正交分量由一

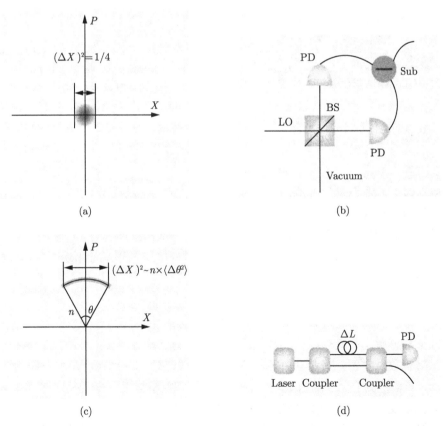

图 10.3　宏观光子探测方案：(a) 真空态在相空间中的表示；(b) 测量真空态正交分量的随机数发生器；(c) 测量部分相位随机化相干态的正交分量；(d) 测量激光相位噪声的量子随机数发生器

对不对易的算子 X, P 表示，其满足 $[X, P] = i/2$，这一对物理量不能同时被精确地探测，即 $\langle(\Delta X)^2\rangle \times \langle(\Delta P)^2\rangle \geqslant 1/16$，其中 $\langle O\rangle$ 为算子的均值，$\Delta O = O - \langle O\rangle$ 为偏差。在相空间中，真空态表示为一个二维的高斯分布，其中心位于原点，其在每一个方向上的不确定性都是 1/4。所以我们可以通过测量任意的相空间正交分量获得高斯分布的随机数。这种方案的优点是真空态作为光源容易进行高保真度的制备；该方案下的量子随机数发生器对探测器的缺陷不敏感；通过一次测量可以提取多个比特的随机数；其劣势是技术上对于构造一个宽频带、散粒噪声限制的零差探测器仍有困难。

为了克服散粒噪声限制下的零差探测中的带宽限制的问题，研究者开发了新型的基于测量放大的自发辐射的相位或者振幅涨落（具有量子的随机特性）产生量子随机数的方案。基于测量的自发辐射的相位噪声的方案通过测量"相位随机化的弱相干态"在相空间的正交分量产生，这种方案对探测器的噪声较有免疫。另外，利用干涉仪测量激光器自发辐射的相位涨落，可以通过探测在时间段内的相位差产生随机数。实用型量子随机数发生器的速度快，但是由于输出的随机性依赖于所使用的光学设备，当实际设备偏离理论模型时将影响输出的随机性，进而影响输出结果的随机性，存在安全隐患。

2. 自检测的量子随机数发生器

自检测的量子随机数发生器的随机性是独立于设备实现的，可以通过自检测过程通过观测 Bell 不等式的违背产生随机数。Bell 不等式检测需要一定的随机性输入，尽管输入的随机性可能是有偏的、不完全随机的，但如果我们充分信任输入的随机性，就可以通过检测 Bell 不等式违背产生更多的随机性，这种方案称为随机性扩张。在自检测量子随机数发生器方案中，如果假设 Bell 不等式检测的输入是完全随机的，那么输出的随机性也可以由 Bell 不等式的违背保证。反之，如果所有输入都是被事先决定好的，那么即便不存在纠缠或非局域性，贝尔不等式也可以被任意违背，这样一来，所有的自检测量子随机数发生器方案都是无效的。我们假设敌人掌握了部分输入的信息伪造贝尔不等式的违背，输入的随机性不完全可信，这种由部分随机性产生接近均匀分布的完全随机性的协议被称为随机性放大，在经典力学中，这样的协议是不可能实现的。自检测量子随机数发生器具有较高的安全性，但是其产生随机数的速率很低。自检测随机性扩张方案的实验实现需要克服某些漏洞：离子阱系统针对探测器的漏洞，利用光学系统克服局域性漏洞。

3. 半自检测的量子随机数发生器

半自检测的量子随机数发生器是部分信任设备的：有不信任随机源而只信任测量装置的方案称为源无关量子随机数发生器及不信任测量设备而只信任随机源的测量设备无关量子随机数发生器，或者附加某些条件的方案都归为半自检测方案。相较于其他两类发生器，半自检测的量子随机数发生器兼有实用型随机数发生器的高产生速率和自检测量子随机数发生器的较高安全性。其中，源无关量子随机数方案需要一段随机种子作为随机性输入决定所做的测量，以防御被敌手控制的源的攻击；测量设备无关的量子随机数发生器则需要一些辅助量子态检测不被信任的测量设备。这两种方案优劣互补，各有特色。半自检测的量子随机数扩张相对于自检测方案的优势在于不需要量子纠缠,比较容易实现,但非完美探测效率会限制其可行性。

上述各种量子随机数发生器方案都利用了量子力学的固有属性——随机性,通过测量量子态产生随机数。

10.2.2　随机数的后处理

一般来说,我们从熵源采集到的量子随机比特,即初始数据是不能直接应用的,原因主要有两个方面:一是一般情况下,量子随机噪声并非均匀分布,而是高斯分布或者其他分布;或者即使量子随机源给出的随机信号服从均匀分布,但由于测量方法非线性变换,导致测量后采集到的初始数据不服从均匀分布,因此必须对采集到的数据进行一定的后处理,通过有安全保证的数学手段将非均匀分布转换为均匀分布;二是经典物理过程对量子随机信号的干扰是无法根本消除的。在对量子随机信号进行测量和采集时不可避免地要受到经典噪声的影响。为了消除经典噪声的影响,需要对量子随机性进行评估,并用后处理过程将其消除。

因此,量子随机数发生器必须经过后处理,其主要作用在于从初始数据中提取出真随机数。后处理过程一般分为随机性评估和随机性提取两部分。

1. 随机性评估

量子随机性评估在量子随机数发生器后处理过程中是十分重要的,在大多数产生速率较高的量子随机数发生器方案中,科研工作者倾向于认为量子随机数发生器的作用是输出与经典噪声没有相关性的随机比特序列,而不是从经典噪声背景中解调出量子随机信号,量子力学机制的主要作用在于保证输出数据的安全性。这种类型的后处理过程通常都基于以下假设条件:

假设 10.1　量子噪声和经典噪声是相互独立、互不相关的。

假设 10.2　若采集到的原始数据是 Y,这其中量子噪声给出数据 X,经典噪声给出的数据为 E,那么 $Y = X \oplus E$。

在一些量子随机数产生方案中,常采用最小熵方法为后处理函数提供参数,最小熵方法对于高斯分布、泊松分布等非均匀分布可以起到很好的作用。下面介绍最小熵评估法。熵表征了一个系统的混乱程度,熵越大意味着系统的随机性越高。

熵的计算公式为

$$H_n = -\sum_i p_i \log_2 p_i \tag{10.2.1}$$

其中,n 表示数列的位数,p_i 表示第 i 个数据出现的概率,即 0 或 1 出现的概率。

最小熵的定义由下式给出:

$$H_\infty(X) = -\log_2 \left(\max_{x \in \{0,1\}^n} \Pr[X = x] \right) \tag{10.2.2}$$

其中,x 表示二进制数据分布 X 中的一个元素,n 表示 X 中的元素是 n 位二进制位数,$\Pr[X = x]$ 表示元素 x 在 X 中的概率。

2. 随机性提取

后处理过程的目的在于提高数据序列的随机性，减少其相关性。量子随机性提取是数据后处理的实际操作阶段，其实现方式有很多种，目前在关于量子随机数发生器的文章中出现得较多的方式包括异或处理、差分处理、哈希函数和随机性提取函数等。下面简单介绍异或处理和差分处理。

异或处理是最简单的一种后处理手段，它并不需要对量子随机性进行仔细的定量，而是默认初始数据的一半作为最终的量子随机数，具体原理是将两路互相独立、长度相等的初始随机序列在对应位上进行异或运算，得到的另一路等长的随机序列作为最终的随机序列。异或操作的真值表如表 10.2 所示。

表 10.2　异或运算真值表

X_1	X_2	$X_1 \oplus X_2$
0	0	0
0	1	1
1	0	1
1	1	0

通过异或操作可以很有效地减小随机序列中"0"和"1"的偏差，具体原理如下。

假设随机序列 1 中"0"出现的概率对 $\frac{1}{2}$ 的偏离为 Δx，则此序列中"0"出现的概率 $p_1(0) = 0.5 + \Delta x$，"1"出现的概率为 $p_1(1) = 0.5 - \Delta x$。同理，随机序列 2 中"0"出现的概率对 $\frac{1}{2}$ 的偏离为 $-\Delta y$，则此序列中"0"出现的概率 $p_2(0) = 0.5 - \Delta y$，"1"出现的概率为 $p_2(1) = 0.5 + \Delta y$，那么经过异或处理后，"0"和"1"对 $\frac{1}{2}$ 的偏离为 $2\Delta x\Delta y$，而 $\Delta x > 2\Delta x\Delta y$ 且 $\Delta y > 2\Delta x\Delta y$，即"0"和"1"的偏差缩小。

差分处理其实也是一种异或处理手段，所不同的是进行异或的对象是随机序列与其延迟序列，其工作原理如下：假设初始数据序列中"0"的概率为 p，"1"的概率为 $1-p$，将此序列与它的延迟序列进行一次异或，得到的结果是 $p(0) = p^2 + (1-p)^2, p(1) = 2p(1-p)$，由此类推，当进行了 n 次异或运算后，$p(0) = \frac{1}{2}[1 + (2p-1)^{n+1}], p(1) = \frac{1}{2}\left[1 - (2p-1)^{n+1}\right]$，由于 $|2p-1| < 1$，因此进行多次延迟异或后，"0"和"1"的概率相差无几。在实际使用中，还会常常需要改变延迟以进行多次的独立差分处理，然后把各个差分处理的结果再进行异或运算，进一步提高数据的随机性。

另一方面，异或运算不仅可以用来均衡数据序列中 0 和 1 的比例，也可以优化随机序列的相关性。一些量子随机数发生器就专门利用异或运算降低数据序列的相关性。

10.2.3　产业化现状

量子随机数发生器是基于量子物理原理或量子效应而产生真随机数的系统，比特率是量子随机数发生器最重要的指标。早期的量子随机数发生器利用单光子路径选择方案，比特率仅为 4Mb/s。为了获得高比特率的量子随机数，近年来科学家提出了各种方案，例如单光子到达时间测量方案可以把比特率提高至 100Mb/s 量级。

2010 年，比利时物理学家 Pironio 和同事采用自检测量子随机数发生器，利用纠缠粒子的随机性和非局域性属性实现了针对经典敌人的随机性扩张方案。研究人员首先在理论上证明了一个"贝尔不等式"的破坏意味着新的随机性的产生，它独立于任何实现细节，他们用一个实验阐释该方法，验证了他们的理论：产生了 42 个新的随机位。研究人员认为，这项研究可用于设计出真正的无法预测的随机数生成器。2012 年，加拿大多伦多大学 Lo 小组实现了 6Gb/s 的量子随机数发生器系统。澳大利亚国立大学的科学家从真空中的亚原子噪声中获取随机数：通过监听真空内亚原子粒子涨落产生的噪声建造出了当时世界上最快的随机数发生器。从量子力学角度出发，我们知道亚原子对会持续自发地产生和湮灭，即使是在真空中也一样。研究小组开发了可以通过激光监听真空中随机噪音的工具，以产生真正的随机数。2013 年，北京大学信息科学技术学院郭弘课题组研究真随机数技术发生器，实现了真随机数序列的速率达到 1012Gb/s。2014 年，瑞士日内瓦大学以 Bruno Sanguinetti 为首的研究者发现了怎样通过一款普通的智能手机生成纯正的量子随机数的方法，他们成功使用一台诺基亚 N9 智能手机生成了随机性相当强的量子随机数。这个发现将有可能给信息安全领域带来又一次重要的技术变革。他们表示，这种新的技术将能够以 1Mb/s 的速率生成量子随机数，这个产生速度已经适用于大部分安全应用。2015 年，中国科学技术大学潘建伟、张军等和英国牛津大学的同事合作，通过测量激光器相位涨落实验实现了 68Gb/s 的高速量子随机数发生器，该成果为未来超高速量子密码系统的量子随机数需求提供了可行的解决方案。2017 年，在第四届世界互联网大会上，中国电科集团发布了高速量子随机数发生器，该发生器的实时产生速率超过 5.4Gb/s，极限值突破 117Gb/s，刷新了此前高速量子随机数发生器的纪录，为世界之最。

随着波导管技艺的发展，我们期待在未来几年性能优良的芯片化量子随机数发生器可以问世。同时，随着半自检测方案的进一步研究，量子随机数发生器在经典噪声和设备缺陷的影响下可以更加稳定。随着 SPD 技术的发展（主要是探测器效率），自检测方案有可能实现实用化，这是未来的一个发展方向。在理论层面，自检测量子随机数发生器的研究提供了稳定的不依赖设备的随机数生成方案。在最近的克服各类漏洞的 Bell 不等式检测实验中，输入的随机性是由量子随机数发生器提供的，也有人提出利用探测宇宙射线中的光子为 Bell 不等式检测提供随机性输入，研究量子随机数发生器将有望打造出一次一密的、不可破译的密码体系。

参考文献

[1] Bennett C H, Brassard G. Quantum cryptography: Public key distribution and coin tossing[J]. 1984, https://arxiv.org/abs/2003.06557.

[2] Scarani V, Bechmann-Pasquinucci H, Cerf N J, et al. The security of practical quantum key distribution[J]. Reviews of modern physics, 2009, 81(3): 1301.

[3] 温巧燕, 郭奋卓, 朱甫臣. 量子保密通信协议的设计与分析 [M]. 北京：科学出版社, 2009.

[4] 李宏伟, 陈巍, 黄靖正, 等. 量子密码安全性研究 [J]. 中国科学：物理学　力学　天文学, 2012, 42(11): 1237-1255.

[5] 周泓伊, 曾培. 量子随机数发生器 [J]. 信息安全研究, 2017, 3(1): 23-35.

[6] Wayne M A, Jeffrey E R, Akselrod G M, et al. Photon arrival time quantum random number generation[J]. Journal of Modern Optics, 2009, 56(4): 516-522.

安全量子计算

　　量子计算已经进入了加速发展期，科技巨头如 Google 和 IBM 等正在大力研发通用量子计算机，虽然至今仍没有研制出真正意义上的通用量子计算机，但关于量子计算的实验方案不断被提出，许多量子系统都曾被作为量子计算机的基础架构，例如光子的偏振、空腔量子电动力学、离子阱以及核磁共振等，其中以离子阱与核磁共振最具可行性。量子计算机一旦研发成功，将可能具有比现有超级计算机更强大的计算能力。虽然量子算法的出现威胁了经典信息处理方式的安全性，但量子技术同时为安全信息通信提供了新的研究方向。

　　自 20 世纪 80 年代以来，研究学者提出了一系列以量子力学原理为基础的密码协议，并在理论上证明了有些协议的无条件安全性，量子密码协议的安全性主要由量子力学不确定性原理和不可克隆定理保证。量子通信是利用量子纠缠效应进行信息传递的一种新型通信方式，主要涉及量子保密通信、量子隐形传态和量子超密编码等。构造成熟的量子计算机还需要相当长的一段时间，由于量子资源是有限的，因此即使研制出来，也只有少数机构或政府才可能拥有量子计算机，这在很大程度上限制了普通用户的量子能力。除此以外，有些公司已经在尝试开放量子计算（处理器）的远程控制权，这也就意味着，在未来，人们不需要拥有一台量子计算机也可以安全地进行远程量子计算。

　　让普通用户也能安全、可靠地实现量子计算将是一个长期面临的问题，盲量子计算的出现解决了这一问题。盲量子计算协议允许用户在没有足够的量子资源和量子技术的条件下，将计算任务交给服务器完成，并保证用户的输入、输出和计算过程都是保密的，同时假设服务器都拥有充分成熟的量子计算机，而用户的计算能力尽可能的经典。第一代量子计算机很有可能以盲量子计算为计算模型，以云的方式存储在网络中，给普通用户提供量子计算服务，这类方案也被称为委托量子计算协议。盲量子计算协议能确保计算的隐私，允许在计算中嵌入测试以验证计算的正确性。最理想的盲量子计算协议是一个可验证的安全盲量子计算协议，可以在没有任何量子能力的用户和单量子服务器之间执行计算。

　　我们在定义安全量子计算时，主要考虑信息的泄露。给定一个客户端的计算 X，如果服务器收到的经典和量子信息分布是完全确定的，那么

协议具有盲性 (也就是安全的)。设 $L(X)$ 是服务器捕获到的不可避免泄露的信息，称泄露信息至多为 $L(X)$，通常被认为是委托计算的维数。安全定义要求服务器接收到的信息不依赖于客户端所选择的计算，而只与捕获的信息 $L(X)$ 相关。到目前为止，关于盲计算的大部分工作都隐式或显式地基于这种安全性定义。这一趋势的一个显著例子是可组合安全计算，它基于一个弱化的安全性定义，要求检测到隐私侵犯的概率极高，以优化通信消耗。

类似于云计算，不具备较高量子计算能力的普通客户只能将自己的量子计算任务委托给拥有量子计算机的政府或者公司。在量子云平台上，这些普通客户称为客户端，把拥有量子计算机的公司或政府称为服务器。客户端把自己的量子计算委托给服务器，随之而来的就是隐私保护问题，也就是客户端的输入、量子算法和如何保密输出，盲量子计算 (Blind Quantum Computation，BQC) 协议可以很好地解决这个问题。本章中，我们称客户端为 Alice，服务器为 Bob，窃听者为 Eve，Alice 和 Bob 执行盲量子计算协议，协议要求客户端尽可能只具有经典计算能力。

11.1　安全辅助量子计算协议

本节介绍安全辅助量子计算协议，该协议使得量子能力有限的 Alice 通过服务器端 Bob 执行通用量子计算，并保持计算的隐私性。假设 Alice 能够生成未知态 $|\psi\rangle$ 以及随机的经典比特 (0 或者 1)，具有量子存储、重新对量子比特进行排列以及执行 Pauli 算子的能力，但是没有执行非 Pauli 算子的能力。该方案利用经典密码学中的一次一密进行计算隐私保护。Alice 随机选择 Pauli 算子，对每个量子比特进行加密，并发送给 Bob，Bob 进行门操作，并且将计算结果发送给 Alice。Alice 通过应用 Pauli 算子对每个量子比特进行解密具体协议过程如下。

协议 11.1　安全辅助量子计算协议

(1) 准备阶段

Alice 对输入的量子态 $|\psi\rangle$ 进行加密：

$$|\psi\rangle_{\text{encrypted}} = Z^j X^k |\psi\rangle \tag{11.1.1}$$

其中，$k, j \in \{0, 1\}$ 为 Alice 随机选取的值。因为密度算子为

$$\frac{1}{4} \sum_{j,k=0}^{1} Z^j X^k |\psi\rangle\langle\psi| X^k Z^j = \frac{I}{2} \tag{11.1.2}$$

是与 $|\psi\rangle$ 无关的最大混合态，从窃听者角度看，所有的量子比特都一样，所以 Eve 不能区分量子态。然后，Alice 将加密的量子比特 $|\psi\rangle_{\text{encrypted}}$ 发送给 Bob。

(2) 计算阶段

Bob 依据 Alice 的要求对接收到的量子态执行 H 门、CNOT 门或 T 门，其中 T 门需要用辅助量子比特 $|0\rangle$，如图 11.1 所示。Bob 将操作后的量子态发送给 Alice，Alice 根据 k、j 值对接收到的量子态解密并获得计算结果。量子线路的正确性可以通过下面的等式加以验证：

$$\begin{cases} \left(Z^j X^k\right) H \left(Z^k X^j\right) = H \\ \left(Z^k X^k S Z^j\right) T \left(Z^j X^k\right) = T \\ \left(X_1^k \otimes X_2^k\right) \mathrm{CNOT} \left(X_1^k \otimes I_2\right) = \mathrm{CNOT} \\ \left(Z_1^j \otimes I_2\right) \mathrm{CNOT} \left(Z_1^j \otimes I_2\right) = \mathrm{CNOT} \\ \left(I_1 \otimes X_2^l\right) \mathrm{CNOT} \left(I_1 \otimes X_2^l\right) = \mathrm{CNOT} \\ \left(Z_1^m \otimes Z_2^m\right) \mathrm{CNOT} \left(I_1 \otimes Z_2^m\right) = \mathrm{CNOT} \end{cases} \tag{11.1.3}$$

由第 4 章的内容可以知道，量子门集 $\{H, T, \mathrm{CNOT}\}$ 是通用门集。因此，这些门的安全量子线路可以用作执行任意量子计算的子程序。

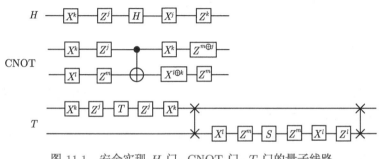

图 11.1　安全实现 H 门、CNOT 门、T 门的量子线路

上述量子线路中 (图 11.1)，最简单的线路是安全实现 H 门线路。Alice 随机选择两个经典比特 $k, j \in \{0,1\}$，再执行 $Z^j X^k$ 操作，然后把操作后的量子态发送给 Bob。由式 (11.1.2) 可知，Bob 所得态的密度矩阵是最大混合态，与 Alice 的实际状态无关。如果 Bob 是诚实的，则他会执行一个 H 门，并把量子比特发给 Alice。现在 Alice 需要解密量子比特。因为 $XHZ = ZHX = H$，所以不管 j 和 k 的值是多少，Alice 都可以使用 Pauli 门恢复她的状态。如果 Bob 不诚实，则他可以毁掉 Alice 的量子比特，或者给她发送一个错误的结果，但是他不能从所获得的状态中提取任何信息。类似地，根据式 (11.1.3) 可以安全地完成 T 门与 CNOT 门的计算。

11.2　协议改进

本协议是 11.1 节安全辅助量子计算协议的扩展，扩展协议实现了在加密数据上的量子计算，以确保 Alice 的隐私。Alice 准备单量子比特，然后随机应用 Pauli 算子对量子比特进行加密，并将加密的量子比特发送给 Bob，Bob 执行 Pauli 门操作，并将操作后的量子比特返回给 Alice。Alice 通过应用 Pauli 算子对每个量子比特进行解密，协议过程如图 11.2 所示。

协议 11.2　安全辅助量子计算协议的改进

(1) 准备阶段

对输入的量子比特进行加密：

$$|\varphi\rangle_{\mathrm{encrypted}} = Z^j X^k |\varphi\rangle \tag{11.2.1}$$

密度算子仍然为

$$\frac{1}{4}\sum_{j,k=0}^{1}Z^jX^k|\varphi\rangle\langle\varphi|X^kZ^j=\frac{I}{2}\qquad(11.2.2)$$

是与 $|\psi\rangle$ 无关的最大混合态，Eve 不能区分此量子态。Alice 将加密的量子比特 $|\varphi\rangle_{\text{encrypted}}$ 发送给 Bob。

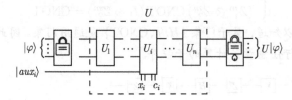

图 11.2　加密数据上的量子计算协议过程

(2) 计算阶段

Bob 对接收到的量子比特执行门操作，在计算结束后，Bob 将计算后的量子比特发送给 Alice，Alice 对收到的量子比特进行解密。Bob 对加密的量子比特执行测量，相应的量子线路如图 11.3 所示，得到的测量结果为 $a\oplus y$，这里 y 对应的是未加密输入状态 $|\varphi\rangle$ 的测量结果。通过协议，Alice 和 Bob 实现了门 X、Z、H、S、CNOT 和 T，其中，执行 Clifford 门集 $\{X,Z,H,\text{CNOT}\}$ 的量子线路与图 11.1 相同，而实现 T 门的量子线路通过两种新的方法进行改进。

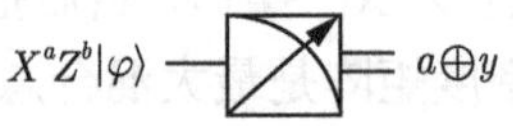

$$X^aZ^b|\varphi\rangle\ \boxed{\diagdown}\ a\oplus y$$

图 11.3　加密量子比特的测量结果

第一种实现 T 门的过程如图 11.4 所示，线路利用两个 $|0\rangle$ 态产生 Bell 态，再利用量子隐形传态得到 $X^aZ^b|\psi\rangle$。制备 $X^aZ^b|\psi\rangle$ 和加密态的过程都是由 Alice 完成的，除此之外的过程由 Bob 实现，其中，$x,d\in\{0,1\}$，$y=a\oplus x$。具体步骤如下所述。

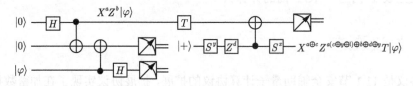

图 11.4　第一种实现 T 门的方法

1) 产生 Bell 态

$$|0\rangle|0\rangle\xrightarrow{H_1}\frac{1}{\sqrt{2}}(|0\rangle+|1\rangle)|0\rangle\xrightarrow{\text{CNOT}_{12}}\frac{1}{\sqrt{2}}(|00\rangle+|11\rangle)\qquad(11.2.3)$$

2) 产生加密量子态 $X^aZ^b|\varphi\rangle$。首先对第 2 个和第 3 个量子比特执行 CNOT 门，得到

$$\frac{1}{\sqrt{2}}(|00\rangle+|11\rangle)(\alpha|0\rangle+\beta|1\rangle)\xrightarrow{\text{CNOT}_{32}}\frac{1}{\sqrt{2}}(\alpha|000\rangle+\alpha|110\rangle+\beta|011\rangle+\beta|101\rangle)\qquad(11.2.4)$$

然后，对第 3 个量子比特执行 H 门，得到

$$\xrightarrow{H_3} \frac{1}{2}[\alpha|00\rangle(|0\rangle+|1\rangle) + \alpha|11\rangle(|0\rangle+|1\rangle) + \beta|01\rangle(|0\rangle-|1\rangle) + \beta|10\rangle(|0\rangle-|1\rangle)]$$

$$= \frac{1}{2}[(\alpha|0\rangle+\beta|1\rangle)|00\rangle + (\alpha|0\rangle-\beta|1\rangle)|01\rangle + (\alpha|1\rangle+\beta|0\rangle)|10\rangle + (\alpha|1\rangle-\beta|0\rangle)|11\rangle] \quad (11.2.5)$$

接着，Alice 对第 2 个和第 3 个量子比特执行 Z 基测量，得到的测量结果为 a 和 b，$a,b \in \{0,1\}$。因此，第 1 个量子比特的状态为

$$X^a Z^b|\varphi\rangle \quad (11.2.6)$$

3) 实现 T 门。附加 $|+\rangle$ 态，对其执行 S^y、Z^d 操作，以其为控制位、$X^a Z^b|\varphi\rangle$ 为被控制位执行 CNOT 门后，对附加粒子执行 S^* 门，且测量第一量子比特。若输出为 c，则附加粒子状态为

$$S^{a\oplus y} Z^d S^y X^{a\oplus c} Z^{a\oplus b} S^a T|\varphi\rangle$$

$$= Z^{a\cdot y} S^{a+y} Z^d S^y X^{a\oplus c} Z^{a\oplus b} S^a T|\varphi\rangle = Z^{d\oplus a\cdot y\oplus y} S^a X^{a\oplus c} Z^{a\oplus b} S^a T|\varphi\rangle$$

$$= Z^{d\oplus a\cdot y\oplus y} X^{a\oplus c} Z^{a(a\oplus c)} S^a Z^{a\oplus b} S^a T|\varphi\rangle = X^{a\oplus c} Z^{d\oplus a\cdot y\oplus y\oplus a^2\oplus a\cdot c} Z^b T|\varphi\rangle$$

$$= X^{a\oplus c} Z^{a(c\oplus y\oplus 1)\oplus b\oplus d\oplus y} T|\varphi\rangle \quad (11.2.7)$$

第二种方法是借助纠缠态实现 T 门，对应的线路如图 11.5 所示，其中 $x \in \{0,1\}$，$y = a \oplus x$。

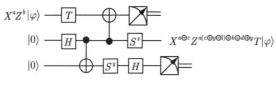

图 11.5　第二种实现 T 门的方法

综上所述，整个协议过程可以实现通用量子门集 $\{X,Z,H,S,T,\text{CNOT}\}$，如图 11.6 所示，其中，$T$ 门量子线路输入的量子态分别为 $|\varphi\rangle$、$|+\rangle$，其中 $y,m \in \{0,1\}$。

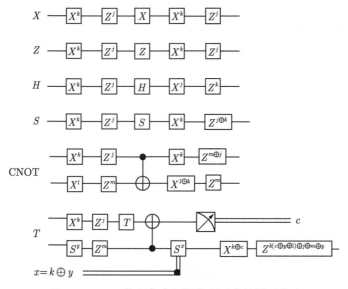

图 11.6　Bob 执行各个门操作所对应的量子线路

11.3　安全量子计算发展趋势

由于每个子协议的正确性已经被证明，主协议的正确性是显而易见的，运行每个子协议之后，Alice 根据图 11.6 调整用于加密系统的密钥。协议提供了与一次一密相同的安全级别，也就是说，它提供了完美的 (信息理论的) 安全。

安全量子计算的重点是防止 Bob 获得关于 Alice 提供给他的量子态的信息，而没有考虑他可能从 Alice 要求他执行的特定门中获得的信息。例如，在通用量子门的上下文中，考虑一个不同的场景，Bob 可以学习 Alice 的输入，但是 Alice 不想让 Bob 知道她想要执行的计算的函数。该协议可以简单地由 Bob 执行固定的门序列组成，循环通过 H 门、CNOT 门和 T 门。如果不需要特定的门，Alice 可以向 Bob 提供混淆量子比特。使用这种协议，通用门的数量最多增加 3 倍。既然 Alice 不向 Bob 发送任意的经典信息以描述她的线路，那么可以确定 Bob 不能从她的量子态中得到任何信息，因此他也就不能从正在使用的门中得到任何信息。Bob 唯一能学到的是协议的长度，即 Alice 让他执行的门的总数。虽然不能消除这些少量的信息但可以通过 Alice 添加额外的不必要的门，使得 Bob 只能学习 Alice 线路中门数的上限。

通过基于线路模型的安全量子计算协议可以看出，改进前人的工作或者设计新的线路模型协议以帮助客户端实现各种复杂的量子算法将成为一种发展趋势。而量子同态加密算法类比于经典（全）同态加密算法，把更多的量子计算协议设计成量子（全）同态加密算法形式，在客户端并不要求算法保密的情况下有很广阔的应用前景。基于测量的盲量子计算的研究重点是发现新的图态以实现盲量子计算，或者提高前人所提协议的安全性、减少资源态的使用或者提供更多适用的场景。目前，抗噪声的盲量子计算协议仍然很少，设计更多抗噪声的安全量子计算协议也成为一个关键问题。在可验证的安全量子计算协议中，已有学者提出了几种方法，以实现量子输入和量子算法的可验证性，该类协议的可能发展趋势是用已有的验证方法验证新的问题，或者开拓新的验证方法实现验证，或者实现盲计算中出现的参与方身份验证等。此外，在实验上实现盲量子计算还需要不断提高操控量子比特的能力，或者设计巧妙的协议，从而能利用现有的量子器件和量子技术实现安全量子计算。

习题

1. 忽略全局相位，证明下面的等式成立：

(1) SZ=ZS；

(2) TX=XZST；

(3) SX=ZXS；

(4) $S^{x \oplus y} = Z^{x \cdot y} S^{x+y}$。

2. 试判断下列式子是否成立，并说明理由。

(1) $(X \otimes X) \mathrm{CNOT}(X \otimes I) = \mathrm{CNOT}$；

(2) $(I \otimes X)\mathrm{CNOT}(I \otimes X) = \mathrm{CNOT}$;

(3) $(Z \otimes I)\mathrm{CNOT}(Z \otimes I) = \mathrm{CNOT}$;

(4) $(Z \otimes Z)\mathrm{CNOT}(I \otimes Z) = \mathrm{CNOT}$。

3. 试用显式计算证明下式成立:

$$\frac{1}{4}\sum_{j,k=0}^{1} X^k Z^j |\psi\rangle\langle\psi| Z^j X^k = \frac{I}{2}$$

4. 试用显式计算证明如下线路的正确性, 相关参数可以参考前面的内容。

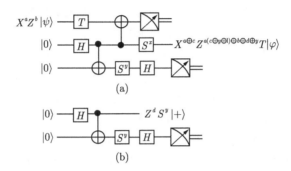

参考文献

[1] Childs A M. Secure assisted quantum computation[J]. Quantum Information Computation, 2005, 5(6): 456-466.

[2] Broadbent A, Fitzsimons J. Kashefi E. Universal blind quantum computation[C]. in Foundations of Computer Science, 2009. FOCS'09: 517 – 526.

[3] Morimae T, Fujii K. Blind quantum computation protocol in which Alice only makes measurements[J]. Physical Review A, 2013, 87(5): 050301.

[4] Fitzsimons J F, Kashefi E. Unconditionally verifiable blind quantum computation[J]. Physical Review A, 2017, 96(1): 012303.

[5] Hayashi M, Morimae T. Verifiable measurement-only blind quantum computing with stabilizer testing[J]. Physical Review Letters, 2015, 115(22): 220502.

[6] Fisher K, Broadbent A, Shalm L, Yan Z, Lavoie J, Prevedel R, Jennewein T, Resch K J. Quantum computing on encrypted data[J]. Nature Communications, 2014, 5: 3074.

[7] Fitzsimons J F. Private quantum computation: an introduction to blind quantum computing and related protocols[J]. npj Quantum Information, 2017, 3: 23.

量子计算机的物理实现

　　量子计算机这个术语最早是由 Richard Feynman 于 1982 年提出的,他认为可以用基于量子力学原理的计算机优化量子系统的模拟。量子计算机是一种以可控方式制备和操纵量子态的设备,在分解大数和搜索大型数据库等任务上比经典计算机具有显著优势。量子计算的能力来源于它的可伸缩性:随着这些问题规模的不断扩大,解决这些问题所需的资源也以可操控的方式增长。因此,一种有用的量子计算技术必须可以控制由数千或数百万个量子比特组成的大量子系统。纵观历史进程,实现大规模的量子计算机仍然是一条漫长的道路。2007 年,加拿大 D-Wave 公司成功研制出一台 16 个量子比特的"猎户星座"量子计算机。2017 年,IBM 宣布将于年内推出全球首个商业"通用"量子计算服务,并将之命名为 IBM Q,计划用超过 50 个量子比特打造一台量子计算机。同年,中国科学技术大学潘建伟团队构建的光量子计算机实验样机解决高斯玻色采样问题的计算能力已超越早期计算机。此外,中国科研团队完成了 10 个超导量子比特的操纵,成功打破了当时世界上最大位数的超导量子比特的纠缠和完整的测量纪录。2019 年年底,谷歌实现了"量子霸权",仅使用 53 位的量子芯片指数级加速解决了随机线路采样问题。

　　物理上实现量子信息处理需要具备哪些条件呢? DiVincenzo 曾给出构造一个正常工作的量子计算机的几个基本条件:一组可伸缩的、定义明确且可单独识别的物理系统,即量子比特,作为与定义良好的有限状态空间相关的一个整体;将量子位的状态初始化为简单基态的能力;实现一个和两个量子位的酉运算;比酉操作时间长得多的退相干时间;计算完成后,物理读取每个量子比特状态的可能性,即量子比特特定的测量能力;在固定和飞行的量子比特之间进行相互转换的能力;在指定位置之间可靠传送量子比特的能力。这些严格的要求通常意味着需要一个介观量子系统,并有能力以高精度控制其动力学。自 1994 年以来,出现了很多关于量子计算机物理实现的建议,如离子阱量子计算机、超导量子计算机和核磁共振量子计算机等。这 3 种方式各有优缺点。离子阱量子计算机性能优异,其保真度是 3 个中最高的,但其体积庞大,小型化较困难;超导量子计算机实现的高保真度量子比特数目最多且可扩展性较好,但是电路设计的难度会随着比特数的增多而增大;核磁共振量子计算机的量子门错误率是最低的，核自旋相干时间长，可实现的量子门操作次数多，但只适用于小型 (最多 4 比特) 的量子计算机。

本章阐述量子计算机的物理实现形式，12.1 节介绍离子阱量子计算机，12.2 节介绍超导量子计算机，12.3 节介绍核磁共振量子计算机。

12.1　离子阱量子计算机

使用原子尺度系统进行信息处理的想法是由 R. P. Feynman 最早提出的，Feynman 还发现，利用量子系统的动力学可以比经典计算机更有效地执行计算。这个全新的想法不仅将量子力学作为预测系统宏观行为的框架，而且还指出可以直接操纵单个量子对象。虽然 Feynman 并没有提出具体的物理实现，但世界各地的原子和光学物理实验室在制备和操纵单个原子和离子方面取得的惊人进展使得这些粒子成为量子比特的合适选择。二进制量子信息通常存储在两个内部电子能级中。

由于离子带电，因此离子很容易被射频电场俘获。然而，库仑斥力使被俘获的离子相距甚远，任何涉及其内部状态的直接相互作用都可以忽略不计。这似乎排除了两个或更多量子比特的逻辑门。但是在 1995 年，I. Cirac 和 P. Zoller 在一篇论文中找到了解决这个问题的方法，他们提出利用离子之间的长距离库仑斥力，通过交换离子振动的单量子耦合线性串中的不同量子比特，这篇论文开创了实验性离子阱量子计算这一研究领域。

离子阱还有很多其他优势。其内部和外部 (运动) 状态可以用激光控制，在原子或离子中存在长寿命的激发态，允许存储和恢复量子叠加态这些优势使得离子阱成为量子比特的有力竞争者。自从第一次实验证明了一个简单的单离子量子门以来，开发或应用离子阱技术进行量子信息处理取得了令人瞩目的进展。

12.1.1　离子阱

离子特别适合进行量子信息处理，因为它们带电，所以可以被电磁场限制而不影响其内部的电子能级。目前，利用离子进行量子信息处理的所有实现都使用 Paul 阱的变体，在这种情况下，非均匀电场的有质动力导致了稳定的约束。离子阱的种类有很多，包括线性 Paul 阱、球形 Paul 阱、大规模离子阱、微阱、表面电极阱以及 Penning 阱等。对于含有多个离子的量子寄存器，通常选择线性 Paul 阱几何结构。

线性 Paul 阱起源于电四极质量滤波器，其中具有一定电荷质量比的离子的横向限制是通过垂直于器件 (朝向 z 方向) 轴线的平面上的射频四极电势实现的。相应的电势为

$$\Phi(x, y, t) = (U - V \cos \Omega t) \frac{x^2 - y^2}{2r_0^2} \tag{12.1.1}$$

其中，$\pm \dfrac{U}{2}$ 为直流电压，$\pm \dfrac{V}{2} \cos \Omega t$ 是施加在距陷阱中心 r_0 处的四极电极的射频电压。为了产生电位，需要 4 个双曲线形状的电极。通常，这些近似于简单的结构，如圆形或三角形横截面的杆因为靠近阱轴，所以产生的非谐性可以忽略不计。在与射频周期长度相

当的时间尺度上，离子的运动就好像它们被径向地限制在由 $\Psi = e^2\left|\nabla\Phi\right|^2/4m\Omega^2$ 给出的抛物线伪电势中，其中 m 和 e 分别表示离子的质量和电荷，因此径向运动是谐波的，其中径向宏频率为

$$w_r \approx \frac{eV}{\sqrt{2}m\Omega r_0^2} \tag{12.1.2}$$

伪电势 Ψ 仅在径向提供约束，因此沿 z 轴的运动不受限制。对于三维约束，必须在 z 方向上施加额外的静电势，这可以通过在陷阱两端使用附加电极实现，或者通过分割线性棒电极并在外部部分施加正直流电压 U_z 实现。这提供了一个沿 z 轴的静态谐波，其纵向陷波频率为

$$w_z = \sqrt{\frac{2\kappa e U_z}{m z_0^2}} \tag{12.1.3}$$

其中，z_0 是轴向约束电极之间长度的一半，κ 是说明特定电极配置的几何因素。轴向限制场的存在削弱了径向约束，使其减小到

$$w_r' = \sqrt{w_r^2 - \frac{1}{2}w_z^2} \tag{12.1.4}$$

线性离子阱的示意图如图 12.1 所示，离子沿着阱轴排列成一条直线，由射频和直流电场控制。离子的状态是通过将它们成像到 CCD 相机进行检测的。用于量子信息处理的离子阱中的 $w_r/2\pi$ 值范围为 3 兆赫至 10 兆赫，而典型的 $w_z/2\pi$ 值为 1 兆赫至 4 兆赫。

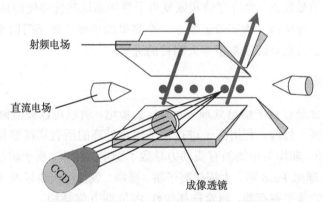

射频电场

直流电场

成像透镜

CCD

图 12.1　用于量子信息处理的线性离子阱示意

线性离子阱轴线上的离子数 N 受径向和轴向约束比的限制，约为 $N < 1.82(w_r/w_z)^{1.13}$。对于较大的离子数，平衡位置不再与阱的 z 轴重合，这是必须避免的，因为偏离轴，离子会经历微动，即在频率 Ω 的俘获场驱动下围绕其平衡位置的振荡运动。只有在阱轴上，离子才不会受到微运动的影响，因为在理想情况下它对应于限制射频场的一个结点。然而，杂散电场可以使离子偏离射频场的结点线，此时离子仍然会发生微运动。由于这可能会导致离子的射频加热并阻止受控量子操作，所以必须小心地补偿杂散场。

12.1.2　离子作为量子信息的载体

在离子阱量子计算机中，信息被编码为离子的两种内部（电子）状态。在众多的能级中，只有自然寿命较长的能级才适合存储量子信息，这不包括电偶极子跃迁到低能态的能级。为了便于量子比特跃迁的操控，能级应该通过双光子 Raman 跃迁、电四极或磁偶极跃迁进行耦合。理想情况下，状态对外部磁场或电场的波动不敏感，以尽量减少退相干。到目前为止，有两类态被用于离子的量子信息处理：具有核自旋的离子基态的两个超精细能级，以及电子基态和低亚稳态的组合。

第一类态也称超精细态量子比特。在任何具有非消失核自旋的同位素中，电子基态能级被电子的角动量与核磁矩（有时还有电四极矩）的相互作用而分裂。这些所谓的超精细态是由磁偶极跃迁耦合而成的，具有非常长的寿命，因此它们非常适合可靠地存储量子信息。一个例子是 $^9\text{Be}^+$ 离子，它在第一次用离子实现量子信息处理时被使用。这两个超精细能级由量子数 $F = 1$ 和 $F = 2$ 区分，它们在电子角动量和核自旋的相对取向上有所不同。量子比特的两个基态由每个超精细态的磁子能级表示，常见的选择是 $|F = 2, m_F = 2\rangle$ 和 $|F = 1, m_F = 1\rangle$。尽管 $m_F = \pm F$ 的最外层最容易被初始化，但它们会受到磁场波动的随机移动，从而导致退相干。对于寿命较长的量子存储器，应采用有限偏磁场下与一阶磁场无关的跃迁。

第二类态也称亚稳态量子比特。离子的长寿命也可以通过使用激发电子态实现，这些激发态只通过高阶电磁多极跃迁连接到较低的能级。对于具有比第一激发 P 态能量更低的 D 态的离子来说就是这种情况，它通过电四极跃迁衰变到基态，速率约为 $1s^{-1}$。例如 $^{40}\text{Ca}^+$，它在许多实验室中用于离子阱量子信息处理。这里，通常选择状态 $|^2\text{S}_{1/2}, m_j = 1/2\rangle$ 和 $|^2\text{D}_{5/2}, m_j = 1/2\rangle$ 作为基态。为了便于表达，对于量子比特的两个物理基态，我们将用符号 $|g\rangle$ 表示低（基）态，而 $|e\rangle$ 表示高（激发）态。

12.1.3　激光冷却与状态初始化

在量子寄存器被初始化之前，离子阱必须装载所需的同位素，最有效的方法是对原子束进行光子电离。如果多光子电离中的一个激发步骤是共振的，则一个特定的同位素可能会被加载，这是由它的同位素位移区分的。如果没有合适的激光源用于光离子化，则可以用电子碰撞电离代替，由于它不是状态可选择性的，因此只适合于装载离子同位素中最丰富的物种。由于诱捕器的使用寿命长达数小时到数天，因此只能偶尔加载陷阱。

任何量子计算都必须从一个定义明确的量子寄存器的纯态开始，因此最初所有的离子都必须被转移到一个特定的内部状态，通常是较低的基态，这样寄存器就被初始化为 $|ggg\cdots g\rangle$。在离子中，这是通过成熟的光抽运方法实现的。具有适当偏振度的激光反复激发离子到一系列状态，最终从这些状态衰减到所需的状态 $|g\rangle$。在任何情况下，所有离子在经过几个激发-发射循环后都会达到初始状态。与下面讨论的量子门不同，寄存器的初始化是不可逆的，并不是所有的内部状态都可以通过高保真的光抽运进行初始化。在某些情况下，可能需要抽运到辅助状态，然后通过合适的激光脉冲将辅助状态相干地传输到所需的初始状态。

在离子阱量子处理器中,不同离子根据其运动自由度通过库仑相互作用耦合。为了以这种方式传递量子信息,俘获势中离子的谐波振荡必须冷却到接近其量子力学基态,这是通过不同阶段的激光冷却,利用离子和光之间的动量转移实现的。离子的初始冷却由 Doppler 冷却提供,其中使用了自然线宽 Γ 大于阱中离子振动频率(w_r 或 w_z)的原子跃迁。如果冷却激光与共振有轻微的红光失谐,则离子运动产生的 Doppler 频移会确保当离子向激光移动时光子被最好地吸收。由此产生的动量转移降低了动能,从而降低了离子的温度。为了达到振动基态,使用了一个 Γ 小于待冷却振动频率的跃迁,即 $\Gamma \ll w_z$,实现额外的冷却阶段。

12.1.4 单量子比特门

初始化后,每个量子比特的状态可以通过施加在量子比特跃迁上的合适的激光脉冲进行修改。激光激发的几何结构图如 12.2 所示,图中所示为激光束的两个位置,即连续寻址双量子比特门中的控制离子和目标离子。一个重要的先决条件是离子可以被单独寻址,这就要求激光束的聚焦比离子之间的最小距离 $s_{\min}$ 要近。当任何双能级原子受到电磁辐射的共振激发时,量子比特会经历 Rabi 振荡,即 $|g\rangle$ 态和 $|e\rangle$ 态之间的周期性变化,这对应于 Bloch 向量的旋转。振荡频率 Ω_0(共振激发的 Rabi 频率)由激发场的时变振幅 $E_0(t)$ 和(四极)耦合强度给出,即

$$\Omega_0(t) = E_0(t) \frac{\omega_L Q}{2\hbar c} \tag{12.1.5}$$

$E(t) = E_0(t)\varepsilon \cos(k \cdot r - \omega_L t + \phi)$ 是具有频率 ω_L 的激光器的电场强度,由电场的激发几何和极化 ε 决定。激光的相位 ϕ 决定了 xy 平面上 Bloch 向量所围绕旋转的轴。例如 $\phi = 0$ 时旋转轴为 x 轴,而 $\phi = \pi/2$ 时旋转轴变为 y 轴。最重要的参数是旋转角 θ,它由脉冲面积给出,即通过在脉冲持续时间内积分 Rabi 频率得到 $\theta = \int \Omega_0(t)dt$。

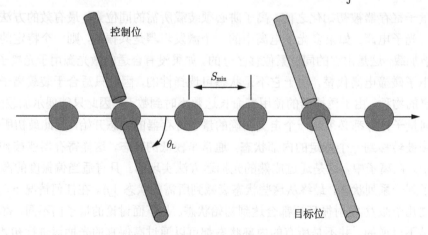

图 12.2 量子寄存器中离子选择性激发的几何结构

由参数 θ 和 ϕ 表征的脉冲被激发后,量子比特的初始状态 $c_g|g\rangle + c_e|e\rangle$ 按照以下变

换 $R(\theta, \phi)$ 进行旋转：

$$
\begin{pmatrix} c_g \\ c_e \end{pmatrix} \rightarrow \begin{pmatrix} \cos\dfrac{\theta}{2} & -\mathrm{i}e^{\mathrm{i}\phi}\sin\dfrac{\theta}{2} \\ -\mathrm{i}e^{-\mathrm{i}\phi}\sin\dfrac{\theta}{2} & -\cos\dfrac{\theta}{2} \end{pmatrix} \begin{pmatrix} c_g \\ c_e \end{pmatrix} \tag{12.1.6}
$$

以 Hadamard 变换为例，其脉冲的设定为 $\theta = \dfrac{\pi}{2}, \phi = \dfrac{\pi}{2}$，以实现变换矩阵

$$
\begin{pmatrix} c_g \\ c_e \end{pmatrix} \rightarrow \frac{1}{\sqrt{2}} \begin{pmatrix} 1 & 1 \\ 1 & -1 \end{pmatrix} \begin{pmatrix} c_g \\ c_e \end{pmatrix} \tag{12.1.7}
$$

围绕 z 轴旋转的脉冲，也可以很容易地被围绕 x 轴和 y 轴的脉冲组合产生。以 Pauli Z 门为例，应用 $R\left(\dfrac{\pi}{2}, -\dfrac{\pi}{2}\right) R(\pi, 0) R\left(\dfrac{\pi}{2}, \dfrac{\pi}{2}\right)$ 对应的脉冲组合可以实现变换矩阵

$$
\begin{pmatrix} c_g \\ c_e \end{pmatrix} \rightarrow \begin{pmatrix} 1 & 0 \\ 0 & -1 \end{pmatrix} \begin{pmatrix} c_g \\ c_e \end{pmatrix} \tag{12.1.8}
$$

12.1.5　离子量子比特的状态检测

在任何数据处理结束时，量子计算机必须对其寄存器进行测量，以确定计算结果。实现高效率的读出是量子计算成功与否的关键。离子阱量子处理器最大的优点是可以以几乎 100% 的效率确定每个量子比特的状态，这与其他量子信息载体（如大样本中的光子或核自旋）不同。离子量子比特的量子态是通过监测强电偶极跃迁上量子比特的一个基态的选择性激光激发所发射的荧光进行光学测量的。根据选择规则，处于另一个基本状态的粒子群要么不受探针激光的影响，要么已经被转移（搁置）到探测器无法到达的另一个状态。因此，这种方法也被称为电子排架。这一过程的关键在于，荧光是由一个量子比特从跃迁回到原始水平（循环跃迁）时发射出来的，这样荧光光束的激发和发射循环可以无限期地重复。最初，这种方法被用来检测两个原子能级之间的量子跃迁，通过观察仅耦合到其中一个能级的跃迁上的间歇性荧光即可完成，因此被称为量子跃迁检测，而它现在则被用作离子量子信息处理的标准读出程序。

12.1.6　双量子比特门

受控 Z 门是最简单的通用量子门之一，它可以与单量子比特操作一起构建任意逻辑门。1995 年，Cirac 和 Zoller 在一篇论文中首次提出通过离子的一系列外部运动对两个离子进行耦合。他们建议的核心是一个双量子比特受控 Z 门，其中一个量子比特存储在 COM 模式的振动状态，另一个存储在离子的内部状态。振动态控制着离子态的变换，也就是说，当且仅当振动态量子比特处于状态 $|1\rangle$ 时，Z 门作用到离子态上。这也可以表示为系统的波函数 $|\psi\rangle$，当且仅当两个输入量子比特均为激发态（$|1\rangle$ 和 $|e\rangle$）时，该系统的

符号发生改变，而在所有其他情况时不变。这等价于

$$
\begin{cases}
|0\rangle\,|g\rangle \to |0\rangle\,|g\rangle \\
|0\rangle\,|e\rangle \to |0\rangle\,|e\rangle \\
|1\rangle\,|g\rangle \to |1\rangle\,|g\rangle \\
|1\rangle\,|e\rangle \to -\,|1\rangle\,|e\rangle
\end{cases}
\tag{12.1.9}
$$

通过对离子的内部状态施加 2π 脉冲实现符号变化。Cirac-Zoller 方案通过使用一个只与离子的上内部状态耦合的跃迁实现离子状态 $|e\rangle$，这个过程需要一个辅助电子能级，例如基态的另一个 Zeeman 亚能级。对振动态 $|1\rangle$ 的调节是通过调谐到第一个蓝色振动边带实现的，该边带仅在至少存在一个振动量子的情况下诱导朝向较低状态的跃迁。受控 Z 门的方案如图 12.3 所示，激光脉冲将辅助能级与状态 $|e\rangle\,|1\rangle$ 耦合，其他能级不受影响。使用 2π 脉冲会导致 $|e\rangle\,|1\rangle$ 分量的符号发生变化。

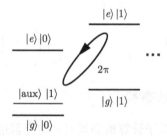

图 12.3　Cirac-Zoller 方案中的受控 Z 门

12.1.7　退相干

与经典比特最重要的区别是，量子比特的两个态有一个明确的相对相位，即它们是相干的。量子比特与环境的不可控制相互作用破坏了这种相干性，这个过程被称为退相干，包括量子位态的辐射衰变等。量子存储器和量子门都受到退相干的影响，退相干速率是衡量任何量子处理器件性能的重要指标。离子阱系统已经被证明可以达到非常低的退相干率，是迄今为止量子信息处理较成功的实现。衡量退相干的一种方法是判断在载波或边带上相干 Rabi 振荡的对比度损失。

第一种退相干是内部态退相干。量子比特能级的辐射衰变限制了内部态的相干性。激发态要么是寿命在秒量级的亚稳态，要么是衰变率更小的超精细基态。用于量子信息处理的离子内部态退相干的主要原因是环境磁场的波动。

第二种退相干是振动态退相干。一串离子阱中的量子门所需的耦合是由它们的系列运动提供的。作为数据总线的模式必须保持动态基态 $|0\rangle$ 和 $|1\rangle$ 的相干叠加。离子链的任何动态退相干都会降低门的保真度，必须加以避免。在弦上振动的离子构成一个振荡的电偶极子，因此它们的运动与环境中的波动电场耦合。例如，这些可以通过在陷阱电极上的贴片电场产生。离子运动产生的噪声是离子阱量子信息处理中退相干的主要来源。对弦振动最明显的环境影响是振动量子（声子）的激发，对应于模式的运动加热。

12.2　超导量子计算机

目前，超导量子计算是最有希望实现通用量子计算的候选方案之一。超导量子计算致力于构建一个多比特超导量子计算架构平台，解决超导量子计算规模化量产中遇到的难题。超导量子计算是基于超导电路的量子计算方案，其核心器件是超导约瑟夫森结。超导量子线路在设计、制备和测量等方面与现有的集成电路技术具有较高的兼容性，对量子比特的能级与耦合可以实现非常灵活的设计与控制，极具规模化的潜力。

2014 年 9 月，美国 Google 公司与美国加州大学圣芭芭拉分校 (University of California, Santa Barbara) 合作研究超导量子比特，使用 X-mon 形式的超导量子比特，如图 12.4 所示。这个超导芯片的单比特和两比特保真度均超过 99%。在 X-mon 结构中，近邻的两个比特（两个十字）可以直接发生相互作用。

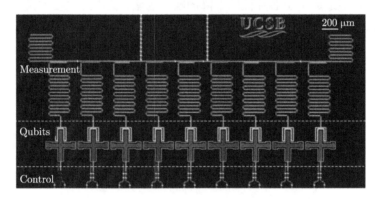

图 12.4　Google 的 9 量子比特的超导量子芯片

2016 年，基于这个芯片，Google 实现了对氢分子能量的模拟，表明其对于量子计算商用化的决心。2017 年，Google 发布了实现量子计算机对经典计算机的超越——"量子霸权"的发展蓝图。2018 年，Google 设计了 72 比特的量子芯片，着手进行制备和测量，这是向实现量子霸权迈出的重要一步。

在 Google 加入量子计算的同时，IBM 于 2016 年 5 月发布了 5 比特超导量子云平台，这种比特形式叫作 Transmon，其单比特保真度超过 99%，两比特保真度可以超过 95%，在 Transmon 的结构中，比特和比特之间仍然用腔连接，使得其布线方式和 X-mon 相比更加自由。2017 年，IBM 制备了 20 比特的芯片，并展示了用于 50 比特芯片的测量设备，同时也公布了对 BeH_2 分子能量的模拟，表明了在量子计算的研究上紧随 Google 的步伐。不仅如此，IBM 还发布了 Qiskit 的量子软件包，促进了人们通过经典编程语言实现对量子计算机的编程。

其他方面，美国 Intel 公司和荷兰代尔夫特理工大学合作设计了 17 和 49 量子比特的超导量子芯片，不过具体的性能参数还有待测试。美国初创公司 Rigetti 发布了 19 比特超导量子芯片，并演示了无监督的机器学习算法，使人们见到了利用量子计算机加速机器学习的曙光，如图 12.5 所示。美国微软公司开发了 Quantum Development Kit 量子计算软件包,通过传统的软件产品 Visual Studio 就可以进行量子程序的编写。

在国内,2017 年,中国科学技术大学潘建伟研究组实现了多达 10 个超导比特的纠缠。2018 年,中科院和阿里云联合发布了 11 位量子比特芯片,其保真度和 Google 的芯片不相上下。同时,合肥本源量子公司也正在开发 6 比特高保真度量子芯片等。

量子计算机的硬件主要包含以下两个部分:①量子芯片支持系统,用于提供量子芯片所必需的运行环境;②量子计算机控制系统,用于实现对量子芯片的控制并获得计算结果。超导量子芯片对运行环境最基本的需求是接近绝对零度的极低温环境,其主要原因在于该体系的量子比特能级在 GHz 频段,该频段内的热噪声对应的噪声温度约在 300mK 以上。为了抑制环境噪声,必须使量子芯片工作在远低于其能级对应的热噪声温度。稀释制冷机能够提供量子芯片所需的工作温度和环境。除了稀释制冷机本身以外,量子计算研究人员需要花费大量精力设计、改造、优化稀释制冷机内部的控制线路与屏蔽装置,以全面地抑制可能造成量子芯片性能下降的噪声因素,其中最主要的是热噪声、环境电磁辐射噪声以及控制线路噪声。

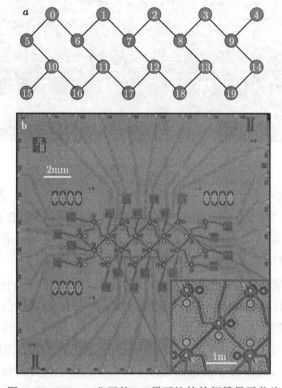

图 12.5 Rigetti 公司的 19 量子比特的超导量子芯片

12.3 核磁共振量子计算机

1997 年,斯坦福大学的 Chuang 等人提出利用核磁共振进行量子计算的实验。之后,基于核自旋的量子计算迅速发展,Grover 搜索算法和 7 量子比特的 Shor 算法相继在核自旋上实现。迄今为止，核磁共振的单比特和两比特的保真度分别达到了 99.97% 和 99.5%。

这种方法一般利用液体中分子的核自旋进行实验。由于分子内部电子之间复杂的排斥作用，不同的核自旋具有不同的共振频率，因此可以被单独操控。不同的核自旋通过电子间接发生相互作用，可以进行两比特操作。一种用于核磁共振的实验分子如图 12.6 所示。

图 12.6 中的 2 个 C 原子用 13C 标记，加上外面的 5 个 F 原子，这 7 个原子构成实验用的 7 个量子比特。表中是比特频率、相干时间和相互作用能。不过这种量子计算方式依赖于分子结构，难以扩展，而且它利用多个分子的集体效应进行操控，初始化比较有难度，该方向还有待进一步突破。

i	$\omega_i/2\pi$	$T_{1,i}$	$T_{2,i}$	J_{7i}	J_{6i}	J_{5i}	J_{4i}	J_{3i}	J_{2i}
1	-22052.0	5.0	1.3	-221.0	37.7	6.6	-114.3	14.5	25.16
2	489.5	13.7	1.8	18.6	-3.9	2.5	79.9	3.9	
3	25088.3	3.0	2.5	1.0	-13.5	41.6	12.9		
4	-4918.7	10.0	1.7	54.1	-5.7	2.1			
5	15186.6	2.8	1.8	19.4	59.5				
6	-4519.1	45.4	2.0	68.9					
7	4244.3	31.6	2.0						

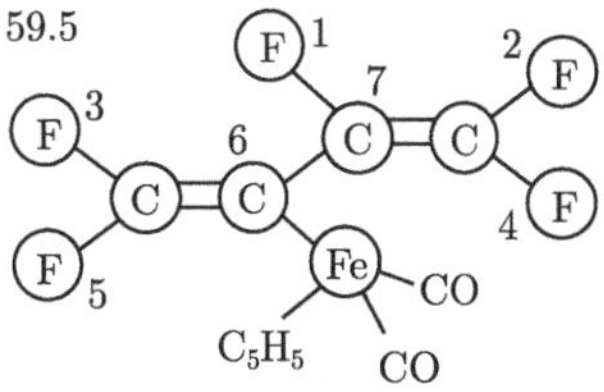

图 12.6　用于 7 量子比特 Shor 算法的核磁共振实验分子结构及参数

国内从事核自旋量子计算实验的主要有清华大学龙桂鲁课题组。2017 年，该课题组将核自旋量子计算连接到云端，该云服务包含 4 个量子比特，且保真度超过 98%。

量子计算机是在量子芯片的基础上运算的，其中的两个关键步骤是：

(1) 将运算任务转换为对量子芯片中量子比特的控制指令；

(2) 从量子芯片的量子比特中提取计算结果。另外，基于维持量子芯片的运行环境，即可实现量子计算机软件层到芯片层的交互。随着量子芯片集成度的提高，纯粹采用商用仪器搭建量子芯片的控制与读取系统的方法弊端越来越多。商用仪器成本昂贵，功能冗余，兼容性差，难以集成，并不满足未来量子计算机的发展需要。为量子计算机专门设计并研制适用的量子计算机控制系统是明智的选择。

习题

1. 什么是量子计算机？给出实现量子信息处理的必备条件。

2. 简述离子阱量子计算机、超导量子计算机以及核磁共振量子计算机的原理。

3. 量子计算机与经典计算机是一个形式的产物吗？

4. 目前是否开发出了真正的通用量子计算机吗？

5. 量子计算机的优越性是什么？

6. 量子计算机能否替代经典计算机？

7. 什么是量子逻辑门？

8. 什么是量子叠加？它为量子计算机带来了什么优势？

9. 在离子阱量子计算机中，确定变换 $R(\theta,\phi)$ 中的相位 ϕ 和旋转角 θ，以实现单位门 I、Pauli X 门和 Pauli Y 门 (忽略全局相位因子)。

10. 设 $a^\dagger$ 和 a 是产生和湮没算子，定义为

$$a = \frac{1}{\sqrt{2m\hbar\omega}}(m\omega x + \mathrm{i}p)$$

$$a^\dagger = \frac{1}{\sqrt{2m\hbar\omega}}(m\omega x - \mathrm{i}p)$$

且 $[x,p]=\mathrm{i}\hbar$，证明：$aa^\dagger = \dfrac{H}{\hbar\omega} - \dfrac{1}{2}$。

11. 给定 $[x,p]=\mathrm{i}\hbar$，计算 $[a,a^\dagger]$。

参考文献

[1] DiVincenzo D P. The physical implementation of quantum computation[J]. Fortschritte der Physik: Progress of Physics, 2000, 48(9-11): 771-783.

[2] Cirac J I, Zoller P. Quantum computations with cold trapped ions[J]. Physical Review Letters, 1995, 74(20): 4091-4094.

[3] Paul W. Electromagnetic traps for charged and neutral particles[J]. Reviews of Modern Physics, 1990, 62(3): 531-540.

[4] Paul W, Steinwedel H. Ein neues Massenspektrometer ohne Magnetfeld[J]. Zeitschrift für Naturforschung A, 1953, 8(7): 448-450.

[5] Happer W. Optical pumping[J]. Reviews of Modern Physics, 1972, 44(2): 169.

[6] Wineland D J, Drullinger R E, Walls F L. Radiation-pressure cooling of bound resonant absorbers[J]. Physical Review Letters, 1978, 40(25): 1639-1642.

[7] Nagourney W, Sandberg J, Dehmelt H. Shelved optical electron amplifier: Observation of quantum jumps[J]. Physical Review Letters, 1986, 56(26): 2797-2799.

[8] Barrett M D, Chiaverini J, Schaetz T, et al. Deterministic quantum teleportation of atomic qubits[J]. Nature, 2004, 429(6993): 737-739.

[9] 郭国平, 陈昭昀, 郭光灿. 量子计算与编程入门 [M]. 北京: 科学出版社, 2020.